元素の

族周期	1	2	3	4	5	6	7	8	9
1	1.008 ₁H 水素 1s¹ 13.60　2.20								
2	6.941 ₃Li リチウム [He]2s¹ 5.39　0.98	9.012 ₄Be ベリリウム [He]2s² 9.32　1.57							
3	22.99 ₁₁Na ナトリウム [Ne]3s¹ 5.14　0.93	24.31 ₁₂Mg マグネシウム [Ne]3s² 7.65　1.31							
4	39.10 ₁₉K カリウム [Ar]4s¹ 4.34　0.82	40.08 ₂₀Ca カルシウム [Ar]4s² 6.11　1.00	44.96 ₂₁Sc スカンジウム [Ar]3d¹4s² 6.54　1.36	47.87 ₂₂Ti チタン [Ar]3d²4s² 6.82　1.54	50.94 ₂₃V バナジウム [Ar]3d³4s² 6.74　1.63	52.00 ₂₄Cr クロム [Ar]3d⁵4s¹ 6.77　1.66	54.94 ₂₅Mn マンガン [Ar]3d⁵4s² 7.44　1.55	55.85 ₂₆Fe 鉄 [Ar]3d⁶4s² 7.87　1.83	58.93 ₂₇Co コバルト [Ar]3d⁷4s² 7.86　1.88
5	85.47 ₃₇Rb ルビジウム [Kr]5s¹ 4.18　0.82	87.62 ₃₈Sr ストロンチウム [Kr]5s² 5.70　0.95	88.91 ₃₉Y イットリウム [Kr]4d¹5s² 6.38　1.22	91.22 ₄₀Zr ジルコニウム [Kr]4d²5s² 6.84　1.33	92.91 ₄₁Nb ニオブ [Kr]4d⁴5s¹ 6.88　1.6	95.96 ₄₂Mo モリブデン [Kr]4d⁵5s¹ 7.10　2.16	(99) ₄₃Tc テクネチウム [Kr]4d⁵5s² 7.28　1.9	101.1 ₄₄Ru ルテニウム [Kr]4d⁷5s¹ 7.37　2.2	102.9 ₄₅Rh ロジウム [Kr]4d⁸5s¹ 7.46　2.28
6	132.9 ₅₅Cs セシウム [Xe]6s¹ 3.89　0.79	137.3 ₅₆Ba バリウム [Xe]6s² 5.21　0.89	57〜71 ランタノイド	178.5 ₇₂Hf ハフニウム [Xe]4f¹⁴5d²6s² 6.78　1.3	180.9 ₇₃Ta タンタル [Xe]4f¹⁴5d³6s² 7.40　1.5	183.8 ₇₄W タングステン [Xe]4f¹⁴5d⁴6s² 7.60　2.36	186.2 ₇₅Re レニウム [Xe]4f¹⁴5d⁵6s² 7.76　1.9	190.2 ₇₆Os オスミウム [Xe]4f¹⁴5d⁶6s² 8.28　2.2	192.2 ₇₇Ir イリジウム [Xe]4f¹⁴5d⁷6s² 9.02　2.20
7	(223) ₈₇Fr フランシウム [Rn]7s¹ 4.0　0.7	(226) ₈₈Ra ラジウム [Rn]7s² 5.28　0.9	89〜103 アクチノイド	(267) ₁₀₄Rf ラザホージウム [Rn]5f¹⁴6d²7s² 1.3	(268) ₁₀₅Db ドブニウム [Rn]5f¹⁴6d³7s² 1.5	(271) ₁₀₆Sg シーボーギウム [Rn]5f¹⁴6d⁴7s² 1.7	(272) ₁₀₇Bh ボーリウム [Rn]5f¹⁴6d⁵7s² 1.9	(277) ₁₀₈Hs ハッシウム [Rn]5f¹⁴6d⁶7s² 2.2	(276) ₁₀₉Mt マイトネリウム [Rn]5f¹⁴6d⁷7s²

凡例:
- 原子量 $^{a)}$: 12.01
- 原子番号: ₆C
- 元素記号
- 元素名: 炭素
- 電子配置: [He]2s²2p²
- 第一イオン化エネルギー (eV): 11.26
- 電気陰性度: 2.55

□ は典型元素　■ は遷移元素

	138.9 ₅₇La ランタン [Xe]5d¹6s² 5.58　1.10	140.1 ₅₈Ce セリウム [Xe]4f¹5d¹6s² 5.54　1.12	140.9 ₅₉Pr プラセオジム [Xe]4f³6s² 5.46　1.13	144.2 ₆₀Nd ネオジム [Xe]4f⁴6s² 5.53　1.14	(145) ₆₁Pm プロメチウム [Xe]4f⁵6s² 5.58　1.13	150.4 ₆₂Sm サマリウム [Xe]4f⁶6s² 5.64　1.27
	(227) ₈₉Ac アクチニウム [Rn]6d¹7s² 5.17　1.1	232.0 ₉₀Th トリウム [Rn]6d²7s² 6.08　1.3	231.0 ₉₁Pa プロトアクチニウム [Rn]5f²6d¹7s² 5.89　1.5	238.0 ₉₂U ウラン [Rn]5f³6d¹7s² 6.19　1.38	(237) ₉₃Np ネプツニウム [Rn]5f⁴6d¹7s² 6.27　1.36	(239) ₉₄Pu プルトニウム [Rn]5f⁶7s² 5.8　1.28

a) 原子量は有効数字 4 桁で示す (IUPAC 原子量委員会で承認ずみ). 安定同位体がなく, 同位体の天然存在比が一定しない元素は, その元素の代表的な同位体の質量数を ( ) の中に示してある.

周 期 表

10	11	12	13	14	15	16	17	18	族＼周期
								4.003 $_2$He ヘリウム $1s^2$ 24.59	1
			10.81 $_5$B ホウ素 $[He]2s^2p^1$ 8.30 2.04	12.01 $_6$C 炭素 $[He]2s^2p^2$ 11.26 2.55	14.01 $_7$N 窒素 $[He]2s^2p^3$ 14.53 3.04	16.00 $_8$O 酸素 $[He]2s^2p^4$ 13.62 3.44	19.00 $_9$F フッ素 $[He]2s^2p^5$ 17.42 3.98	20.18 $_{10}$Ne ネオン $[He]2s^2p^6$ 21.56	2
			26.98 $_{13}$Al アルミニウム $[Ne]3s^2p^1$ 5.99 1.61	28.09 $_{14}$Si ケイ素 $[Ne]3s^2p^2$ 8.15 1.90	30.97 $_{15}$P リン $[Ne]3s^2p^3$ 10.49 2.19	32.07 $_{16}$S 硫黄 $[Ne]3s^2p^4$ 10.36 2.58	35.45 $_{17}$Cl 塩素 $[Ne]3s^2p^5$ 12.97 3.16	39.95 $_{18}$Ar アルゴン $[Ne]3s^2p^6$ 15.76	3
58.69 $_{28}$Ni ニッケル $[Ar]3d^84s^2$ 7.64 1.91	63.55 $_{29}$Cu 銅 $[Ar]3d^{10}4s^1$ 7.73 1.90	65.38 $_{30}$Zn 亜鉛 $[Ar]3d^{10}4s^2$ 9.39 1.65	69.72 $_{31}$Ga ガリウム $[Ar]3d^{10}4s^2p^1$ 6.00 1.81	72.63 $_{32}$Ge ゲルマニウム $[Ar]3d^{10}4s^2p^2$ 7.90 2.01	74.92 $_{33}$As ヒ素 $[Ar]3d^{10}4s^2p^3$ 9.81 2.18	78.96 $_{34}$Se セレン $[Ar]3d^{10}4s^2p^4$ 9.75 2.55	79.90 $_{35}$Br 臭素 $[Ar]3d^{10}4s^2p^5$ 11.81 2.96	83.80 $_{36}$Kr クリプトン $[Ar]3d^{10}4s^2p^6$ 14.00 3.0	4
106.4 $_{46}$Pd パラジウム $[Kr]4d^{10}$ 8.34 2.20	107.9 $_{47}$Ag 銀 $[Kr]4d^{10}5s^1$ 7.58 1.93	112.4 $_{48}$Cd カドミウム $[Kr]4d^{10}5s^2$ 8.99 1.69	114.8 $_{49}$In インジウム $[Kr]4d^{10}5s^2p^1$ 5.79 1.78	118.7 $_{50}$Sn スズ $[Kr]4d^{10}5s^2p^2$ 7.34 1.96	121.8 $_{51}$Sb アンチモン $[Kr]4d^{10}5s^2p^3$ 8.64 2.05	127.6 $_{52}$Te テルル $[Kr]4d^{10}5s^2p^4$ 9.01 2.1	126.9 $_{53}$I ヨウ素 $[Kr]4d^{10}5s^2p^5$ 10.45 2.66	131.3 $_{54}$Xe キセノン $[Kr]4d^{10}5s^2p^6$ 12.13 2.7	5
195.1 $_{78}$Pt 白金 $[Xe]4f^{14}5d^96s^1$ 8.61 2.28	197.0 $_{79}$Au 金 $[Xe]4f^{14}5d^{10}6s^1$ 9.23 2.54	200.6 $_{80}$Hg 水銀 $[Xe]4f^{14}5d^{10}6s^2$ 10.44 2.00	204.4 $_{81}$Tl タリウム $[Xe]4f^{14}5d^{10}6s^2p^1$ 6.11 2.04	207.2 $_{82}$Pb 鉛 $[Xe]4f^{14}5d^{10}6s^2p^2$ 7.42 2.33	209.0 $_{83}$Bi ビスマス $[Xe]4f^{14}5d^{10}6s^2p^3$ 7.29 2.02	(210) $_{84}$Po ポロニウム $[Xe]4f^{14}5d^{10}6s^2p^4$ 8.42 2.0	(210) $_{85}$At アスタチン $[Xe]4f^{14}5d^{10}6s^2p^5$ 9.5 2.2	(222) $_{86}$Rn ラドン $[Xe]4f^{14}5d^{10}6s^2p^6$ 10.75	6
(281) $_{110}$Ds ダームスタチウム $[Rn]5f^{14}6d^87s^1$	(280) $_{111}$Rg レントゲニウム $[Rn]5f^{14}6d^{10}7s^1$	(285) $_{112}$Cn コペルニシウム $[Rn]5f^{14}6d^{10}7s^2$	(278) $_{113}$Nh ニホニウム $[Rn]5f^{14}6d^{10}7s^2p^1$	(289) $_{114}$Fl フレロビウム $[Rn]5f^{14}6d^{10}7s^2p^2$	(289) $_{115}$Mc モスコビウム $[Rn]5f^{14}6d^{10}7s^2p^3$	(293) $_{116}$Lv リバモリウム $[Rn]5f^{14}6d^{10}7s^2p^4$	(293) $_{117}$Ts テネシン $[Rn]5f^{14}6d^{10}7s^2p^5$	(294) $_{118}$Og オガネソン $[Rn]5f^{14}6d^{10}7s^2p^6$	7

| 152.0 $_{63}$Eu ユウロピウム $[Xe]4f^76s^2$ 5.67 1.2 | 157.3 $_{64}$Gd ガドリニウム $[Xe]4f^75d^16s^2$ 6.15 1.20 | 158.9 $_{65}$Tb テルビウム $[Xe]4f^96s^2$ 5.86 1.2 | 162.5 $_{66}$Dy ジスプロシウム $[Xe]4f^{10}6s^2$ 5.94 1.22 | 164.9 $_{67}$Ho ホルミウム $[Xe]4f^{11}6s^2$ 6.02 1.23 | 167.3 $_{68}$Er エルビウム $[Xe]4f^{12}6s^2$ 6.11 1.24 | 168.9 $_{69}$Tm ツリウム $[Xe]4f^{13}6s^2$ 6.18 1.25 | 173.1 $_{70}$Yb イッテルビウム $[Xe]4f^{14}6s^2$ 6.25 1.1 | 175.0 $_{71}$Lu ルテチウム $[Xe]4f^{14}5d^16s^2$ 5.43 1.27 | ランタノイド |
| (243) $_{95}$Am アメリシウム $[Rn]5f^77s^2$ 6.0 1.3 | (247) $_{96}$Cm キュリウム $[Rn]5f^76d^17s^2$ 6.09 1.3 | (247) $_{97}$Bk バークリウム $[Rn]5f^97s^2$ 6.30 1.3 | (252) $_{98}$Cf カリホルニウム $[Rn]5f^{10}7s^2$ 6.30 1.3 | (252) $_{99}$Es アインスタイニウム $[Rn]5f^{11}7s^2$ 6.52 1.3 | (257) $_{100}$Fm フェルミウム $[Rn]5f^{12}7s^2$ 6.64 1.3 | (258) $_{101}$Md メンデレビウム $[Rn]5f^{13}7s^2$ 6.74 1.3 | (259) $_{102}$No ノーベリウム $[Rn]5f^{14}7s^2$ 6.84 1.3 | (262) $_{103}$Lr ローレンシウム $[Rn]5f^{14}6d^17s^2$ | アクチノイド |

化学の基本シリーズ

③

物理化学

安藤耕司・中井浩巳 著

化学同人

まえがき

　私たちの身の回りにはさまざまな物質が存在し，その性質や変化は多種多様です．化学とは，物質の構造・性質・変化を探究する学問です．化学の分野は，しばしば有機化学・無機化学・生化学など，対象とする物質により分類され，さらにこれらの境界領域として，有機金属化学・生物有機化学・生物無機化学などの分野があります．このように学問分野が物質と直接関連づけられるのは，物質の多様性を理解し活用しようとする化学の基本的な立場によるものです．

　そのため，高校の化学の教科書では各論的な記述が主体となっています．現代では，量子力学と統計熱力学に立脚することで，化学も各論の羅列から脱することが可能です．しかしながら，その完成は今でも最前線の研究課題であるうえに，これらの習得には相応のハードルがあります．結果として，高校までの化学は各論を学ぶ，暗記科目というイメージをもつ学生も多いでしょう．このようなイメージから脱却するために必要な知識や考え方の現代的なエッセンスを体系的に学ぶことが，大学の物理化学の主要な目標です．

　物理化学は，物質の構造・性質・変化を物理的な視点から理解しようという学問分野です．物理化学には，基礎理論から電気化学，溶液化学，光化学，表面化学などの応用領域まで含まれるため，本格的な教科書は上下巻からなる分厚いものがほとんどです．これらは，教科書として使用するよりは，むしろ参考書として使用するのに向いています．一方で，薄手の教科書の多くは，講義で使うには不足を感じてきました．そこで本書では，物理化学の基礎事項の概念的な理解に重点をおき，応用に関する側面は部分的な記述またはコラムの読み物として紹介しました．

　本書は，量子化学(第2〜5章)，熱・統計力学(第6〜10章)，そして反応速度論(第11, 12章)に重点をおいて，基礎からある程度踏み込んだ内容までを学べるように書かれています．量子化学は量子力学に基づき物質をミクロな視点でとらえるのに対し，熱力学や反応速度論はマクロな視点でとらえます．統計力学は，ミクロとマクロを結びつける学問であり，分子分配関数を通して，ミクロのエネルギー準位からマクロのエネルギーとエントロピーを自然な形で導いています．

　本書の構成について補足します．第1章は基本事項や単位の確認です．第2章はプランク分布と前期量子論，第3章は量子力学の導入と原子構造，第4章は分子構造と化学結合論，第5章は分子の並進・振動・回転運動の量子力学となります．第6章では，気体分子運動論とブラウン運動の理論によって，(古典力学の範囲で) 分子運動と熱現象を結び付けます．第7章で熱力学第一法則とカルノーサイクル，第8章で熱力学第二法則と自由エネルギー，第9章で化学ポテンシャルを扱い，巨視的・現象論的な熱力学を学びます．第10章で分配関数を導入し，第5章で求めた分子運動のエネルギー準位と熱力学的関数を結び付けます．第11章で反応速度論の基礎事項を学んだ後に，第12章で反応機構と現象論的な速度則を結び付けます．以上のように，量子化学(第2〜5章)と熱力学(第7〜9章)は独立に学べますが，第10章は第5〜8章に基づいています．反応速度論(第11〜12章)は，ボルツマン分布や平衡定数を参照する部分も含みますが，第6章や第9章を読まなくても理解

できます．ただし，12.3 節の遷移状態理論では，第 10 章で導入した分配関数の知識を必要とします．本書をしっかりマスターすれば，詳細な参考書や専門書へ進むための準備として十分だと期待しています．

　物理化学は学問の性格上，数式が多く用いられます．数式を理解するには，数式の数値化・具体化・導出が重要と考えます．数値化とは，文字通り，数式に現れる変数に具体的な数値を代入することであり，具体化とは，関数ならグラフに描くなどの作業です．本書の例題や章末の練習問題では，これらを実践できるようになっています．数式の導出には，しばしば高度な数学が必要です．章末の発展問題には，重要な数式を誘導形式で導出する問題を用意し，いくつかの項目にまたがる内容を総合的に理解できるものも含みました．是非，本書で学ぼうとする学生諸君には，これらの問題を実際に解いてほしいと思います．巻末の補遺に，本書の内容を理解する上で最低限必要となる数学をまとめました．こちらも参考にしてください．

　講義を担当される先生方へ．本書は「化学の基本」シリーズの一冊として，物理化学を初めて学ぶ教科書となるように執筆いたしました．各章から導入的な部分を選択すれば，大学の初等化学の教科書としても利用いただけます．本書の執筆にあたっては半期，すなわち 15 回の講義を意識して章立てしました．各章の分量に差はありますが，1 回の講義で教えることも可能です．コラムなどの内容を補填していただくことにより，通年用の講義にご活用いただけます．もちろん，有機化学・無機化学・生化学などと関連づけて解説していただくのもよいと思います．章末の発展問題には，それなりに骨のある問題も用意いたしました．そのまま，あるいは一部内容を変更してレポート課題として活用していただければ幸いです．

　最後に，「化学の基本」シリーズを企画していただき，また内容に関して的確な指示をいただきました斉藤正治先生(元京都教育大学附属高等学校)と古川豊先生(京都教育大学附属高等学校)には厚く御礼申し上げます．本書の執筆を勧めてくださった化学同人編集部の大林史彦氏には，終始お世話になりました．出版にあたってお世話になった化学同人編集部の皆様にも心より感謝申し上げます．

平成 30 年 7 月

　　　　　　　　　　　　　　　　　　　　　　　　　　　　　安藤　耕司・中井　浩巳

もくじ

1 物質，光，エネルギー

1.1 物　質	1	章末問題 ... 11
1.2 光	4	🎁 状態と相の違い ... 3
1.3 エネルギー	6	🎁 光度エネルギーといろいろな明るさの単位 ... 10
1.4 単　位	7	

2 粒子と波動

2.1 黒体輻射	13	2.6　ド・ブロイ波 ... 22
2.2 光電効果	15	2.7　ハイゼンベルグの不確定性原理 ... 25
2.3 コンプトン効果	18	章末問題 ... 26
2.4 水素原子スペクトル	19	🎁 デジタルとアナログ ... 16
2.5 ボーアモデル	20	

3 原子の構造

3.1 量子力学の基礎	29	3.6　元素の周期律 ... 44
3.2 水素原子	33	章末問題 ... 48
3.3 電子スピン	38	🎁 原子単位系 ... 37
3.4 多電子原子	39	🎁 Na の原子スペクトル ... 43
3.5 原子スペクトル	41	🎁 いろいろな周期表 ... 47

4 分子の構造

4.1 共有結合とイオン結合	51	4.5 混成軌道	62
4.2 原子価結合法	53	4.6 ヒュッケル法	65
4.3 分子軌道法	56	章末問題	68
4.4 軌道相互作用	59	🎁 −H−と−Xe−	64

5 分子の運動

5.1 運動の自由度	71	5.4 振動運動	80
5.2 並進運動	72	章末問題	87
5.3 回転運動	75	🎁 振動回転スペクトル	86

6 分子の集団的性質

6.1 気体の圧力と温度	91	章末問題	105
6.2 実在気体の状態方程式	94	🎁 マクスウェル−ボルツマン分布の考え方	98
6.3 マクスウェル−ボルツマンの速度分布	96	🎁 ブラウン運動	101
6.4 分子の拡散と熱揺らぎ	102	🎁 温度と熱の分子描像	103

7 物質の熱的性質

7.1 部分系と外界の熱的状態	107	章末問題	118
7.2 熱力学第一法則	108	🎁 状態量と微分表現	110
7.3 エンタルピーと熱容量	111	🎁 熱と温度	112
7.4 カルノーサイクル	113	🎁 カルノーの原理と絶対温度の定義	117

8 物質の熱的安定性

- 8.1 エントロピーと温度 … 119
- 8.2 エントロピーと熱の移動 … 122
- 8.3 熱力学第二法則 … 124
- 8.4 エントロピーの微視的描像 … 125
- 8.5 自由エネルギー … 128
- 章末問題 … 134
- 🎁 第二種永久機関 … 124
- 🎁 統計力学への誘い … 126
- 🎁 熱力学第零法則と第三法則 … 127
- 🎁 熱量測定 … 129
- 🎁 自由エネルギー … 134

9 物質変化の釣合い

- 9.1 化学ポテンシャル … 137
- 9.2 化学ポテンシャルを決めるもの … 140
- 9.3 平衡定数 … 143
- 9.4 希薄溶液の沸点上昇 … 146
- 章末問題 … 149
- 🎁 電池の化学 … 145
- 🎁 沸点上昇の関係式の導出 … 147
- 🎁 エントロピーの示量性 … 148

10 分子運動と熱現象

- 10.1 分子エネルギーの分布 … 151
- 10.2 分子分配関数 … 155
- 章末問題 … 161
- 🎁 微視的エネルギー準位から分配関数を経て熱力学へ … 153
- 🎁 近代的原子論と統計力学の生みの苦しみ … 154

11 物質変化の速さ

- 11.1 反応速度の定義 … 163
- 11.2 速度則,反応次数,速度定数 … 165
- 11.3 温度と反応速度(アレニウス則) … 166
- 11.4 反応と平衡 … 168
- 章末問題 … 174
- 🎁 アレニウス則とボルツマン則 … 168

12 物質変化の仕組み

12.1 反応中間体と素反応	177	章末問題 190
12.2 定常状態近似	181	🎁 活性錯合体と超高速分光 189
12.3 遷移状態理論	187	

補遺 化学数学

A 行　列	193	E テイラー展開 216
B 固有値問題	202	F 三角関数の公式 219
C 微分と積分	202	G スターリングの式 222
D デカルト座標と球面座標	214	🎁 オイラーの等式 219

索　引　　223

第 1 章
物質，光，エネルギー
Material, Light, and Energy

この章で学ぶこと

本章では，本書を読み進むうえで最低限必要となる概念，すなわち物質とは何か，光とは何か，エネルギーとは何かを概説する．また，単位系についても基本的な考えを述べる．

1.1 物 質

この節のキーワード
純物質，混合物，単体，化合物，分離，精製，物質の三態，状態図，超臨界状態

化学が扱う対象は**物質**（matter あるいは material）である．物質を構成している原子の種類はわずか 100 種類あまりであるが，原子が結合してできる物質の種類は無限ともいえる．われわれの最も身近にある物質として，水と空気がまず思いつくであろう．水は**純物質**（pure substance）に分類されるが，空気は窒素，酸素，二酸化炭素などからなる**混合物**（mixture）である．純物質には，1 種類の元素からなる**単体**（element）と複数の元素からなる**化合物**（compound）がある．窒素や酸素は単体であり，二酸化炭素は化合物である．

身の回りにある物質のほとんどは混合物なので，さまざまな用途に応じて混合物から純物質を取り出す**分離**（separation）・**精製**（purification）という作業が行われる．代表的な分離・精製の方法には，**ろ過**（filtration），**蒸留**（distillation），**昇華**（sublimation），**再結晶**（recrystallization），**抽出**（extraction），**クロマトグラフィー**（chromatography）などがある（図 1.1）．

物質は温度や圧力の違いにより，**気体**（gas）・**液体**（liquid）・**固体**（solid）になり得る．これを**物質の三態**（three states of matter）といい，それぞれの状態間の変化を**物理変化**[*1] と呼ぶ．物理変化には**融解**（melting）・凝

[*1] **物理変化**は，状態は変わるが化学的組成は変わらない変化である．一方，化学的組成（原子間の結合）の変化を伴う過程を**化学変化**という．

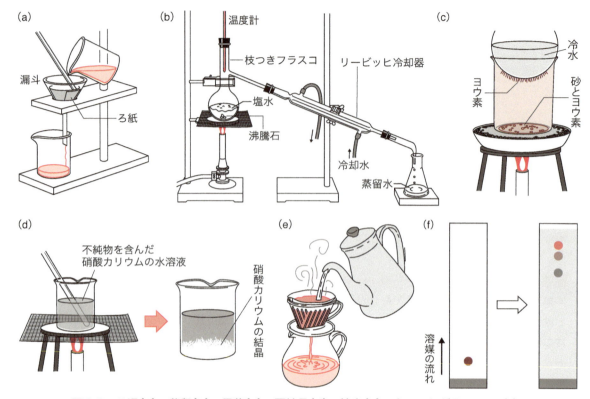

図 1.1 ろ過(a), 蒸留(b), 昇華(c), 再結晶(d), 抽出(e), クロマトグラフィー (f)

固 (freezing)・蒸発 (vaporization)・凝縮 (condensation)・昇華 (sublimation) がある (図 1.2).

通常, 純物質の状態は, 温度と圧力により決まる. 図 1.3 は水の状態が温度と圧力によりどのように変化するかを示したもので, **状態図 (phase**

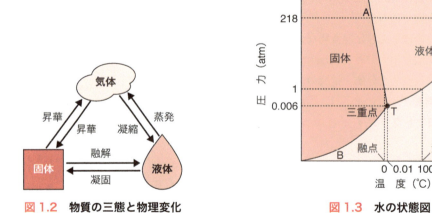

図 1.2 物質の三態と物理変化

図 1.3 水の状態図

diagram）と呼ばれる．圧力を 1 atm に保って温度を上昇させると，0 ℃（273.15 K）で固体から液体，つまり氷から水に変化する．さらに温度を上昇させると，100 ℃（373.15 K）で液体から気体，つまり水から水蒸気に変化する．この状態変化が融解および蒸発であり，そのときの温度が**融点**（melting point）および**沸点**（boiling point）である．これらの逆の変化が凝固と凝縮である．低圧条件下では，固体から気体に直接変化する昇華が

コラム　状態と相の違い

固体や液体が複数の違った形態をとる場合がある．そこで，これらを状態と区別するために，**相**（phase）という用語が使われる．水に対する相図を以下に示す．図 1.3 の状態図に比べてかなり複雑なのがわかるであろう．

われわれが通常目にする氷は**I 型**の**六方晶**（hexagonal）であり，I_h 相と呼ばれる．常圧で準安定な構造として，**立方晶**（cubic）の I_c 相も低温の特殊な条件で実現する．100 年以上も前に，氷を低温高圧状態にすることで出現する**II 相**と**III 相**が発見された．

それ以後，到達可能な温度・圧力領域が拡大し，また原子配列を精密に捉える測定技術が発展したため新たな相が発見され続け，現在では 17 種類以上もの氷の相が知られるようになった．**VI 相**は室温で水を圧縮すると最初に出現する相である．氷の相は，酸素の周りの水素の配置がランダムな**無秩序相**（disordered phase）とある特定の配置をもつ**秩序相**（ordered phase）に分類できる．**VI 相**は無秩序相であるが，その秩序相として **XV 相**が 2009 年に報告された．カート・ボネガットの小説『猫のゆりかご』(1963 年)に登場するアイス・ナインは，世界を滅ぼす力をもつ氷であり，常温で固体であるとされていた．しかしその後，氷の **IX 相**は低温高圧状態でのみ存在することが見出され，世界を滅ぼす力がないことがわかった．氷の **VII 相**は高圧下で存在し，100 ℃を超えても溶けない「熱い氷」である．氷 **VII 相**の密度は通常の氷 I_h 相の 2 倍近くあり，海王星などの巨大惑星に存在すると予想されている．

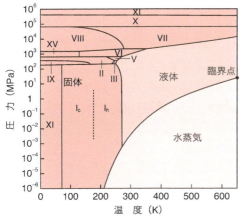

水の相図

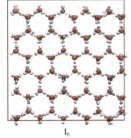
I_h

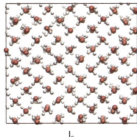
I_c

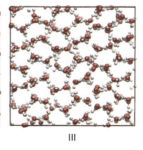
III

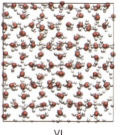
VI

起こる.

固体と液体の境界（A-T）を**融解曲線**（melting curve），固体と気体の境界（B-T）を**昇華曲線**（sublimation curve），液体と気体の境界（C-T）を**蒸気圧曲線**（vapor pressure curve）という．高圧条件下では，液体と気体の区別がつかない状態がある．これを**超臨界状態**（supercritical state）と呼び，この状態になるときの最低の温度と圧力を**臨界点**（critical point）という．また，それぞれを**臨界温度**（critical temperature）と**臨界圧力**（critical pressure）という．たとえば，水の臨界温度は 373.95 ℃（647.10 K），臨界圧力は 22.064 MPa（217.75 atm）である．

1.2 光

> **この節のキーワード**
> 電磁波，可視光，赤外線，紫外線，マイクロ波，電波，X線，ガンマ線，光速，波長，振動数，波数

人間は暗闇では何も見えないが，光を灯すと視野に入る物体を認識できる．これは，人間の眼はおよそ 380〜780 nm の波長の光を捉えることができるためである．この波長領域の光を**可視光**（visible light）という．しかし，可視光よりも波長の長い**赤外線**（infrared light，780 nm〜1000 μm）や**マイクロ波**（micro wave，1000 μm〜1 m），**電波**（radio wave，1 m〜）や，波長の短い**紫外線**（ultraviolet light，10〜380 nm）や **X線**（X ray，10 pm〜10 nm），**ガンマ線**（gamma ray，〜10 pm）なども光である．日常的に用いられる狭義の光と区別して，これらを総称して**電磁波**（electromagnetic wave）という．電磁波は，図 1.4 のように電場と磁場が組み合わさって空間を伝播する波である．

光（電磁波）の波としての性質は，**光速**（light speed）c，**波長**（wave length）λ，**振動数**（frequency）ν，**波数**（wave number）$\tilde{\nu}$ で表され，次の関係式が成り立つ．

$$c = \lambda \nu \tag{1.1}$$

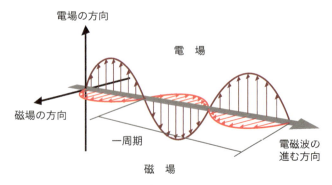

図 1.4 電磁波における電場と磁場

$$\tilde{\nu} = \frac{1}{\lambda} = \frac{\nu}{c} \tag{1.2}$$

光は波としての性質に加えて,粒子としての性質も合わせもつ.このことについては,第2章で詳しく学ぶ.

例題 1.1 波長 500 nm の光の波数と振動数 ν をそれぞれ求めよ.

解答

$$\tilde{\nu} = \frac{1}{\lambda} = \frac{1}{(500 \times 10^{-9}\ \mathrm{m})} = 2.00 \times 10^{6}\ \mathrm{m^{-1}}$$

$$\nu = \frac{c}{\lambda} = \frac{(2.998\cdots \times 10^{8}\ \mathrm{m\ s^{-1}})}{(500 \times 10^{-9}\ \mathrm{m})} = 5.996\cdots \times 10^{14}\ \mathrm{s^{-1}} = 6.00 \times 10^{14}\ \mathrm{s^{-1}}$$

注)本書では問題で与えられた有効数字をもとに解答する.そのためには,物理定数や途中の計算結果は有効数字より1桁大きな数値を用いて計算する.以後,…は省略する.

光を物質に当てると,透過・屈折・反射・散乱・吸収・放出などさまざまな現象が引き起こされる.これは光がエネルギーをもつためであり,そのエネルギーは波長に依存している.吸収・放出される光のエネルギーは,物質中のさまざまなエネルギーに対応する(図1.5).たとえば,X線は内殻電子の状態,紫外線と可視光は価電子の状態,赤外光は振動状態,そしてマイクロ波は回転状態に対応する.**分光学 (spectroscopy)** は,物質と相互作用する光をプリズムなどの分光器で分離して検出することにより,その物質が何であるか,どのような性質をもっているかを調べる学問分野である.

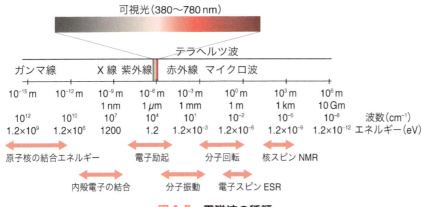

図 1.5 電磁波の種類
電磁波(光)はその波長に応じてさまざまなエネルギーをもつ.$E = h\nu = hc/\lambda$.

1.3 エネルギー

この節のキーワード
仕事，運動エネルギー，ポテンシャルエネルギー，力学的エネルギー，力学的エネルギー保存の法則，熱エネルギー，熱力学第一法則，電気エネルギー，ジュール熱，化学エネルギー，ヘスの法則，光エネルギー，核エネルギー

われわれのすべての活動は，エネルギーと何らかの形で結びついている．快適な日常生活を送るためだけでなく，われわれが生命体として存続するためにもエネルギーが不可欠である．エネルギーはさまざまな形態をしており，また相互に変換される（図1.6）．エネルギーとは，一般に「仕事」をする能力をさし，単に力学的に物体を動かすという**仕事**（work）だけではなく，光ったり，熱を出したりする能力も含まれる．

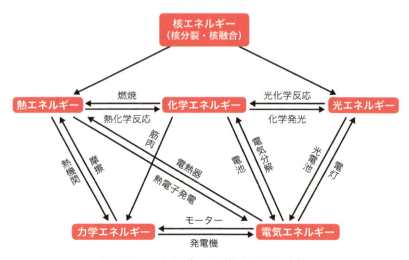

図1.6　エネルギーの形態と相互の変換

物体が動いているときにもつエネルギーを**運動エネルギー**（kinetic energy）という．一方，高いところにある物体や縮んだ（伸びた）ばねにつながった物体など，物体に蓄えられているエネルギーを**ポテンシャルエネルギー**（potential energy）という．運動エネルギーとポテンシャルエネルギーを合わせて**力学的エネルギー**（mechanical energy）といい，その総和は常に一定である．これを**力学的エネルギー保存の法則**（law of conservation of mechanical energy）という．

熱（heat）は，物体を温める能力がある．ある**系**（system）とそれを取り巻く**環境**〔environment，**外界**（surroundings）ともいう〕を考える．それらの間では物質の行き来はないが，熱や仕事によりエネルギーをやり取りしている．この場合，系で失われたエネルギーは環境で獲得され，消失することはない．逆も真である．このようなエネルギー保存則を**熱力学第一法則**（the first law of thermodynamics，第7章参照）という．

電気エネルギー（electric energy）は，貯蔵や輸送，そして変換が容易

なため，日常生活では欠かせないエネルギーである．電気エネルギーから変換される熱を**ジュール熱**(Joule heat)という．

エネルギー変換の日常的な例を見てみよう．車は，ガソリンの燃焼によるエネルギーを力学的エネルギーに変換して走る．電気エネルギーを供給する電池の中では化学反応が起こっている．その逆の電気分解では電気エネルギーにより化学反応が引き起こされる．食糧は，人間の活動，体温の維持，その他の身体機能を司るエネルギーの供給源である．これらにはすべて物質がもつ**化学エネルギー**(chemical energy)が関与し，化学反応によりさまざまな形のエネルギーに変化している．化学変化が生じても，物質のもつ化学エネルギーと発生する熱の総和は変化しない．このようなエネルギー保存則を**ヘスの法則**(Hess's law)という．

太陽電池は，太陽の**光エネルギー**(light energy)を直接電気に変換する．地球に到達する太陽光エネルギーは $1\ m^2$ あたり約 $1\ kW$ である[*2]．もし地球全体に降り注ぐ太陽光エネルギーを，利用可能な形のエネルギーに100%変換できたら，世界の年間消費エネルギーをわずか1時間でまかなうことができる．植物は，光合成によりデンプンや酸素を作る．これは，太陽の光エネルギーを化学エネルギーへ変換したことに相当する．**核エネルギー**(nuclear energy)は，原子核が分裂するときに発生するエネルギーのことである．

*2 単位時間単位面積あたり $1\ kJ$ のエネルギー．

1.4 単 位

物質のさまざまな性質を定量的に表す場合，数値と**単位**(unit)が必要となる．科学では通常，SI 単位系[*3]と呼ばれる国際単位系が用いられる．表1.1に7つの**基本単位**(base unit)を示す．他の単位はすべてこの7個から導くことができる．

物理量はさまざまな数値をとる．たとえば，同じ「長さ」であっても，東京–大阪間の距離は約 $500 \times 10^3\ m$，酸素分子の結合距離は $121 \times 10^{-12}\ m$ で，値が大きく異なる．SI単位系では接頭語（後見返し参照）を用いて，

この節のキーワード
SI単位系, 基本単位, 組立単位, 接頭語

*3 フランス語の Système International d'Unités に由来する．

表 1.1　SI 基本単位

物理量	量の記号	SI 単位の名称	SI 単位の記号
質量	m	キログラム	kg
長さ	l	メートル	m
時間	t	秒	s
温度	T	ケルビン	K
物質量	n	モル	mol
電流	I	アンペア	A
光度	I_v	カンデラ	cd

これらを 500 km や 121 pm（あるいは 0.121 nm）などと表す．

SI 基本単位を合わせることにより，さまざまな**組立単位 (derived unit, 誘導単位**ともいう)が得られる．速度は距離と時間の比なので m s^{-1}，加速度は速度と時間の比なので m s^{-2} という組立単位である．組立単位には特別な名称と記号をもつものもある(後見返し参照)．力は，**ニュートンの第二法則 (Newton's second law of motion)** から質量と加速度の積なので，単位は kg m s^{-2} となる．これを **N** という記号で表し，**ニュートン**と読む．エネルギーは，力学的な仕事を考えると力と距離の積となり，N m = kg m^2 s^{-2} という単位である．これを **J** という記号で表し，**ジュール**と読む．

> **例題 1.2** ばね定数 k のばねを x だけ伸ばしたときのポテンシャルエネルギーは $(1/2)kx^2$ である．ばね定数 k の単位を答えよ．
> **解答** J m^{-2} = kg s^{-2}

SI 単位と併用される単位もある．時間の SI 単位は秒 (s) であるが，分 (min)，時 (h)，日 (d) なども用いられる．たとえば，遅い反応で実験が終わるまでに 2 日かかった場合，172 800 s より 2 d と表すほうがはるかにわかりやすい．化学でよく現れる体積の SI 単位は m^3 であり，一辺が 1 m の立方体の体積に相当する．1 m^3 はビーカーやフラスコの体積よりはるかに大きいため，L（リットル）*4 や cm^3（あるいは cc）などの単位が用いられる．分子の結合距離は 10^{-10} m のオーダーなので，pm や nm では少し表しにくいと感じるかもしれない．そこで，10^{-10} m に対応する **Å(オングストローム)** という記号が用いられることもある．上述の酸素分子の結合距離は 1.21 Å と表される．

慣例的に SI 単位とは異なる単位が用いられる場合もある．圧力の単位である標準大気圧を基準とした **atm (アトム)** や水銀柱を基準とした **Torr (トル**，あるいは **mmHg)** がそれである．これらの単位から SI 単位に変換する場合，数値の換算が必要となる．

$$1\,\text{atm} = 101\,325\,\text{Pa}, \quad 1\,\text{Torr} = 1\,\text{mmHg} = 133.322\,\text{Pa} \quad (1.3)$$

逆の場合，以下のような換算となる．

$$1\,\text{Pa} = 9.8692 \times 10^{-6}\,\text{atm} = 7.5006 \times 10^{-3}\,\text{Torr} \quad (1.4)$$

SI 単位でない圧力の単位に **bar (バール)** もある．1 bar = 10^5 Pa であり，おおむね 1 atm なので，最近は atm の代わりによく用いられる．以前(1992 年まで) は天気予報では，mbar (ミリバール) が気圧の単位として使われていたが，現在は hPa (ヘクトパスカル)が用いられている．

*4 小文字の l（エル）は数字の 1（いち）と混同する恐れがあるため，ℓ（小文字エルの筆記体）が用いられたこともあった．しかし，SI 単位系では単位をブロック体で記すことが決まっているため，大文字の L が用いられるようになった．

前節で見たようにエネルギーはさまざまな形態をもつ．そのため，単位もさまざまである．上述の通り，エネルギーの単位であるJは，力学的な観点からN m = kg m^2 s^{-2} である．一方，電気エネルギーの観点からは，**ジュールの法則**（Joule's law）から発生する熱（ジュール熱）Q が次式で計算される．

$$Q = Pt = IVt = I^2RT = \frac{V^2 t}{R} \tag{1.5}$$

ここで，P は電力，t は時間，I は電流，V は電圧，R は抵抗であり，それぞれの単位は W（ワット），s（秒），A（アンペア），V（ボルト），Ω（オーム）である．したがって，エネルギーの単位であるJには，次のような関係式が成り立つ．

$$J = Ws = AVs = A^2\Omega s = V^2 \Omega^{-1} s \tag{1.6}$$

化学の場合，1分子あたりの数値より1 molあたりの数値のほうが便利な場合も多い．つまり，1分子のエネルギーから**アボガドロ数**（Avogadro number）[*5] の個数の集まったエネルギーへの換算が必要となる．

$$1\,\text{J} \leftrightarrow 6.022 \times 10^{23}\,\text{J mol}^{-1} = 6.022 \times 10^{20}\,\text{kJ mol}^{-1} \tag{1.7}$$

例えば，6.1.2項で見るように，室温における分子1個の運動エネルギーは約 6×10^{-21} J という小さな値になる．これを 1 mol 集めたとすると，約 4 kJ mol^{-1} となる．

熱化学の分野では，古くから熱化学カロリーを表す cal という単位が用いられてきた．もともとの定義は，「1 g の水の温度を標準大気圧下で 1℃ 上げるのに必要な熱量」であるが，水の比熱は温度により異なるので曖昧さが残る．今日では 1 cal は厳密に 4.184 J と定義されている．化学では 1 mol あたりの熱化学カロリーを用いることもあるので，次のような換算が必要となる．

$$1\,\text{cal} \leftrightarrow 6.022 \times 10^{23}\,\text{cal mol}^{-1} = 6.022 \times 10^{20}\,\text{kcal mol}^{-1} \tag{1.8}$$

電場下で加速される荷電粒子の運動エネルギーは，質量には依存せず，電荷と電圧の積となる．電子の電荷[*6] 1.602×10^{-19} C をもつ粒子が 1 V の電圧で加速された場合の運動エネルギーを **1 eV**（電子ボルト）と表す．SI単位との換算は次式となる．

$$1\,\text{eV} = 1.602 \times 10^{-19}\,\text{J} \tag{1.9}$$

[*5] アボガドロ数は無次元量であるが，**アボガドロ定数**（Avogadro constant）は 1 mol あたりの個数なので，6.022×10^{23} mol^{-1} である．

[*6] **電気素量**という．数値は後見返しの**物理定数**を参照のこと．

> **例題 1.3** 電気素量 1.602×10^{-19} C は，電子およびプロトン 1 個あたりの電荷（それぞれ符号は負と正）である．1 mol あたりの電荷量を求めよ．また，この値は何と呼ばれる量か答えよ．
>
> **解答** アボガドロ定数は 6.022×10^{23} mol^{-1} なので，求める量は
>
> $$(1.602 \times 10^{-19}\,\mathrm{C})(6.022 \times 10^{23}\,\mathrm{mol^{-1}}) = 9.647 \times 10^4\,\mathrm{C\,mol^{-1}}$$
>
> 上記の値は，**ファラデー定数**（Faraday constant）と呼ばれ，F（ファラデー）という組立単位で表される．ファラデー定数は，厳密には 96485.3329 C mol^{-1} である．

コラム　光度エネルギーといろいろな明るさの単位

光の明るさを表す量として**光度**があり，**光度エネルギー**といわれることもある．しかし，その単位はエネルギーとは異なり，**cd（カンデラ）**という SI 基本単位である．カンデラ（candela）はろうそく（candle）が語源であり，「ろうそく 1 本の灯りが 1 カンデラ」といわれている．光度は，光源からある方向に放たれる光の強さを表し，光束の立体角密度で定義される．立体角の SI 単位は，**sr（ステラジアン）**である．

光源全体の明るさを表す量として**光束**があり，昼光という語源をもつ **lm（ルーメン）**という単位が用いられる．これは単位時間あたりに光源から発せられる光の束の総量を表し，lm = cd sr である．LED 電球のパッケージにはルーメン値で明るさが表示されている．「30 W 相当 325 lm」などと記載されているが，実際の消費電力は 5 W 程度である．これは，白熱電球の明るさに消費電力の単位である W（ワット）が用いられてきたため，白熱電球から LED 電球への交換の目安として表示されている．

照明で照らされている場所や部屋の明るさは**照度**と呼ばれ，**lx（ルクス）**という単位が用いられる．lx = lm m^{-2} であり，単位面積あたりの光束の量である．

輝度は単位面積あたりの光度に相当し，**nt（ニト）**という単位が用いられ，nt = cd m^{-2} である．輝度はディスプレイの明るさを表すときに用いられる．実際，スマホやノート PC のディスプレイの明るさを切り替える際に目にする単位である．

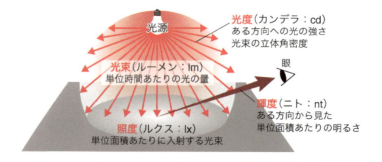

光のエネルギーは**プランク定数**(Planck constant) h を用いて，次式で表される(詳細は第 2 章で解説する)．

$$h\nu = hc\tilde{\nu} \tag{1.10}$$

ここで，式 (1.2) の振動数と波数の関係が用いられていることに注意してほしい．光の波数とエネルギーは比例関係にあるので，分光学では光を波数単位で表示することが多い[*7]．SI 単位との換算は次式となる．

$$1\,\text{cm}^{-1} \leftrightarrow 1.986 \times 10^{-23}\,\text{J} \tag{1.11}$$

[*7] たとえば第 5 章で見るように，振動回転スペクトルは cm^{-1} 単位で表すと数桁になって見やすい場合が多い．

> **例題 1.4** 式(1.11)が成り立つことを確かめよ．
> **解答** 式(1.10)より次のように計算される．
> $$hc\tilde{\nu} = (6.626 \times 10^{-34}\,\text{J s})(2.998 \times 10^{8}\,\text{m s}^{-1})(1 \times 10^{2}\,\text{m}^{-1})$$
> $$= 1.986 \times 10^{-23}\,\text{J}$$

後見返しに圧力とエネルギーに関する換算表を掲載しているので，単位の変換が必要な場合は利用してもらいたい．

章末問題

練習問題 1.1 波長 650 nm の光の波数，振動数，エネルギーをそれぞれ計算せよ．

練習問題 1.2 2 価カチオン Mg^{2+} を電圧 2.5 V で加速させたときの運動エネルギーを計算せよ．

練習問題 1.3 ナトリウムランプは波長 550 nm の黄色光を放出する．このランプの仕事率が 100 W ならば，毎秒いくつの光子を放出しているか計算せよ．

練習問題 1.4 ある台風の中心気圧が 930 hPa であった．この気圧を atm および Torr の単位にそれぞれ換算せよ．

発展問題 1.1 ガソリン車のエネルギーに関する以下の問いに答えよ．
(1) 直鎖状のオクタンの燃焼反応の熱化学方程式を示せ．ただし，この反応で生成する水は液体とする．また，直鎖状のオクタン(液)，水

(液)，二酸化炭素(気)の生成熱は，それぞれ 220, 286, 394 kJ/mol である．
(2) ガソリンの主成分は炭素数が 6 から 11 までの炭化水素である．仮にガソリンが直鎖状のオクタンからなる純物質であるとして，1.00 L の液体を燃焼して得られる熱量を(1)の結果を用いて求めよ．ただし，直鎖状のオクタンの比重は 0.700 g/cm^3 とする．
(3) 重さが 1800 kg のガソリン車（搭乗している人などすべての重さの総量）が平地のコンクリート舗装路のみを走った場合，燃費はガソリン 1 L あたり 12.0 km であった．タイヤとコンクリート舗装路との転がり抵抗係数が 1.50×10^{-3} であるとして，この車が 12.0 km 走るのに必要なエネルギーを求めよ．
(4) (3)の車が 12.0 km 走行したとき，(2)のガソリン（直鎖状のオクタン）1 L を燃焼して得られる熱量の何%を利用したことになるか．

発展問題 1.2 鉛蓄電池に関する以下の問いに答えよ．
(1) 鉛蓄電池の放電の際，負極と正極で起こる反応をそれぞれイオン反応式で答えよ．
(2) 負極の Pb が 1 mol 反応したとき，鉛蓄電池から得られるエネルギーを求めよ．ただし，鉛蓄電池の起電力は 2.00 V である．
(3) 鉛蓄電池のエネルギー密度を求めよ．ただし，電池のエネルギー密度 [J/g] は，電池全体の反応式における活物質の合計 1 g に対して得られる電池のエネルギーとして定義される．

発展問題 1.3 リン酸型燃料電池（$(-)$Pt・H_2 | H_3PO_4aq | O_2・Pt$(+)$）に関する以下の問いに答えよ．
(1) リン酸型燃料電池の負極と正極で起こる反応をそれぞれイオン反応式で書け．
(2) リン酸型燃料電池の全体として化学反応式を答えよ．
(3) リン酸型燃料電池ではどのような化学エネルギーを利用して電気エネルギーを取り出しているか，簡潔に説明せよ．
(4) 負極の H_2 が 1 mol 反応したとき，リン酸型燃料電池から得られるエネルギーを求めよ．ただし，リン酸型燃料電池の起電力は 1.23 V である．
(5) リン酸型燃料電池のエネルギー変換効率を求めよ．ただし，エネルギー変換効率は(3)の化学エネルギーに対する(4)の電気エネルギーの割合 [%] で計算される．また，水素（気）の燃焼熱は，286 kJ/mol である．

第 2 章 粒子と波動
Particle and Wave

この章で学ぶこと

17世紀にニュートンは，運動の法則を基礎として力学の体系を構築した．このニュートン力学は，マクロな物体の運動を十分記述することができた．しかし19世紀に入り，光や原子を精緻に観測できるようになるにつれて，ニュートン力学では説明できない現象が明らかになってきた．本章では光の粒子性と電子の波動性の発見につながったいくつかの興味ある現象を紹介する．まず，熱せられた物体から放出される光の強度分布を取り上げ，エネルギーが連続的に変化するのではなく，とびとびの値をとるという仮定より，初めて理解できることを学ぶ．次に，光電効果とコンプトン効果を取り上げ，光が1個の粒子としてのエネルギーと運動量をもつと考えることで理解される現象を学ぶ．また，水素原子から発せられる輝線スペクトルを理解するために提案された原子のモデルを解説し，電子が波動としての性質をもつことを学ぶ．

2.1 黒体輻射

この節のキーワード
ステファン–ボルツマンの法則，ウィーンの変位則，黒体輻射，レイリー–ジーンズの輻射式，紫外破綻，エネルギーの量子化，プランクの輻射式

夜空に輝く星は，明るさだけでなく色も違う．さそり座のアンタレスは赤色，こぐま座の北極星は黄色，おおいぬ座のシリウスは青白色である．この色の違いは，星の表面温度の違いによる．では，熱せられた物体から発せられる光は，その物体の温度とどのような関係があるのだろうか．

19世紀の科学者は分光器を導入し，物体がどのような光を吸収したり放出したりするかを調べた．そして，熱せられた物体からは，あらゆる波長の光からなる連続的なスペクトルが放出されていることがわかり，放出される光の強度分布についていくつかの興味深い結果を得た．発光体から

Ludwig Eduard Boltzmann
1844〜1906，オーストリアの物理学者．原子レベルのミクロな系を支配する物理法則を基に，系のマクロ巨視的な性質を得る統計力学を完成させたことは，彼の最大の功績である．その他にもボルツマン定数，ボルツマン分布など，彼の名を冠した科学用語がいくつもある．原子論の支持者だったが，反原子論者との論争に疲れて自殺した．

放出される単位面積あたりの全エネルギーは，温度の 4 乗に比例する．

$$I = \sigma T^4 \tag{2.1}$$

この関係式は，ステファンが 1879 年に実験的に明らかにし，弟子のボルツマンが 1884 年に理論的な証明を与えた（**ステファン–ボルツマンの法則**，**Stefan-Boltzmann law**）．ここで，比例定数 σ は**ステファン–ボルツマン定数**（Stefan-Boltzmann constant）と呼ばれ，その値は $5.670 \times 10^{-8}\,\mathrm{W\,m^{-2}\,K^{-4}}$ である．

ウィーンは 1893 年に，発光体から放出される光の最大強度を与える波長 $\lambda_{\max}$ が絶対温度 T に反比例することを見出した（**ウィーンの変位則**，**Wien's displacement law**）．

$$\lambda_{\max} = \frac{b}{T} \tag{2.2}$$

ここで，比例定数 b の値は $2.898 \times 10^{-3}\,\mathrm{m\,K}$ である．

例題 2.1 既知の星の中で最も高温の恒星の一つであるシリウスは，260 nm の波長の光を最も多く放出する．これより，シリウスの表面温度をウィーンの変位則を用いて推定せよ．

解答：ウィーンの変位則 $T = b/\lambda_{\max}$ により，波長から温度が求められる．

$$T = \frac{(2.898 \times 10^{-3}\,\mathrm{m\,K})}{(260 \times 10^{-9}\,\mathrm{m})} = 1.11 \times 10^4\,\mathrm{K}$$

このような興味深い現象を統一的に理解するために，光の完全な吸収体であり放射体である理想的な物体，すなわち**黒体**（**black body**）が考えられた．黒体は空洞の物体と近似することができ，そこには光が放射される小さな孔が空いている．この孔から放射される光のエネルギー分布は一定ではなく，黒体の温度に依存する〔**黒体輻射**（**blackbody radiation**）あるいは**空洞輻射**（**cavity radiation**）〕．これは，孔から光が放射される前に何度も吸収と再放射された結果，壁と熱平衡にあるためである．

レイリーは，空洞中に存在する異なる振動数の振動子によって光が放射されるというモデルを提案した．その後，ジーンズによって，振動数 ν の光のエネルギー分布 $U(\nu)$ は次のように定式化された〔**レイリー–ジーンズの輻射式**（**Rayleigh-Jeans radiation equation**）〕．

$$U(\nu) = \frac{8\pi k_B T}{c^3} \nu^2 \tag{2.3}$$

ここで，k_B は**ボルツマン定数**〔Boltzmann constant，式 (6.4) 参照〕，T は絶対温度，c は光速である．この輻射式は，低振動数領域では実験事実を説明することに成功した．しかし，放出される光のエネルギーは連続的に変化するという古典論に基づいているため，高振動数領域，つまり紫外線領域では事実と合わなかった〔**紫外破綻**（ultraviolet catastrophe）〕．

プランクはこの問題を解決するために，「振動数 ν の振動子のもつエネルギーは，振動数 ν に比例する量 $h\nu$ の整数倍に限られる」という**エネルギーの量子化**（quantization of energy）の仮説を提案した．この仮説に基づいて次の**プランクの輻射式**（Planck radiation equation）が導かれた．

$$U(\nu) = \frac{8\pi h}{c^3} \nu^3 \frac{1}{\exp(h\nu/k_B T) - 1} \tag{2.4}$$

ここで，h は**プランク定数**（Planck constant）と呼ばれ

$$h = 6.626 \times 10^{-34} \,\mathrm{J\,s} \tag{2.5}$$

という値で作用または角運動量（式 2.13 参照）の次元をもつ．プランクの輻射式 (2.4) を用いると，図 2.1 のような分布図が得られる．高い温度ほどエネルギー分布が最大となる振動数が高くなることがわかる．

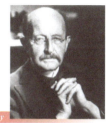

Biography

Max Karl Ludwig Planck
1858～1947，ドイツの物理学者．1918 年ノーベル物理学賞受賞．量子論の父といわれ，世界最高の研究所の一つがマックス・プランク研究所と名づけられている．科学者としては恵まれた生涯であったが，個人的には第一次大戦中に長男を失い，第二次世界大戦中にはヒトラー暗殺計画に荷担したという罪で次男が処刑されるなど，悲運におそわれた．

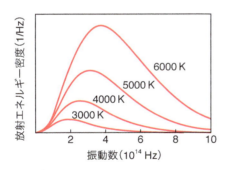

図 2.1　黒体輻射強度のスペクトル分布

2.2　光電効果

1887 年にヘルツは，真空中の金属に光を照射すると，負電荷を帯びた電子が放出される**光電効果**（photoelectric effect）を発見した．この光電効果には興味深い性質があった．まず，金属に照射する光の振動数がある閾値以下では，電子が放出されない．次に，光の強度が増加しても，放

この節のキーワード

光電効果，光量子（光子），仕事関数，エネルギー保存則

コラム　デジタルとアナログ

日本のテレビがアナログ放送からデジタル放送に移行されて久しい．アナログ派かデジタル派かという区別は，テレビ放送に限らずさまざまな場面で見たり聞いたりする．

アナログは古く，デジタルは新しいという誤った認識をしている人もいるのではないだろうか．しかし，アナログは連続量，デジタルは離散量というのが本来の意味である．この連続量と離散量の違いについて，宝くじを例に考えてみよう．次のようなアナログ式とデジタル式の宝くじがあれば，どちらが得であろうか．

- (A) アナログ式：賞金 $100ax$ 円（$x=0 \sim \infty$ の実数）の確率が $\exp(-ax)$（ただし，$a>0$）に比例
- (D) デジタル式：賞金 $100aj$ 円（$j=0 \sim \infty$ の整数）の確率が $\exp(-aj)$（ただし，$a>0$）に比例

どちらも確率が指数関数で定義されており，パラメータ a が等しければデジタル式宝くじの確率は，アナログ式宝くじの x が整数のときに一致する．

損得は期待値で決まるので，まず指数関数の総和を計算してみる．アナログ式では

$$\int_0^\infty \exp(-ax)\,dx = \left[-\frac{1}{a}\exp(-ax)\right]_0^\infty = \frac{1}{a}$$

と求まり，図の曲線以下の面積に相当する．一方，デジタル式では

$$\sum_{j=0}^\infty \exp(-aj) = \frac{1}{1-\exp(-a)}$$

と求まり，図の灰色部の面積に相当する．

それぞれの総和から，各賞金の確率が次のように計算される．

$$p_A(x) = a\exp(-ax) \quad \text{*1}$$
$$p_D(j) = \{1-\exp(-a)\}\exp(-aj)$$

さらに，それぞれの期待値は次のようになる*2．

$$\langle 100ax\rangle_A = \int_0^\infty 100ax\cdot p_A(x)\,dx = 100$$
$$\langle 100aj\rangle_D = \sum_{j=0}^\infty 100aj\cdot p_D(j) = \frac{100a}{\exp(a)-1}$$

下表に，それぞれ期待値がパラメータ a の変化とともにどのように変わるかを示す．パラメータ a が十分小さいときにはアナログ式宝くじの期待値 $\langle 100ax\rangle_A$ とデジタル式宝くじの期待値 $\langle 100aj\rangle_D$ の差は小さい．しかし，$a=1$ ではアナログ式に対するデジタル式の期待値の比 $\langle 100aj\rangle_D/\langle 100ax\rangle_A$ は 58％まで下がる．$a=10$ に至っては 0.05％と全く異なる振る舞いをすることがわかる．実は，この差こそがレイリー–ジーンズの輻射式とプランクの輻射式の違いの起源である．レイリー–ジーンズがアナログ派，プランクがデジタル派といえるかもしれない．

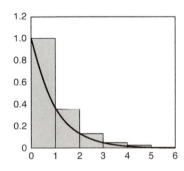

a	$\langle 100ax\rangle_A$	$\langle 100aj\rangle_D$
0.001	100	99.95
0.01	100	99.5
0.1	100	95.08
0.2	100	90.33
0.5	100	77.07
1	100	58.2
2	100	31.3
5	100	3.39
10	100	0.05

---

*1　x が $[x, x+dx]$ の範囲にある確率は $p_A(x)\,dx = a\exp(-ax)\,dx$ で与えられる．

*2　$\langle 100ax\rangle_A$ は，積分公式

$$\int_0^\infty x\exp(-ax)\,dx = a^{-2}$$

より求められる．

$\langle 100aj\rangle_D$ は，

$$\begin{aligned}
I &= r + 2r^2 + 3r^3 + 4r^4 + \cdots \\
-)\quad rI &= \phantom{r+{}} r^2 + 2r^3 + 3r^4 + \cdots \\
\hline
(1-r)I &= r + r^2 + r^3 + r^4 + \cdots
\end{aligned}$$

から $I = \dfrac{r}{(1-r)^2}$ となることを利用すると求められる．

出される電子の速さが大きくなることはなく，電子の数のみが増える．こうした結果を合理的に説明することはなかなかできなかった．

1905年にアインシュタインが，プランクにより提案されたエネルギーの量子化の仮説を光にも拡張し，光の量子，すなわち**光量子**[*3]を提案した．そして，この光量子のもつエネルギーは，振動数 ν に比例するとした．

$$E_{\text{light}} = h\nu \tag{2.6}$$

さらに，アインシュタインは光電効果により放出されるそれぞれの電子は一つの光量子のエネルギーを受け取ると仮定し，放出電子の運動エネルギーに対して次の関係式を導いた．

$$h\nu = W + \frac{1}{2}m_e v^2 \tag{2.7}$$

ここで，m_e は電子の質量，v は放出電子の速さである．W は金属に束縛された電子を放出するために必要となる閾値で，**仕事関数**（work function）と呼ばれる．関係式 (2.7) は，光の振動数に対する放出電子の運動エネルギーに対する実験結果を見事に再現した（図 2.2）．

*3 のちにルイスによって**光子（フォトン）**という言葉が提案され，現在はこれが一般的に使われている．

Albert Einstein
1879～1955, ドイツ生まれのユダヤ人物理学者．1921年ノーベル物理学賞受賞．相対性理論の構築などの業績で世界的著名人となった彼は，第二次世界大戦後は平和運動に没頭した．またヴァイオリンを愛好し，しばしば人前で演奏し，専門家からも評価されたという．

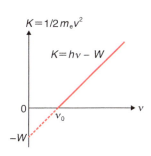

図 2.2 光電効果

例題 2.2 カリウム表面の仕事関数は 2.26 eV である．波長 350 nm の入射光によってカリウム表面から放出される電子の運動エネルギーを，アインシュタインの光電効果の関係式を用いて求めよ．

解答 仕事関数の 2.26 eV は，SI 単位では

$$W = eV = (1.602 \times 10^{-19}\,\text{C})(2.26\,\text{V}) = 3.620 \times 10^{-19}\,\text{J}$$

である．また，波長 350 nm の光のエネルギーは

$$h\nu = \frac{hc}{\lambda} = \frac{(6.626 \times 10^{-34}\,\text{J s})(2.998 \times 10^{8}\,\text{m s}^{-1})}{(350 \times 10^{-9}\,\text{m})}$$

$$= 5.675 \times 10^{-19}\,\mathrm{J}$$

である．光電効果の関係式から放出される電子の運動エネルギーは次のように求められる．

$$\frac{1}{2}m_e v^2 = h\nu - W = (5.675 \times 10^{-19}\,\mathrm{J}) - (3.620 \times 10^{-19}\,\mathrm{J})$$
$$= 2.06 \times 10^{-19}\,\mathrm{J}$$

2.3 コンプトン効果

この節のキーワード
コンプトン効果，運動量保存則

アインシュタインによって導かれた光電効果の関係式 (2.7) は，光量子という粒子が電子にエネルギーを受け渡す際の保存則を表している．さらに，光量子が運動量をもつという実験的証拠がコンプトンによって見出された〔**コンプトン効果 (Compton effect)**〕．図 2.3 のようにグラファイトに入射した X 線がグラファイト中の電子と衝突し，角度 θ だけずれて散乱される．一方，電子は角度 ϕ ずれた方向に跳ね飛ばされる．このとき，散乱 X 線の波長は入射 X 線の波長より長く，その差は散乱角 θ にのみ依存する．

$$\Delta\lambda = \frac{h}{m_e c}(1 - \cos\theta) \tag{2.8}$$

これは，光量子がエネルギー $h\nu$ だけでなく，h/λ という運動量ももつことを示している．

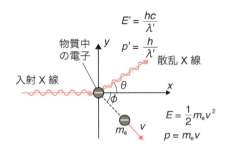

図 2.3　コンプトン効果

例題 2.3　波長 $\lambda = 7.00 \times 10^{-11}\,\mathrm{m}$ の X 線をグラファイトに照射したとき，入射方向との角度が $60°$ の方向にコンプトン散乱した．反跳電子の運動エネルギーを求めよ．

解答 散乱 X 線と入射 X 線の波長差 $\Delta\lambda$ は，コンプトン効果の関係式 (2.8) より

$$\Delta\lambda = \frac{h}{m_e c}(1-\cos\theta)$$
$$= \frac{(6.626\times 10^{-34}\,\mathrm{J\,s})}{(9.109\times 10^{-31}\,\mathrm{kg})(2.998\times 10^8\,\mathrm{m\,s^{-1}})}\left(1-\cos\frac{\pi}{3}\right)$$
$$= 1.213\times 10^{-12}\,\mathrm{m}$$

と求められる．反跳電子の運動エネルギーは，入射 X 線と散乱 X 線のエネルギー差に等しいので，次のように計算される．

$$T = \frac{hc}{\lambda} - \frac{hc}{\lambda+\Delta\lambda} = \frac{hc\Delta\lambda}{\lambda(\lambda+\Delta\lambda)}$$
$$= \frac{(6.626\times 10^{-34}\,\mathrm{J\,s})(2.998\times 10^8\,\mathrm{m\,s^{-1}})(1.213\times 10^{-12}\,\mathrm{m})}{(7.00\times 10^{-11}\,\mathrm{m})\{(7.00\times 10^{-11}\,\mathrm{m})+(1.213\times 10^{-12}\,\mathrm{m})\}}$$
$$= 4.83\times 10^{-17}\,\mathrm{J}$$

2.4 水素原子スペクトル

水素放電管から放射される水素原子の発光スペクトルでは，可視光領域に 4 本の輝線スペクトル (656, 486, 434, 410 nm) が観測された (図 2.4)．1885 年，バルマーはこの 4 本の輝線スペクトルの波長が次式に合うことを見出した．

この節のキーワード

水素原子スペクトル，バルマー系列，ライマン系列，パッシェン系列，リュードベリ–リッツの結合法則

Biography

Johann Jakob Balmer
1825 〜 1898，スイスの数学者．数学に優れており，数学者として名を上げることを望んでいたが，結果として化学への貢献によって彼の名は残った．

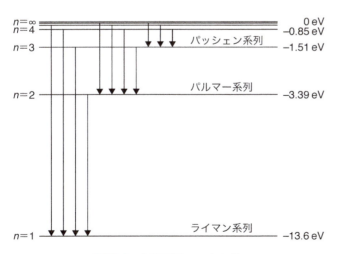

図 2.4 水素原子スペクトル

$$\lambda = 364.56\left(\frac{n^2}{n^2-4}\right) \quad (n = 3,\ 4,\ 5\cdots)$$

(バルマー系列, Balmer series) (2.9)

その後,紫外領域や赤外領域においてもそれぞれ次のような関係式が見出された.

$$\lambda = 91.13\left(\frac{n^2}{n^2-1}\right) \quad (n = 2,\ 3,\ 4\cdots)$$

(ライマン系列, Lyman series) (2.10)

$$\lambda = 820.14\left(\frac{n^2}{n^2-9}\right) \quad (n = 4,\ 5,\ 6\cdots)$$

(パッシェン系列, Paschen series) (2.11)

さらに,すべての線列には,**リュードベリ–リッツの結合原理** (Rydberg-Ritz combination principle) と呼ばれる次の関係があることが見出された.

$$\tilde{\nu} = \frac{1}{\lambda} = R_\mathrm{H}\left(\frac{1}{n_1^2} - \frac{1}{n_2^2}\right) \quad (n_1 < n_2) \tag{2.12}$$

ここで,R_H は $109\,677\,\mathrm{cm}^{-1}$ という値をもち,**リュードベリ定数**(Rydberg constant)と呼ばれる.(2.12)式においてバルマー系列は $n_1 = 2$,ライマン系列は $n_1 = 1$,パッシェン系列は $n_1 = 3$ である.

例題 2.4 バルマー系列において $n = 3$ に対する光のエネルギーを求めよ.

解答 $n = 3$ に対するバルマー系列の波長は SI 単位では

$$\lambda = (364.4 \times 10^{-9}\,\mathrm{m})\left(\frac{3^2}{3^2-4}\right) = 656.3 \times 10^{-9}\,\mathrm{m}$$

と求められるので,エネルギーは次のように計算される.

$$\frac{hc}{\lambda} = \frac{(6.626 \times 10^{-34}\,\mathrm{J\,s})(2.998 \times 10^8\,\mathrm{m\,s^{-1}})}{(656.3 \times 10^{-9}\,\mathrm{m})} = 3.03 \times 10^{-19}\,\mathrm{J}$$

この節のキーワード
陰極線,電子,原子核,ボーアの量子化条件,ボーアの振動数条件,ボーア半径,量子数

2.5 ボーアモデル

真空のガラス容器に封入された電極に電圧をかけると,陰極側の容器が

2.5 ボーアモデル

光るという現象が見出され，**陰極線** (cathode ray)[*4] と名づけられた．トムソンは 1897 年に，陰極線の正体が負電荷をもつ未知の粒子であり，原子中にも含まれることを示し，**電子** (electron) と名づけた．これにより，原子をそれ以上分割できないというドルトンの**原子説**は正しくないことが明白となり，原子の内部構造のモデルが提案されはじめた．1903 年にトムソンは，原子をプラム・プディングにたとえ，正電荷をもった生地の中に負電荷をもった電子が埋もれているモデルを提案した．

同じ頃，長岡半太郎は土星モデルを提案し，中心に正電荷をもつ核があり，その周りを電子が回転すると考えた．ラザフォードは金箔に正電荷をもった α 粒子を当て，散乱角を測定する実験を行った．解析結果から，原子の中心には正電荷を帯びた 10^{-15} m 程度の小さな核，すなわち**原子核** (nucelus) があることを発見した．これにより，トムソンのモデルより長岡のモデルのほうが事実に近いことが示された．長岡の土星モデルは，力学的には安定であるが，電磁気学的には安定でなかった．加速度運動している荷電粒子は光を放射してエネルギーを失う．電子のもつエネルギーが減少すると，円運動の半径も次第に小さくなり，やがては電子と原子核は衝突することになる．

この矛盾を解決するために，ボーアは大胆な仮定を導入した．電子の軌道角運動量は量子化され，原子はとびとびのエネルギーをとる安定な定常状態のみ存在すると仮定した．これは**ボーアの量子化条件** (Bohr's quantization condition) と呼ばれ，次式で表される．

$$L_n = m_e v_n r_n = n\left(\frac{h}{2\pi}\right) = n\hbar \tag{2.13}$$

ただし，$\hbar = h/2\pi$ は**換算プランク定数** (reduced Planck constant) あるいは**ディラック定数** (Dirac constant) と呼ばれ，角運動量の次元をもつ．n は正の整数をとる量子数であり，対応するエネルギーが次式となる[*5]．

$$E_n = -\frac{m_e e^4}{8\varepsilon_0^2 h^2}\frac{1}{n^2} = -\frac{m_e e^4}{32\pi^2 \varepsilon_0^2 \hbar^2}\frac{1}{n^2} \tag{2.14}$$

ここで，e は電気素量，ε_0 は真空の誘電率である．

基底状態，つまり $n = 1$ における軌道半径は**ボーア半径** (Bohr radius) と呼ばれ，通常は a_0 という記号を用いて表される．

$$a_0 \equiv r_1 = \frac{\varepsilon_0 h^2}{\pi m_e e^2} = \frac{4\pi\varepsilon_0 \hbar^2}{m_e e^2} = 5.292 \times 10^{-11}\,\text{m} = 0.5292\,\text{Å} \tag{2.15}$$

さらに，水素原子の発光スペクトルは，高いエネルギー準位 n_2 から低

[*4] 今日では，**電子線** (electron beam) と呼ばれる．

Sir Joseph John Thomson
1856～1940，イギリスの物理学者．1906 年ノーベル物理学賞受賞．ニックネームの J.J で呼ばれることが多い．

長岡半太郎
1865～1950，長崎県生まれの物理学者．現在の東京大学理学部物理学科に入学し，大学院まで進んだ．その後はドイツに留学してボルツマンのもとで学び，帰国後に東京大学教授に就任．東京大学を退職後も，大阪帝国大学の初代総長を務めるなど，要職を歴任した．また多くの弟子も育成するなど，日本の科学史における最重要人物の一人といってよいだろう．

[*5] He^+，Li^{2+}，Be^{3+}，… など 1 電子系を**水素様原子** (hydrogen-like atom) という．核電荷 $+Ze$ に対するボーアモデルより，エネルギー準位は次のようになる．

$$E_n = -\frac{m_e e^4}{8\varepsilon_0^2 h^2}\frac{Z^2}{n^2}$$
$$= -\frac{m_e e^4}{32\pi^2\varepsilon_0^2 \hbar^2}\frac{Z^2}{n^2}$$

Ernest Rutherford
1871～1937, イギリスの物理学者. 1908年ノーベル化学賞受賞. 受賞理由は「元素の崩壊および放射性物質の性質に関する研究」であった. 原子核の発見者なのに, なぜか化学賞だった. 原子核の発見はその後の1911年のことであり, なぜダブル受賞にならなかったのかが不思議である. 104番元素のラザホージウムにその名が残っている.

Niels Hendrick David Bohr
1885～1962, デンマークの物理学者. 1922年ノーベル物理学賞受賞. 1911年からラザフォードの下で原子模型の研究を開始した. 核分裂の可能性を予測し, それが原子爆弾開発の理論的根拠となった.

[*6] 電子の質量 $m_e = 9.11 \times 10^{-31}$ kg に比べて, 水素原子核(陽子)の質量 $m_p = 1.67 \times 10^{-27}$ kg は約1830倍重いが, 無限大ではない.

この節のキーワード
ド・ブロイ波, X線回折, ブラッグの法則, X線結晶構造解析, 電子線回折, 電子顕微鏡, 波動性, 粒子性

いエネルギー準位 n_1 へ遷移するときに生じると考え, その際に放出される光の振動数は次式で与えられる〔**ボーアの振動数条件** (Bohr's frequency condition)〕.

$$\nu = \frac{E_{n_2} - E_{n_1}}{h} = \frac{m_e e^4}{8\varepsilon_0^2 h^3}\left(\frac{1}{n_1^2} - \frac{1}{n_2^2}\right) = \frac{m_e e^4}{64\pi^3 \varepsilon_0^2 \hbar^3}\left(\frac{1}{n_1^2} - \frac{1}{n_2^2}\right) \quad (2.16)$$

この関係式は, リュードベリ-リッツの結合法則(式2.12)に対応しており, リュードベリ定数は次式で与えられることがわかった.

$$R_\infty = \frac{m_e e^4}{8\varepsilon_0^2 h^3 c} = \frac{m_e e^4}{64\pi^3 \varepsilon_0^2 \hbar^3 c} \quad (2.17)$$

これより, リュードベリ定数は $R_\infty = 1.09737 \times 10^7$ m^{-1} と求められる. ここで, 添え字の ∞ は質量が無限大の原子核の周りを電子が回転していることを意味している. 実際には, 電子と原子核は両者の重心の周りを相互に回転しており, 電子の質量 m_e ではなく電子と原子核の換算質量 $\mu = m_e m_p/(m_e + m_p)$ を用いる必要がある. その場合のリュードベリ定数は, $R_H = 1.09677 \times 10^7$ m^{-1} と計算され, 観測値と一致する[*6].

例題 2.5 ボーアモデルにおいて, 量子数が $n_1 = 1, 2, 3$ の状態に遷移する場合の水素原子の発光スペクトルは, それぞれどのような電磁波に分類されるか.

解答 ボーアの振動数条件より, $n_1 \leftarrow n_2$ の遷移の波数 $\tilde{\nu}_{n_1 \leftarrow n_2}$ と波長 $\lambda_{n_1 \leftarrow n_2}$ はそれぞれ

$$\tilde{\nu}_{n_1 \leftarrow n_2} = R_H\left(\frac{1}{n_1^2} - \frac{1}{n_2^2}\right)$$

$$\lambda_{n_1 \leftarrow n_2} = \frac{1}{\tilde{\nu}_{n_1 \leftarrow n_2}}$$

となる. $n_1 = 1, 2, 3$ に対して, それぞれ $n_2 = n_1 + 1$ と $n_2 = \infty$ の波数と波長を求めると右の表のようになる.

$n_1 \leftarrow n_2$	$\tilde{\nu}_{n_1 \leftarrow n_2}$	$\lambda_{n_1 \leftarrow n_2}$	電磁波の種類
$1 \leftarrow 2$	8.24×10^4	122	紫外線
$1 \leftarrow \infty$	1.10×10^5	91.0	
$2 \leftarrow 3$	1.54×10^4	656	可視光線
$2 \leftarrow \infty$	2.74×10^4	365	
$3 \leftarrow 4$	5.33×10^3	1.87×10^4	赤外線
$3 \leftarrow \infty$	1.22×10^4	821	

2.6 ド・ブロイ波

1924年, ド・ブロイは, 光が波であると同時に粒子としての性質をもつように, 電子も粒子と波の両方の性質をもつとの考えに至った. そして,

粒子の運動量 p とその波の波長 λ には，次の関係式が成り立つと提案した．

$$\lambda = \frac{h}{p} \tag{2.18}$$

このような考えを**ド・ブロイ波**（de Broglie wave），あるいは**物質波**（matter wave）という．

物質波の考えを用いて，ボーアの量子化条件（式 2.13）を考えてみよう．電子の運動量は $p = m_e v_n$ であるから，式(2.18)より次式が導かれる．

$$2\pi r_n = n\lambda \tag{2.19}$$

式(2.19)の左辺は，電子の軌道の円周に相当する．右辺は，ド・ブロイ波長の整数倍である．つまり，式(2.19)の条件を満たすときのみ電子は定在波として存在できることを意味する（図 2.5 a）．一方，この関係を満たさない場合，位相のずれた波の重ね合わせとなり，結果として振幅が消失することになる（図 2.5 b）．

Biography

Louis de Broglie
1892～1987，フランスの物理学者．1929年，ノーベル物理学賞受賞．電磁波を粒子として解釈することで説明された光電効果に着想を得て，逆に粒子もまた波動のように振る舞うという「物質波」の仮定を提起した．これは自身の博士論文で提案された．ルイ 14 世時代からの名門貴族ブロイ家の直系の子孫．

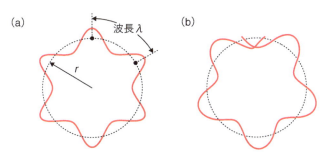

図 2.5 (a)定在波の場合と(b)定在波でない場合

例題 2.6 40.0 kV の電位差で加速した電子のド・ブロイ波長を求めよ．

解答 40.0 kV の電位差で加速した電子の運動エネルギーは

$$T = eV = (1.602 \times 10^{-19}\,\text{C})(40.0 \times 10^3\,\text{V}) = 6.408 \times 10^{-15}\,\text{J}$$

である．また，$T = p^2/2m_e$ より，運動量を次のように求められる．

$$p = \sqrt{2m_e T} = \sqrt{(2)(9.109 \times 10^{-31}\,\text{kg})(6.408 \times 10^{-15}\,\text{J})}$$
$$= 1.080 \times 10^{-22}\,\text{kg m s}^{-1}$$

よって，対応するド・ブロイ波長は次のように計算される．

$$\lambda = \frac{h}{p} = \frac{(6.626 \times 10^{-34}\,\text{J s})}{(1.080 \times 10^{-22}\,\text{kg m s}^{-1})} = 6.14 \times 10^{-12}\,\text{m} = 6.14\,\text{pm}$$

Sir William Henry Bragg（父）
1862〜1942，イギリスの物理学者．1915年ノーベル物理学賞受賞．23歳の若さでアデレート大学教授となり，イギリスに移ってからは息子のローレンスとともにX線結晶解析の研究に打ち込んだ．晩年は王立研究所の教授として，研究所の発展に努めた．

Sir William Lawrence Bragg（子）
1890〜1971，イギリスの物理学者．1915年に父とノーベル物理学賞受賞．第一次大戦では多くの若手科学者が戦線に送られ，彼も受賞の知らせを塹壕の中で聞いたといわれている．キャベンディッシュ研究所長になってからは，物理学を生物学研究に応用する計画を推進した．

*7 G. P. トムソンは，J. J. トムソンの息子である．J. J. トムソンは電子が原子を構成することを見出して1906年にノーベル賞を受賞し，息子のG. P. トムソンは電子の波動性を示して1937年にノーベル賞を受賞した．

レントゲン（1895年）によって発見されたX線は，結晶格子によって回折を示すことがラウエ（1912年）によって見出された．つまり，X線は波長の短い電磁波であることが明らかになった．翌年にはブラッグ親子が，**X線回折**（X-ray diffraction）の条件を次式で表した．

$$2d \sin\theta = n\lambda \tag{2.20}$$

ここで，d は結晶面の間隔，θ は結晶面とX線のなす角度，λ はX線の波長，n は整数である．これは**ブラッグの法則**（Bragg's law）と呼ばれ，**X線結晶構造解析**（X-ray crystal structure analysis）の理論的な基礎である．

ド・ブロイによる物質波の考えが提案された後，1927年にデイヴィソンとジャーマーはニッケル単結晶に対して，同じ1927年にG. P. トムソン[*7]は金属多結晶に対して，それぞれ**電子線回折**（electron diffraction）を確認した（図2.6）．現在，この原理は**電子顕微鏡**（electron microscope）に用いられている．

図2.6 ニッケル単結晶の電子線回折像

ド・ブロイによる物質波の考えに基づいて，光と電子の波動性・粒子性が定式化された．表2.1に，波動として特徴的な波長と振動数，粒子として特徴的な運動量とエネルギーを示す．また，本章で解説してきた現象とも関連づけてまとめている．

表2.1 光と電子の波動性と粒子性

	波動性			粒子性		
	波長	振動数	現象	運動量	エネルギー	現象
光	λ	ν	X線回折	h/λ	$h\nu$	光電効果 コンプトン効果
電子	h/p	$p^2/2hm_e$	電子線回折	p	$p^2/2m_e$	陰極線 原子発光

2.7 ハイゼンベルグの不確定性原理

前節まで，物質と光はともに粒子と波の性質をもつことを見てきた．ここで，1個の電子の位置を観測する実験を考えてみる．距離 Δx 以内の位置を決めるためには，同程度の波長 λ をもった光が必要である．電子を観測するためには，光と電子を何らかの相互作用あるいは衝突をさせなければならない．光子は $p = h/\lambda$ の運動量をもつので，その一部を電子に与える．結果として，電子の運動量は変化することになる．ハイゼンベルグは，上記のような考察から，電子の位置の不確定さ Δx と運動量の不確定さ Δp には次の関係が成立することを見出した．

$$\Delta x \cdot \Delta p \geq h \tag{2.21}$$

この関係は，**ハイゼンベルグの不確定性原理**（Heisenberg's uncertainty principle）と呼ばれ，自然界の基本原理の一つである．

> **この節のキーワード**
> ハイゼンベルグの不確定性原理，位置と運動量

Biography

Werner Karl Heisenberg

1901 〜 1976，ドイツの物理学者．1932 年ノーベル物理学賞受賞．ナチ時代にユダヤ人物理学者を擁護したため，ナチス党員の物理学者から「白いユダヤ人」と呼ばれて強い攻撃に晒されたこともある．

例題 2.7 次の粒子の運動量を 1% 以内の不確定さで求めようとすると，位置の不確定さはそれぞれどの程度になるか，ハイゼンベルグの不確定性原理より求めよ．

(1) 時速 150 km で投げられた質量 120 g の野球のボール．

(2) ボーアモデルの 1s 軌道の電子．

解答 (1) 野球のボールの運動量の不確定さは

$$\Delta p = (120 \times 10^{-3}\,\text{kg})\left(\frac{150 \times 10^3}{3600}\,\text{m s}^{-1}\right)(10^{-2}) = 5.000 \times 10^{-2}\,\text{kg m s}^{-1}$$

である．したがって位置の不確定さは少なくとも

$$\Delta x = \frac{h}{\Delta p} = \frac{(6.626 \times 10^{-34}\,\text{J s})}{(5.000 \times 10^{-2}\,\text{kg m s}^{-1})} = 1.33 \times 10^{-32}\,\text{m}$$

となり，ボールの大きさに比べれば十分小さい．

(2) 1s 軌道の電子の運動量は，式 (2.13) において $n = 1$ なので，その不確定さは

$$\Delta p = \frac{h}{2\pi a_0}(10^{-2}) = \frac{(6.626 \times 10^{-34}\,\text{J s})}{(2)(3.141)(5.291 \times 10^{-11}\,\text{m})}(10^{-2})$$
$$= 1.993 \times 10^{-26}\,\text{kg m s}^{-1}$$

である．したがって位置の不確定さは少なくとも

$$\varDelta x = \frac{h}{\varDelta p} = \frac{(6.626 \times 10^{-34}\,\text{J s})}{(1.993 \times 10^{-26}\,\text{kg m s}^{-1})} = 3.32 \times 10^{-8}\,\text{m}$$

となり，ボーア半径よりも大きくなる．

章末問題

練習問題 2.1 太陽光は，380〜780 nm の範囲にある可視光線を多く放出している．このうち，500 nm の波長の光が最大強度である．ウィーンの変位則(2.2)式を用いて，太陽の表面温度を推定せよ．

練習問題 2.2 Fm（フェルミウム）は原子番号 100 の元素である．ボーアモデルを用いて，Fm^{99+} の 1s 軌道にある電子の運動エネルギーを求めよ．さらに，そのド・ブロイ波長を計算せよ．

練習問題 2.3 波長 250 nm の入射光によって白金表面から出ていく電子の運動エネルギーを計算せよ．ただし，白金表面の仕事関数は 4.09 eV である．

練習問題 2.4 それぞれのド・ブロイ波長を求めよ．
(1) 速度 300 m s^{-1} の ^{40}Ar 原子（同位体精密質量 39.96）．
(2) 2.00 MV の電位差で加速した陽子ビーム．

発展問題 2.1 レイリー–ジーンズの輻射式（2.3）とプランクの輻射式（2.4）に関する以下の問いに答えよ．
(1) 黒体内に含まれる振動数 ν の定常波の状態密度が次式で表されることを示せ．

$$\rho(\nu) = \frac{8\pi\nu^2}{c^3}$$

【ヒント】光は二つの偏りがあるため，状態密度は 2 倍になる．

(2) 熱平衡系では，エネルギー E の状態は**ボルツマン分布**（**Boltzmann distribution**）$\exp(-E/k_B T)$ している（6.3 節，10.1 節参照）．古典的な定常波は連続的なエネルギーをとる．これにより，古典的な定常波のエネルギー期待値 $\langle E \rangle$ を求めよ．
(3) プランクは定常波のエネルギー E はとびとびの値をとると仮定した．つまり，$E = nh\nu$（n はゼロ以上の整数）と書ける．この場合の定常波のエネルギー期待値 $\langle E \rangle$ を求めよ．

(4) (1)および(2)の結果から，レイリー–ジーンズの輻射式(2.3)を導け．
(5) (1)および(3)の結果から，プランクの輻射式(2.4)を導け．
(6) 低振動数(長波長)では$(h\nu/k_BT) \ll 1$が成り立つ．そこで，プランクの輻射式(2.4)の分母$\{\exp(h\nu/k_BT) - 1\}$を$(h\nu/k_BT)$に対して**テイラー展開**(Taylor expansion，補遺 E 参照)し，$(h\nu/k_BT)$の一次までの項で近似することにより，レイリー–ジーンズの輻射式(2.3)が導かれることを確かめよ．

発展問題 2.2 プランクの輻射式(2.4)に関する次の各問いに答えよ．
(1) プランクの輻射式を振動数νに対して積分することにより，ステファン–ボルツマンの法則(2.1)式を導け．
(2) 光の波長と振動数には，$\lambda\nu = c$という関係がある．このことに注意して，プランクの輻射式から波長に対するエネルギー分布の式$\tilde{U}(\lambda)$を導け．
(3) (2)の結果を波長に関して微分することにより，ウィーンの変位則(2.2)式を導け．

【ヒント】$d\nu = -(c/\lambda^2)d\lambda$に注意し，$U(\nu)d\nu$から$\tilde{U}(\lambda)d\lambda$の変形を行え．

発展問題 2.3 コンプトン効果の関係式(2.8)を以下の手順で導出する．
(1) エネルギー保存則はどのように表されるか．
(2) 運動量保存則はどのように表されるか．
(3) (1)および(2)の結果と，波長と振動数との関係$\lambda = c/\nu$を用いて，式(2.8)を導け．

発展問題 2.4 ボーアモデルに関する関係式を以下の問いに従って導け．
(1) ボーアモデルでは，量子数nの状態の電子は水素原子核の周りを半径r_n，速さv_nで円運動すると仮定している．力のつり合いはどのように表されるか．ただし，電子の質量はm_e，電気素量はe，真空の誘電率はε_0とせよ．
(2) (1)の関係式とボーアの量子化条件から，量子数nに対する軌道半径r_nはどのような式で表されるか．
(3) ボーアモデルにおいて量子数nのエネルギーが式(2.14)となることを示せ．
(4) (3)の結果とボーアの振動数条件から式(2.16)を導け．
(5) 波数と振動数の関係$\tilde{\nu} = \nu/c$を注意して，式(2.17)を導け．

第 3 章
原子の構造
Structure of Atom

この章で学ぶこと

20世紀初頭に量子力学が誕生した．本章ではまず，量子力学の基礎方程式であるシュレーディンガー方程式を紹介する．次に，水素原子に対するシュレーディンガー方程式の解である原子軌道とエネルギー準位，そして，それらを規定する量子数について解説する．電子には，スピンと呼ばれる自転に対応する角運動量が存在し，αスピンとβスピンという二つの量子化された状態をとることを学ぶ．多数の電子を含む原子では，各原子軌道にどのように電子が占有するかを学び，各状態を表すスペクトル項という記法を学ぶ．最後に，メンデレーエフが提案した周期表について，原子軌道の占有状態との関係から理解する．

この節のキーワード

シュレーディンガー方程式，波動関数，ボルンの解釈，規格直交条件

3.1 量子力学の基礎

前の章で見たように，19世紀末から20世紀初頭にかけて，ニュートンの古典力学では説明できない種々の現象が発見され，物質の振る舞いを正しく記述できる理論が必要となった．そして，ハイゼンベルク（1925年）とシュレーディンガーによって量子力学が定式化された．1926年にシュレーディンガーは，波動方程式をもとに，ド・ブロイの関係式(2.18)を用いて，量子力学的な基礎方程式である**シュレーディンガー方程式**（Schrödinger equation）を導いた．

$$\left[-\frac{\hbar^2}{2m}\nabla^2 + V(r)\right]\psi(r) = E\psi(r) \tag{3.1}$$

ここで，$\hbar$は換算プランク定数，mは粒子の質量，∇^2 ($= \partial^2/\partial x^2 + \partial^2/\partial y^2$

Biography

Erwin R. J. A. Schrödinger

1887〜1961，オーストリア出身の理論物理学者．現代科学の基礎ともいえるシュレーディンガー方程式を提唱し，量子力学を発展させた．1933年，ノーベル物理学賞受賞．晩年は生命にも興味を示し『生命とは何か―物理的にみた生細胞―』（岩波書店，2008）を著すなど，生物物理学や分子生物学への道を開いた．

$+ \partial^2/\partial z^2)$ はラプラシアンと呼ばれる微分演算子である．左辺の括弧内第1項と第2項は，それぞれ運動エネルギーとポテンシャルエネルギーに対応する項であり，E はエネルギーである．$\psi(\boldsymbol{r})$ は**波動関数**（wave function）と呼ばれ，物質波の振幅に相当する．波動関数は，一価，連続，有限という性質をもつ関数でなければならない．結局，シュレーディンガー方程式 (3.1) は，あるポテンシャルに対する粒子のエネルギーと波動関数を決定する方程式である．

ボルンは，波動関数の2乗 $|\psi(\boldsymbol{r})|^2 d\boldsymbol{r}$ が $[\boldsymbol{r}, \boldsymbol{r} + d\boldsymbol{r}]$ の微小空間に量子力学的な粒子を見出す確率（**存在確率**，existence probability）を表すという解釈を与えた．したがって，全空間での和を取れば（積分すれば）全確率となるため，次のように**規格化条件**（normalization condition）が与えられる．

$$\int |\psi(\boldsymbol{r})|^2 d\boldsymbol{r} = 1 \tag{3.2}$$

このように波動関数は量子力学的な粒子の状態を表す．いま2つの状態 i と j を表す波動関数 $\psi_i(\boldsymbol{r})$ と $\psi_j(\boldsymbol{r})$ を考える．これらが次の関係式を満たす場合を，**直交している**（orthogonal）という．

$$\int \psi_i^*(\boldsymbol{r}) \psi_j(\boldsymbol{r}) d\boldsymbol{r} = 0 \tag{3.3}$$

ここで，$\psi_i^*(\boldsymbol{r})$ は $\psi_i(\boldsymbol{r})$ の複素共役な関数を意味する[*1]．

Biography
Max Born
1882～1970，ドイツの理論物理学者．量子力学の解釈とボルン・オッペンハイマー近似で著名．1954年，ノーベル物理学賞受賞．歌手の Olivia Newton-John は彼の孫にあたる．

---

*1 **規格化条件**（式 3.2）と**直交条件**（式 3.3）は，クロネッカーデルタ δ_{ij} を用いて，次のように一つの式にまとめることができる．

$$\int \psi_i^*(\boldsymbol{r}) \psi_j(\boldsymbol{r}) d\boldsymbol{r} = \delta_{ij}$$
$$= \begin{cases} 1 \ (i=j) \\ 0 \ (i \neq j) \end{cases}$$

これは，**規格直交条件**（orthonormalization condition）と呼ばれる．

例題 3.1 変数 x の値が $[0, L]$ で定義された次のような一次元の波動関数がある．

$$\psi_n(x) = \sqrt{\frac{2}{L}} \sin\left(\frac{n\pi x}{L}\right)$$

ただし，n は正の整数である．この波動関数が規格直交条件を満たすことを確かめよ．

解答 $\psi_n(x)$ と $\psi_m(x)$ に関して，式(3.3)の左辺を積分する．

$$I = \int_0^L \psi_n^*(x) \psi_m(x) dx = \left(\frac{2}{L}\right) \int_0^L \sin\left(\frac{n\pi x}{L}\right) \sin\left(\frac{m\pi x}{L}\right) dx$$
$$= \left(\frac{1}{L}\right) \int_0^L \left[\cos\left(\frac{(n-m)\pi x}{L}\right) - \cos\left(\frac{(n+m)\pi x}{L}\right)\right] dx$$

ここで，n と m が等しいときは被積分関数の第1項は1となるので

$$I = \left(\frac{1}{L}\right)\int_0^L \left[1 - \cos\left(\frac{(n+m)\pi x}{L}\right)\right]\mathrm{d}x$$

$$= \left(\frac{1}{L}\right)\left[x - \left(\frac{L}{n+m}\right)\sin\left(\frac{(n+m)\pi x}{L}\right)\right]_0^L = 1$$

となり，規格化条件が確かめられた．一方，n と m が等しくないときはそのまま積分できるので

$$I = \left(\frac{1}{L}\right)\left[\left(\frac{L}{n-m}\right)\sin\left(\frac{(n-m)\pi x}{L}\right) - \left(\frac{L}{n+m}\right)\sin\left(\frac{(n+m)\pi x}{L}\right)\right]_0^L = 0$$

となり，直交条件が確かめられた．

補足：上式の $\psi_n(x)$ は，一次元の箱の中の粒子（5.2 節）に対する波動関数である．

量子力学では，古典力学では変数で表されていた観測量が演算子を用いて表される．表 3.1 に両者の対応関係を示す．

これらの関係は一見複雑そうであるが，次の二つの対応関係から「古典力学的変数→量子力学的演算子」が容易に導かれる．

表 3.1　観測量に対する古典力学的な変数と量子力学的な演算子の対応

観測量	変数	演算子	演算操作
位置	x	$\hat{x}$	x
	$\boldsymbol{r}$	$\hat{\boldsymbol{r}}$	$\boldsymbol{r}$
運動量	p_x	$\hat{p}_x$	$-i\hbar\dfrac{\mathrm{d}}{\mathrm{d}x}$
	$\boldsymbol{p}$	$\hat{\boldsymbol{p}}$	$-i\hbar\left(\boldsymbol{i}\dfrac{\partial}{\partial x} + \boldsymbol{j}\dfrac{\partial}{\partial y} + \boldsymbol{k}\dfrac{\partial}{\partial z}\right) = -i\hbar\nabla$ [*2]
運動エネルギー	T_x	$\hat{T}_x$	$-\dfrac{\hbar^2}{2m}\dfrac{\mathrm{d}^2}{\mathrm{d}x^2}$
	T	$\hat{T}$	$-\dfrac{\hbar^2}{2m}\left(\dfrac{\partial^2}{\partial x^2} + \dfrac{\partial^2}{\partial y^2} + \dfrac{\partial^2}{\partial z^2}\right) = -\dfrac{\hbar^2}{2m}\nabla^2$
ポテンシャルエネルギー	$V(x)$	$\hat{V}(x)$	$V(x)$
	$V(\boldsymbol{r})$	$\hat{V}(\boldsymbol{r})$	$V(\boldsymbol{r})$
全エネルギー	E	$\hat{H}$	$\hat{T} + \hat{V}(\boldsymbol{r})$
角運動量	$l_x = yp_z - zp_y$	$\hat{l}_x$	$-i\hbar\left(y\dfrac{\partial}{\partial z} - z\dfrac{\partial}{\partial y}\right)$
	$l_y = zp_x - xp_z$	$\hat{l}_y$	$-i\hbar\left(z\dfrac{\partial}{\partial x} - x\dfrac{\partial}{\partial z}\right)$
	$l_z = xp_y - yp_x$	$\hat{l}_z$	$-i\hbar\left(x\dfrac{\partial}{\partial y} - y\dfrac{\partial}{\partial x}\right)$
	$\boldsymbol{l}^2 = l_x^2 + l_y^2 + l_z^2$	$\hat{\boldsymbol{l}}^2$	$\hat{l}_x^2 + \hat{l}_y^2 + \hat{l}_z^2$

[*2] $\boldsymbol{i}, \boldsymbol{j}, \boldsymbol{k}$ はそれぞれ x, y, z 方向の単位ベクトルである．

$$x \to \hat{x} = x, \quad p_x \to \hat{p}_x = -i\hbar \frac{\mathrm{d}}{\mathrm{d}x} \tag{3.4}$$

たとえば，運動エネルギーは次のように導かれる．

$$T_x = \frac{p_x^2}{2m} \to \hat{T}_x = \frac{\hat{p}_x^2}{2m} = \frac{(-i\hbar)^2 (\mathrm{d}/\mathrm{d}x)^2}{2m} = -\frac{\hbar^2}{2m} \frac{\mathrm{d}^2}{\mathrm{d}x^2} \tag{3.5}$$

そして，観測量はこれらの演算子に対する固有値または期待値(平均値)として計算される．

$$\hat{f} \psi_i(\boldsymbol{r}) = f_i \psi_i(\boldsymbol{r}) \quad \text{(固有値)} \tag{3.6}$$

$$\bar{f} = \frac{\int \psi^*(\boldsymbol{r}) \hat{f} \psi(\boldsymbol{r}) \mathrm{d}\boldsymbol{r}}{\int \psi^*(\boldsymbol{r}) \psi(\boldsymbol{r}) \mathrm{d}\boldsymbol{r}} \quad \text{(期待値)} \tag{3.7}$$

実はシュレーディンガー方程式も，**ハミルトニアン**(Hamiltonian) $\hat{H}$ に対する固有値方程式である．

$$\hat{H} \psi(\boldsymbol{r}) = E \psi(\boldsymbol{r}) \tag{3.8}$$

例題 3.2 例題 3.1 の波動関数 $\psi_n(x)$ に表 3.1 の運動エネルギー演算子 $\hat{T}_x = -(\hbar^2/2m)(\mathrm{d}^2/\mathrm{d}x^2)$ を作用させ，$\psi_n(x)$ が $\hat{T}_x$ の固有関数であることを確かめよ．また，固有値も示せ．

解答 $\psi_n(x)$ に $\hat{T}_x$ を作用させると

$$\begin{aligned}
\hat{T}_x \psi_n(x) &= -\frac{\hbar^2}{2m} \frac{\mathrm{d}^2}{\mathrm{d}x^2} \left(\sqrt{\frac{2}{L}} \sin\left(\frac{n\pi x}{L}\right) \right) \\
&= -\frac{\hbar^2}{2m} \frac{\mathrm{d}}{\mathrm{d}x} \left(\sqrt{\frac{2}{L}} \left(\frac{n\pi}{L}\right) \cos\left(\frac{n\pi x}{L}\right) \right) \\
&= -\frac{\hbar^2}{2m} \left(-\sqrt{\frac{2}{L}} \left(\frac{n\pi}{L}\right)^2 \sin\left(\frac{n\pi x}{L}\right) \right) = \frac{\pi^2 n^2 \hbar^2}{2mL^2} \psi_n(x) = \frac{n^2 h^2}{8mL^2} \psi_n(x)
\end{aligned}$$

のように，もとの関数の定数倍となり，固有関数であることが確かめられる．また，固有値は $n^2 h^2 / 8mL^2$ である．

例題 3.3 「古典力学的変数→量子力学的演算子」の対応関係 (式 3.4) を用いて，角運動量演算子 $\hat{l}_x, \hat{l}_y, \hat{l}_z$ がそれぞれ表 3.1 のように与えられることを確かめよ．

解答 古典力学では，原点からの位置 $\boldsymbol{r}$ を運動量 $\boldsymbol{p}$ で回転している

粒子の角運動量 $\bm{l}$ は次式で与えられる．

$$\bm{l} = \bm{r} \times \bm{p} = \begin{vmatrix} \bm{i} & \bm{j} & \bm{k} \\ x & y & z \\ p_x & p_y & p_z \end{vmatrix}$$

$$= (yp_z - zp_y)\bm{i} + (zp_x - xp_z)\bm{j} + (xp_y - yp_x)\bm{k}$$

式(3.4)の対応関係を用いると，それぞれ次のようになる．

$$\hat{l}_x = \hat{y}\hat{p}_z - \hat{z}\hat{p}_y = y\left(-i\hbar\frac{\partial}{\partial z}\right) - z\left(-i\hbar\frac{\partial}{\partial y}\right) = -i\hbar\left(y\frac{\partial}{\partial z} - z\frac{\partial}{\partial y}\right)$$

$$\hat{l}_y = \hat{z}\hat{p}_x - \hat{x}\hat{p}_z = z\left(-i\hbar\frac{\partial}{\partial x}\right) - x\left(-i\hbar\frac{\partial}{\partial z}\right) = -i\hbar\left(z\frac{\partial}{\partial x} - x\frac{\partial}{\partial z}\right)$$

$$\hat{l}_z = \hat{x}\hat{p}_y - \hat{y}\hat{p}_x = x\left(-i\hbar\frac{\partial}{\partial y}\right) - z\left(-i\hbar\frac{\partial}{\partial x}\right) = -i\hbar\left(x\frac{\partial}{\partial y} - y\frac{\partial}{\partial x}\right)$$

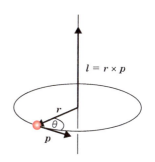

3.2 水素原子

元素の化学的な性質の多くは，原子核を取り巻く電子の振る舞いによって決まる．では，電子の振る舞いは何によって決まるのであろうか．電子は原子核から静電的な引力を受け，次のようなポテンシャルエネルギーをもつ．

$$V(r) = -\frac{Ze^2}{4\pi\varepsilon_0 r} \tag{3.9}$$

ここで，Z は原子番号，e は電気素量，ε_0 は真空誘電率，r は原子核と電子の距離である．結局，電子の振る舞いは，式(3.9)のポテンシャルエネルギーに対するシュレーディンガー方程式を解くことにより求められる．水素原子の場合は $Z=1$ なので，シュレーディンガー方程式は次のようになる．

$$\left(-\frac{\hbar^2}{2m_e}\nabla^2 - \frac{e^2}{4\pi\varepsilon_0 r}\right)\psi_{n,l,m}(\bm{r}) = E_n\psi_{n,l,m}(\bm{r}) \tag{3.10}$$

ここで，m_e は電子の質量である．

本書では式(3.10)の具体的な解法には触れないが，得られる波動関数の性質については紹介する．波動関数は1電子の座標 (r, θ, ϕ) [*3] の関数であり，**原子軌道（atomic orbital）** と呼ばれ，三つの量子数 n（**主量子数，principal quantum number**），l（**方位量子数，azimuthal quantum**

この節のキーワード
原子軌道，主量子数，方位量子数，磁気量子数，殻構造，ゼーマン効果

[*3] (x, y, z) は**デカルト座標**（Cartesian coordinate，あるいは**直交座標**），(r, θ, ϕ) は**極座標**（polar coordinate，あるいは**球面座標**）と呼ばれる（補遺D参照）．

number あるいは **角運動量量子数**, angular momentum quantum number), m (**磁気量子数**, magnetic quantum number) によって規定される．それぞれの量子数には，次のような関係がある．

<水素原子の波動関数の量子数>
主量子数： $n = 1, 2, 3, 4, \cdots$ （K, L, M, N, …殻）
方位量子数： $l = 0, 1, 2, 3, \cdots, n-1$ （s, p, d, f, …軌道）
磁気量子数： $m = 0, \pm 1, \pm 2, \pm 3, \cdots, \pm l$

主量子数の値の増加とともに電子雲の空間的な分布は原子核から遠ざかる．そのため，電子雲は主量子数の違いにより原子核を中心とした**殻構造 (shell structure)** をとり，それぞれ K, L, M, N, …殻と呼ばれる．方位量子数は空間的な形状と関係し，それぞれ **s, p, d, f, …軌道**と呼ばれる．磁気量子数は，$m = 0, \pm 1, \pm 2, \pm 3, \cdots, \pm l$ という値をとり，電子の磁気的性質と関係する．

例題 3.4 主量子数 $n = 1, 2, 3, 4$ に対して，方位量子数と磁気量子数がそれぞれ取り得るすべての組 (l, m) を求めよ．また，それぞれの組の個数を求めよ．

解答 $n = 1$ に対する方位量子数と磁気量子数の組は，$(l, m) = (0, 0)$ の1組である．

$n = 2$ に対しては，$(l, m) = (0, 0), (1, -1), (1, 0), (1, 1)$ の4組である．

$n = 3$ に対しては，$(l, m) = (0, 0), (1, -1), (1, 0), (1, 1), (2, -2), (2, -1), (2, 0), (2, 1), (2, 2)$ の9組である．

$n = 4$ に対しては，$(l, m) = (0, 0), (1, -1), (1, 0), (1, 1), (2, -2), (2, -1), (2, 0), (2, 1), (2, 2), (3, -3), (3, -2), (3, -1), (3, 0), (3, 1), (3, 2), (3, 3)$ の16組である．

補足：$1, 1+3, 1+3+5, 1+3+5+7$ からも求められる．

原子軌道は，慣例的に，主量子数に対する数字と方位量子数に対する記号を用いて，1s, 2s, 2p, 3s, 3p, 3d, …と表す．p軌道やd軌道は，(p_x, p_y, p_z) や $(d_{xy}, d_{yz}, d_{zx}, d_{x^2-y^2}, d_{z^2})$ のようにデカルト座標軸を添え字に用いて，空間的な方向を区別されることが多い．表3.2 に $n = 1, 2, 3$ の原子軌道を示す．表中の式に現れる a_0 は式(2.15)のボーア半径である．

水素原子に対する 1s, 2p, 3d 軌道の空間分布を図3.1に示す．原子軌道は，位相と関係して正と負の値をとる．

表 3.2 水素原子の波動関数

軌道	波動関数
1s	$\psi_{1,0,0} = \dfrac{1}{\sqrt{\pi}}\left(\dfrac{1}{a_0}\right)^{3/2}\exp\left(-\dfrac{r}{a_0}\right)$
2s	$\psi_{2,0,0} = \dfrac{1}{2\sqrt{2\pi}}\left(\dfrac{1}{a_0}\right)^{3/2}\left(1 - \dfrac{r}{2a_0}\right)\exp\left(-\dfrac{r}{2a_0}\right)$
2p$_z$	$\psi_{2,1,0} = \dfrac{1}{2\sqrt{2\pi}}\left(\dfrac{1}{a_0}\right)^{3/2}\left(\dfrac{r}{2a_0}\right)\exp\left(-\dfrac{r}{2a_0}\right)\cos\theta$
2p$_x$, 2p$_y$	$\psi_{2,1,\pm 1} = \dfrac{1}{2\sqrt{2\pi}}\left(\dfrac{1}{a_0}\right)^{3/2}\left(\dfrac{r}{2a_0}\right)\exp\left(-\dfrac{r}{2a_0}\right)\sin\theta\begin{cases}\cos\phi\\\sin\phi\end{cases}$
3s	$\psi_{3,0,0} = \dfrac{1}{9\sqrt{3\pi}}\left(\dfrac{1}{a_0}\right)^{3/2}\left\{3 - 6\left(\dfrac{r}{3a_0}\right) + 2\left(\dfrac{r}{3a_0}\right)^2\right\}\exp\left(-\dfrac{r}{3a_0}\right)$
3p$_z$	$\psi_{3,1,0} = \dfrac{\sqrt{2}}{9\sqrt{\pi}}\left(\dfrac{1}{a_0}\right)^{3/2}\left\{2 - \left(\dfrac{r}{3a_0}\right)\right\}\left(\dfrac{r}{3a_0}\right)\exp\left(-\dfrac{r}{3a_0}\right)\cos\theta$
3p$_x$, 3p$_y$	$\psi_{3,1,\pm 1} = \dfrac{\sqrt{2}}{9\sqrt{\pi}}\left(\dfrac{1}{a_0}\right)^{3/2}\left\{2 - \left(\dfrac{r}{3a_0}\right)\right\}\left(\dfrac{r}{3a_0}\right)\exp\left(-\dfrac{r}{3a_0}\right)\sin\theta\begin{cases}\cos\phi\\\sin\phi\end{cases}$
3d$_{z^2}$	$\psi_{3,2,0} = \dfrac{1}{9\sqrt{6\pi}}\left(\dfrac{1}{a_0}\right)^{3/2}\left(\dfrac{r}{3a_0}\right)^2\exp\left(-\dfrac{r}{3a_0}\right)(3\cos^2\theta - 1)$
3d$_{xz}$, 3d$_{yz}$	$\psi_{3,2,\pm 1} = \dfrac{\sqrt{2}}{9\sqrt{\pi}}\left(\dfrac{1}{a_0}\right)^{3/2}\left(\dfrac{r}{3a_0}\right)^2\exp\left(-\dfrac{r}{3a_0}\right)\sin\theta\cos\theta\begin{cases}\cos\phi\\\sin\phi\end{cases}$
3d$_{x^2-y^2}$, 3d$_{xy}$	$\psi_{3,2,\pm 2} = \dfrac{1}{9\sqrt{2\pi}}\left(\dfrac{1}{a_0}\right)^{3/2}\left(\dfrac{r}{3a_0}\right)^2\exp\left(-\dfrac{r}{3a_0}\right)\sin^2\theta\begin{cases}\cos 2\phi\\\sin 2\phi\end{cases}$

式 (3.10) を解いて得られるエネルギーは，次式のように主量子数のみに依存する．

$$E_n = -\frac{m_e e^4}{8\varepsilon_0^2 h^2}\frac{1}{n^2} = -\frac{m_e e^4}{32\pi^2 \varepsilon_0^2 \hbar^2}\frac{1}{n^2} \tag{3.11}$$

この式は，ボーアモデルにより得られたエネルギー式 (2.14) と等しい．しかしボーアモデルは，$n = 2$ 以上でエネルギーが等しい状態が複数存在することは示せなかった[*4]．水素原子では各軌道のエネルギーは主量子数のみに依存するが，3.4 節で詳しく見るように，多電子系では電子間の相互作用により方位量子数にも依存する．

水素原子の原子軌道は，ハミルトニアン $\hat{H}$ に対する固有関数であると同時に角運動量演算子（2 乗和と z 成分）$\hat{l}^2$ および $\hat{l}_z$ に対する固有関数でもある．

$$\hat{l}^2 \psi_{n,l,m}(\boldsymbol{r}) = l(l+1)\hbar^2 \psi_{n,l,m}(\boldsymbol{r}) \tag{3.12}$$
$$\hat{l}_z \psi_{n,l,m}(\boldsymbol{r}) = m\hbar \psi_{n,l,m}(\boldsymbol{r}) \tag{3.13}$$

つまり，s 軌道 ($l = 0$) では角運動量は 0，p 軌道 ($l = 1$) では $\sqrt{2}\hbar$，d 軌道 ($l = 2$) では $\sqrt{6}\hbar$ である．また，p 軌道に対して磁気量子数は $m = -1, 0,$

*4 ボーアモデルを多電子系に拡張したゾンマーフェルトのモデルでは複数の状態が考慮されていた．

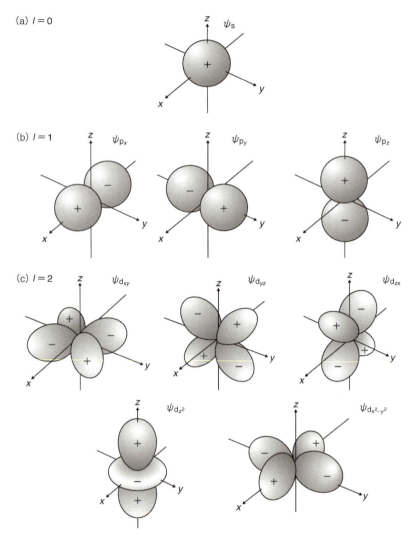

図 3.1　1s 軌道，2p 軌道，3d 軌道の空間分布

1 という 3 つの値を取り得るので，角運動量の z 成分はそれぞれ $-\hbar$, 0, $\hbar$ となる．d 軌道では $m = -2, -1, 0, 1, 2$ という 5 つの値に対してそれぞれ角運動量の z 成分が決定される．

電子のような荷電粒子が角運動量 l で運動すると，次式で表される磁気モーメント $\boldsymbol{\mu}$ が生じる．

$$\boldsymbol{\mu} = -\frac{e\boldsymbol{l}}{2m_e} \tag{3.14}$$

磁気モーメント $\boldsymbol{\mu}$ の磁石を外部磁場 $\boldsymbol{H}$ 中に置くと，次のようなポテンシャルエネルギーをもつ．

$$E = -\boldsymbol{\mu} \cdot \boldsymbol{H} \tag{3.15}$$

いま,外部磁場がz軸方向に印加されているとすると,軌道角運動量のz成分を用いて

$$E = \frac{el_z}{2m_e}H = m\left(\frac{e\hbar}{2m_e}\right)H = m\beta H \tag{3.16}$$

となる.ただし

$$\beta = \frac{e\hbar}{2m_e} = 9.274 \times 10^{-24}\,\mathrm{J \cdot T^{-1}} \tag{3.17}$$

であり,βを**ボーア磁子**(Bohr magneton)という.

> **コラム　原子単位系**
>
> 量子力学の対象となる原子の世界は,いうまでもなくミクロの世界である.それらを表す数値も必然的に小さくなる.たとえば,電子の質量m_eの値はSI単位で表すと$9.108 \times 10^{-31}\,\mathrm{kg}$,水素原子核の電荷$e$は$1.602 \times 10^{-19}\,\mathrm{C}$,角運動量の次元をもつ換算プランク定数$\hbar$は$1.055 \times 10^{-34}\,\mathrm{J\,s}$,真空の誘電率$\varepsilon_0$に$4\pi$を掛けた$4\pi\varepsilon_0$は$1.113 \times 10^{-10}\,\mathrm{C^2 J^{-1}\,m^{-1}}$と,いずれも非常に小さな値である.計算問題で桁を間違えた経験がある読者も多いのではないだろうか.
>
> 化学では,マクロの世界で考えるためにアボガドロ数N_Aの個数集まったとして計算することも多い.たとえば,^{12}C原子がN_A個集まると12gである.本来は,これがアボガドロ数の定義である.エネルギーもkJ/molで表現することもある.しかし,原子の半径など非常に小さな値を計算せざるを得ない状況は依然として残る.
>
> そこで考えられたのが,**原子単位**(atomic unit)**系**である.原子単位系では,m_e, e, $\hbar$, $4\pi\varepsilon_0$をそれぞれ質量,電荷,角運動量,誘電率の単位と考える.つまり
>
> $m_e = 1\,\mathrm{au}$, $e = 1\,\mathrm{au}$, $\hbar = 1\,\mathrm{au}$, $4\pi\varepsilon_0 = 1\,\mathrm{au}$
>
> である.auはatomic unitの略称である.原子単位系を用いると,距離と質量の単位は,それぞれ次のようになる.
>
> $$a_0 = \frac{(4\pi\varepsilon_0)\hbar^2}{m_e e^2} = 5.292 \times 10^{-11}\,\mathrm{m} = 1\,\mathrm{bohr}$$
>
> $$E_h = \frac{m_e e^4}{(4\pi\varepsilon_0)^2 \hbar^2} = \frac{e^2}{(4\pi\varepsilon_0)a_0} = 4.360 \times 10^{-18}\,\mathrm{J} = 1\,\mathrm{hartree}$$
>
> ここで,距離とエネルギーの単位は,それぞれ**bohr**(ボーア)と**hartree**(ハートリー)と呼ばれる.a_0はまさしくボーア半径そのものである.E_hはボーア模型による水素原子の1s軌道のエネルギーの2倍である.いい換えると,1s軌道のエネルギーは原子単位では0.5 hartreeとなる.
>
> 時間と速さの原子単位は,それぞれ次のようになる.
>
> $$\frac{\hbar}{E_h} = 2.419 \times 10^{17}\,\mathrm{s} = 1\,\mathrm{au}$$
>
> $$\frac{a_0 E_h}{\hbar} = 2.188 \times 10^6\,\mathrm{m \cdot s^{-1}} = 1\,\mathrm{au}$$
>
> 微細構造定数αという無次元の物理定数は,$\alpha = e^2/(4\pi\varepsilon_0)\hbar c = 7.297 \times 10^{-3}$である.$c\alpha = a_0 E_h/\hbar = 1\,\mathrm{au}$なので,光速を原子単位で表すと,$c = \alpha^{-1} = 137.0$となる.

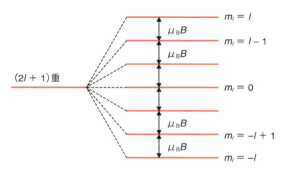

図 3.2 ゼーマン効果による軌道の分裂

　原子を磁場中に置くと，s 軌道は角運動量をもたないので影響はないが，p 軌道 ($l=1$) は三重に縮重していた $m=-1, 0, 1$ の軌道が互いに分裂する．分裂のエネルギー幅は，式 (3.16) からもわかるように βH である．一般に方位量子数が l の軌道は $2l+1$ 重に縮重しているが，磁場中では互いに分裂する (図 3.2)．このような効果を **ゼーマン効果** (Zeeman effect) という．

3.3　電子スピン

　電子は 3 次元空間の中で分布するため，その位置を表すには (x, y, z) や (r, θ, ϕ) などの 3 つの座標が必要である．そして，それらに対応して水素原子の波動関数には 3 つの量子数 (n, l, m) がある．しかし，これだけではナトリウムの D 線が 2 本に分裂することは説明できない．ナトリウムの D 線とは，最外殻の電子が 3p 軌道から 3s 軌道に遷移する際に生じるスペクトルであり，3 つの p 軌道が縮重している限り，スペクトル線は 1 本となるはずである．しかし実際には，589.59 nm と 588.99 nm という非常に近い波長をもつ 2 重線が観測される．

　この現象を説明するために，ウーレンベックとゴーズミットは，1925 年に **電子スピン** (electron spin) が存在すると提案した．原子中の電子の運動を太陽系における地球の運動になぞらえて，軌道を公転，電子スピンを自転に対応させた．**軌道角運動量** (orbital angular momentum) が量子化されているように，**スピン角運動量** (spin angular momentum) も量子化されていると仮定した．電子 1 個については 2 つの角運動量しか観測されなかったので，**スピン磁気量子数** (spin magnetic quantum number) m_s を用いて，α スピン状態 ($m_s = 1/2$) と β スピン状態 ($m_s = -1/2$) に区別した．それぞれ上向きおよび下向きスピンとも呼ばれ，上下の矢印 ↑ と ↓ で表されることが多い．軌道角運動量に対する量子数 l に相当する量子数は，**スピン角運動量量子数** (spin angular momentum

George Eugene Uhlenbeck

1900～1988．オランダの物理学者．1925 年にゴーズミットとともに，電子スピンについての論文を発表した．発表当時は評判が悪く，受け入れられるまでには時間を要した．後半生は主にアメリカで研究生活を送った．

この節のキーワード
電子スピン，軌道角運動量，スピン角運動量，スピン角運動量量子数，スピン磁気量子数

quantum number）と呼ばれ，s という記号を用いて表されるが，取り得る値は 1/2 だけである．

3.4 多電子原子

ここでは，多電子原子において，電子は軌道にどのように割り振られるか（占有するか）について考える．まず，「2個以上の電子が同じ4つの量子数（n, l, m, m_s）となることはない」という**パウリの排他原理**（Pauli exclusion principle）を考慮しなければならない．いい換えると，「三つの量子数（n, l, m）で表されるある軌道には，電子は最大2個までしか入らず，それぞれスピンは互いに逆向きでなければならない」というものである．同じ軌道を占有した2つの電子は空間的な分布が等しく，**電子対**（electron pair）を形成している．また，「エネルギーの等しい軌道を電子が占有する場合，異なる軌道に入り，できるだけ同じ向きのスピン状態をとる」という**フントの規則**（Hund's rule）[*5] も考慮する必要がある．結局，**基底状態**（ground state）における**電子配置**（electronic configuration）は，次のように決定される．

＜基底状態における電子配置の決定法＞
規則1：低いエネルギー準位から順に，電子が詰まる．
規則2：パウリの排他原理に従って，電子が詰まる．
規則3：フントの規則に基づいて，電子が詰まる．

水素原子，つまり1電子原子では，軌道のエネルギーは主量子数のみに依存するが，多電子系では電子間の相互作用により方位量子数にも依存する（図3.3）．軌道のエネルギー準位は，おおむね次のような順となる．

$$1s < 2s < 2p < 3s < 3p < 4s < 3d < 4p < 5s < 4d$$

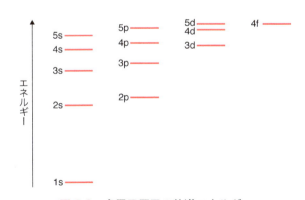

図3.3 多電子原子の軌道エネルギー

この節のキーワード
パウリの排他原理，電子対，フントの規則，電子配置

Biography
Wolfgang Ernst Pauli
1900〜1958，オーストリア生まれのスイスの物理学者．1945年ノーベル物理学賞受賞．研究成果を論文として発表するより，手紙で研究仲間に知らせることが多かった．これはニュートンの時代のスタイルだった．オーストリアがドイツに併合されてドイツ市民になったため，ナチの台頭によって一時アメリカに亡命せざるを得なかった．

[*5] フントの規則は，3.5節でより詳しく説明する．

$$< 5\mathrm{p} < 6\mathrm{s} < 4\mathrm{f} < 5\mathrm{d} < 6\mathrm{p} < \cdots \tag{3.18}$$

ただし，主量子数の大きな軌道ではエネルギー準位が接近しているため，

表 3.3 基底状態における原子の電子配置

Z	原子	電子配置	スペクトル項
1	H	$1s^1$	$^2S_{1/2}$
2	He	$1s^2$	$^1S_0$
3	Li	$1s^2 2s^1$	$^2S_{1/2}$
4	Be	$1s^2 2s^2$	$^1S_0$
5	B	$1s^2 2s^2 2p^1$	$^2P_{1/2}$
6	C	$1s^2 2s^2 2p^2$	$^3P_0$
7	N	$1s^2 2s^2 2p^3$	$^4S_{3/2}$
8	O	$1s^2 2s^2 2p^4$	$^3P_2$
9	F	$1s^2 2s^2 2p^5$	$^2P_{3/2}$
10	Ne	$1s^2 2s^2 2p^6$	$^1S_0$
11	Na	$1s^2 2s^2 2p^6 3s^1$	$^2S_{1/2}$
12	Mg	$1s^2 2s^2 2p^6 3s^2$	$^1S_0$
13	Al	$1s^2 2s^2 2p^6 3s^2 3p^1$	$^2P_{1/2}$
14	Si	$1s^2 2s^2 2p^6 3s^2 3p^2$	$^3P_0$
15	P	$1s^2 2s^2 2p^6 3s^2 3p^3$	$^4S_{3/2}$
16	S	$1s^2 2s^2 2p^6 3s^2 3p^4$	$^3P_2$
17	Cl	$1s^2 2s^2 2p^6 3s^2 3p^5$	$^2P_{3/2}$
18	Ar	$1s^2 2s^2 2p^6 3s^2 3p^6$	$^1S_0$
19	K	$1s^2 2s^2 2p^6 3s^2 3p^6 4s^1$	$^2S_{1/2}$
20	Ca	$1s^2 2s^2 2p^6 3s^2 3p^6 4s^2$	$^1S_0$
21	Sc	$1s^2 2s^2 2p^6 3s^2 3p^6 3d^1 4s^2$	$^2D_{3/2}$
22	Ti	$1s^2 2s^2 2p^6 3s^2 3p^6 3d^2 4s^2$	$^3F_2$
23	V	$1s^2 2s^2 2p^6 3s^2 3p^6 3d^3 4s^2$	$^4F_{3/2}$
24	Cr	$1s^2 2s^2 2p^6 3s^2 3p^6 3d^5 4s^1$	$^7S_3$
25	Mn	$1s^2 2s^2 2p^6 3s^2 3p^6 3d^5 4s^2$	$^6S_{5/2}$
26	Fe	$1s^2 2s^2 2p^6 3s^2 3p^6 3d^6 4s^2$	$^5D_4$
27	Co	$1s^2 2s^2 2p^6 3s^2 3p^6 3d^7 4s^2$	$^4F_{9/2}$
28	Ni	$1s^2 2s^2 2p^6 3s^2 3p^6 3d^8 4s^2$	$^3F_4$
29	Cu	$1s^2 2s^2 2p^6 3s^2 3p^6 3d^{10} 4s^1$	$^2S_{1/2}$
30	Zn	$1s^2 2s^2 2p^6 3s^2 3p^6 3d^{10} 4s^2$	$^1S_0$
31	Ga	$1s^2 2s^2 2p^6 3s^2 3p^6 3d^{10} 4s^2 4p^1$	$^2P_{1/2}$
32	Ge	$1s^2 2s^2 2p^6 3s^2 3p^6 3d^{10} 4s^2 4p^2$	$^3P_0$
33	As	$1s^2 2s^2 2p^6 3s^2 3p^6 3d^{10} 4s^2 4p^3$	$^4S_{3/2}$
34	Se	$1s^2 2s^2 2p^6 3s^2 3p^6 3d^{10} 4s^2 4p^4$	$^3P_2$
35	Br	$1s^2 2s^2 2p^6 3s^2 3p^6 3d^{10} 4s^2 4p^5$	$^2P_{3/2}$
36	Kr	$1s^2 2s^2 2p^6 3s^2 3p^6 3d^{10} 4s^2 4p^6$	$^1S_0$

電子の占有状態により電子間の相互作用が変化し，必ずしもこの順序になるとは限らない．結果として，基底状態における電子配置は，表 3.3 のようになる．たとえば，$Z = 24$ の Cr の場合，前後の電子配置から予想される $3d^4 4s^2$ とはならずに $3d^5 4s^1$ となる．これは 3d 軌道と 4s 軌道のエネルギーが接近し，$4s > 3d$ となるためである．$Z = 29$ の Cu でも，予想とは異なり $3d^9 4s^2$ とはならずに $3d^{10} 4s^1$ となる．

3.5 原子スペクトル

この節のキーワード
スピン軌道相互作用，LS 結合，全スピン角運動量量子数，全軌道角運動量量子数，全角運動量量子数，スペクトル項，スピン多重度，電子遷移の選択則，スピン禁制，双極子禁制

励起状態（excited state）では，パウリの排他原理に従うさまざまな電子配置を取り得る．たとえば，He 原子では 1s 軌道の電子 1 個が 2s 軌道に遷移することにより，$1s^1 2s^1$ という電子配置が得られる．また，2p 軌道へ電子が一つ遷移すると，$1s^1 2p^1$ という電子配置が得られる．原子が光を吸収したり放出したりする過程を観測するのが，原子スペクトルである．これらの過程は，基底–励起状態間あるいは異なる励起状態間の遷移により引き起こされる．したがって，基本的には電子配置を考慮すればよいのだが，厳密にはもう少し複雑である．電子は，上述の通り軌道角運動量とスピン角運動量をもつ．多電子原子では，電子がもつこれらの角運動量がさらに相互作用（**スピン軌道相互作用**，spin-orbit interaction）し，ベクトル的に合成された一つの角運動量をもつ．ここでは全角運動量を求める経験的な規則として，**LS 結合**（LS coupling）の方法について説明する．

＜LS 結合＞

規則 1：電子スピン s_i のベクトル和より，**全スピン角運動量量子数**（total spin angular momentum quantum number）S を求める．

$$S = \sum_i s_i$$

規則 2：軌道角運動量 l_i のベクトル和より，**全軌道角運動量量子数**（total orbital angular momentum quantum number）L を求める．

$$L = \sum_i l_i$$

規則 3：L と S を結合させ，**全角運動量量子数**（total angular momentum quantum number）J の取り得る値をすべて求める．

$$J = L + S, L + S - 1, \cdots, |L - S|$$

結局，原子の電子配置において，各角運動量量子数 L, S, J を区別するために**スペクトル項**（spectral term）という表記が用いられる．スペク

表 3.4　He 原子のスペクトル項

電子配置	L	S	J	スペクトル項
$1s^2$	0	0	0	$^1S_0$
$1s^1 2s^1$	0	0	0	$^1S_0$
		1	1	$^3S_1$
$1s^1 2p^1$	1	0	1	$^1P_1$
		1	2, 1, 0	$^3P_2, ^3P_1, ^3P_0$
$1s^1 3d^1$	2	0	2	$^1D_2$
		1	3, 2, 1	$^3D_3, ^3D_2, ^3D_1$

$$^{2S+1}L_J$$

図 3.4　スペクトル項の表記

トル項は図 3.4 のように，$L = 0, 1, 2, 3, \cdots$ に対応する記号 S, P, D, F, $\cdots$ を中心にして，左上に $(2S+1)$ の値，右下に J の値を記す．全スピン角運動量量子数 S に対して $(2S+1)$ 個の縮重した状態が存在するため，この値はスピン多重度 (spin multiplicity) と呼ばれ，それぞれ次のように区別される．$2S+1 = 1, 2, 3, 4, 5$ の状態は，それぞれ一重項 (singlet)，二重項 (doublet)，三重項 (triplet)，四重項 (quartet)，五重項 (quintet) 状態と呼ばれる．表 3.4 に He 原子におけるスペクトル項を示す．

原子スペクトルで観測される遷移は，すべての状態間で起こるのではない．これは電子遷移に対する次のような選択則 (selection rule) が存在するためである．

$$\Delta S = 0, \ \Delta L = \pm 1, \ \Delta J = 0, \pm 1 \tag{3.19}$$

たとえば，上述の He 原子の場合，基底状態 $^1S_0$ からの遷移が起こるのは，1s → 2p 励起の $^1P_1$ 状態だけである．1s → 2p 励起の $^3P_0$ 状態は $\Delta S = 1$ のためスピン禁制 (spin forbidden) である．1s → 3d 励起の $^1D_2$ 状態は，$\Delta J = 2$ となるため双極子禁制 (dipole forbidden) である．

基底状態における電子配置は，3.4 節で述べた規則に従って決定される．しかし，表 3.4 のように同じ電子配置でも複数の状態，すなわち複数のスペクトル項が存在する．基底状態のスペクトル項を決定するには，次のフントの規則を適用する必要がある．

＜フントの規則＞

規則 1：同じ電子配置では，最大のスピン多重度 S が最も安定となる．

規則 2：スピン多重度が同じ電子配置では，最大の全軌道角運動量量子数 L が最も安定となる．

規則 3：電子配置が縮重した軌道に半分以下しか占有されていない場合は，最小の全角運動量量子数 J が最も安定となり，半分以上占有されている場合は，最大の J が最も安定となる．

例題 3.5 次の原子の基底状態におけるスペクトル項を求めよ．
(1) Sr　（K殻）（L殻）（M殻）$4s^2 4p^6 5s^2$
(2) Y　　（K殻）（L殻）（M殻）$4s^2 4p^6 4d^1 5s^2$
(3) Zr　（K殻）（L殻）（M殻）$4s^2 4p^6 4d^2 5s^2$
(4) Nb　（K殻）（L殻）（M殻）$4s^2 4p^6 4d^4 5s^1$
(5) Mo　（K殻）（L殻）（M殻）$4s^2 4p^6 4d^5 5s^1$
(6) Tc　（K殻）（L殻）（M殻）$4s^2 4p^6 4d^5 5s^2$
(7) Ru　（K殻）（L殻）（M殻）$4s^2 4p^6 4d^7 5s^1$

解答 フントの規則に従って
(1) Sr　$S = 0, L = 0, J = 0$ より $^1S_0$
(2) Y　　$S = 1/2, L = 2, J = 3/2$ より $^2D_{3/2}$
(3) Zr　$S = 1, L = 3, J = 2$ より $^3F_2$
(4) Nb　$S = 5/2, L = 2, J = 1/2$ より $^6D_{1/2}$
(5) Mo　$S = 3, L = 0, J = 3$ より $^7S_3$
(6) Tc　$S = 5/2, L = 0, J = 5/2$ より $^6S_{5/2}$
(7) Ru　$S = 2, L = 3, J = 5$ より $^5F_5$

コラム　Na の原子スペクトル

Na の原子スペクトルには，電子スピンの発見につながった D 線がある．D 線は 3p 軌道から 3s 軌道への遷移で，状態をスペクトル項で表すと $^2P_{3/2} \to {}^2S_{1/2}$（588.99 cm^{-1}）と $^2P_{1/2} \to {}^2S_{1/2}$（589.59 cm^{-1}）である．Na の原子スペクトルには，この他にも選択則に基づく多くの遷移がある（右図）．これらは，$n\text{s} \to 3\text{p}$, $n\text{p} \to 3\text{s}$, $n\text{d} \to 3\text{p}$, $n\text{f} \to 3\text{d}$ という 4 種類の遷移に分類できる．そして，それぞれのスペクトル線は，**鋭い（sharp）系列**，**主要な（principal）系列**，**ぼやけた（diffuse）系列**，**基本的な（fundamental）系列** と呼ばれる．これらの頭文字からそれぞれ (s, p, d, f) 軌道と名づけられた．f 軌道以後はアルファベット順に g, h, i, … と呼ぶことになった．

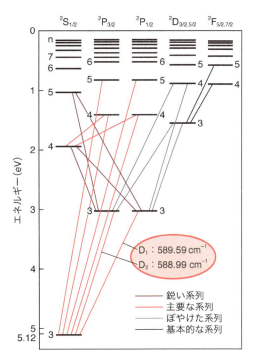

> **この節のキーワード**
> 周期表, イオン化ポテンシャル, 電子親和力, 有効核電荷, ポーリングとマリケンの電気陰性度

Dmitri I. Mendeleev
1834 ～ 1907, ロシアの科学者. 講義用の教科書として著した『化学の原理』の中で元素の分類を試み, これが周期性の発見に繋がった.

3.6 元素の周期律

メンデレーエフが初めて**周期表**（periodic table）を発表したのは1869年である. 当時発見されていた元素を原子量順に並べ, 化合物の類似性を考慮して行を変え, 未発見の元素については空欄とした. 空欄の元素のエカアルミニウム, エカホウ素, エカケイ素は, それぞれ1875年（Ga）, 1879年（Sc）, 1886年（Ge）に発見された. 現在では, メンデレーエフ以降用いられてきた短周期表に代わって, 長周期表(前見返し参照)が広く用いられている.

表3.3の原子の電子配置にも見られる通り, 典型元素はs軌道とp軌道を電子が順に占有することでできる元素であり, 類似性は同じ族（縦方向）に見られる. 一方, 遷移金属では最外殻のs軌道とp軌道の占有状態はほとんど変化せず, 内側の殻のd軌道やf軌道を電子が順に占有する. そのため, 類似した元素の性質はむしろ同周期（横方向）に見られる.

元素の性質を理解するうえで, 原子の**イオン化ポテンシャル**（ionization potential）と**電子親和力**（electron affinity）は重要である. イオン化ポテンシャルは, 原子が電子を放出して陽イオンになるために必要なエネルギーのことである. 特に, 1価, 2価, …の陽イオンになる場合を**第1, 第2, …イオン化ポテンシャル**と区別することもある.

図3.6は, 原子番号を横軸にとり, 原子の第1イオン化ポテンシャルを示したものである. イオン化ポテンシャルはアルカリ金属で極小となり, 希ガスで極大となっている. その間はおおむね単調に増加していることがわかる. このようにイオン化ポテンシャルには周期律があり, これは電子

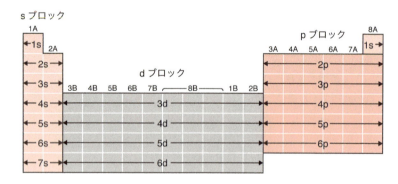

図 3.5 周期表の分類

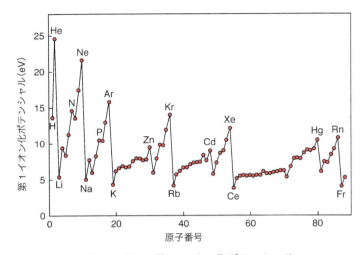

図 3.6　原子の第 1 イオン化ポテンシャル

配置と密接に関係する．たとえば Li から Ne の場合，1s 軌道は完全に占有されている．この 1s 軌道は原子核近傍に分布しているので，原子核の電荷を遮蔽する．結局，Li ではほぼ +1 の**有効核電荷**（**effective nuclear charge**）（電子が実際に感じる原子核の正電荷）を 2s 軌道の電子が感じることになる．原子番号とともに有効核電荷は増加する．そのため，イオン化するのに必要なエネルギーが次第に増加する．

よく見ると Be と B で順序が逆転している．これは，Be では 2s 軌道の電子がイオン化するのに対して，B では 2p 軌道の電子がイオン化するためで，もともと 2p 軌道の電子の方が原子核の束縛が弱いことによる．また，N と O でも逆転しているが，理由は少し異なる．ともに 2p 軌道の電子がイオン化するが，N までは 3 個の異なる 2p 軌道に 1 個ずつ占有していたのに対して，O では一つの 2p 軌道が電子対を形成している．そのため，電子間の反発が生じ，イオン化しやすくなる．

> **例題 3.6**　第 3 周期 (Na 〜 Ar) および第 4 周期 (K 〜 Kr) でイオン化ポテンシャルが図 3.6 のような振る舞いをすることをそれぞれ説明せよ．
>
> **解答**　第 3 周期 (Na 〜 Ar) は基本的には第 2 周期 (Li 〜 Ne) と類似した挙動を示す．Mg と Al での逆転は Be と B の逆転と同様である．P と S の逆転は N と O の逆転と同様である．
>
> 第 4 周期 (K 〜 Kr) も遷移金属 (Sc 〜 Zn) を除く典型元素における挙動は第 2，3 周期と同様である．遷移金属では 3d 軌道が 1 個ずつ占有する Sc 〜 Cr と 2 個ずつ占有する Fe 〜 Cu ではイオン化ポテン

シャルはあまり変化しない．ただし，Mn と Zn では少し異なる振る舞いをする．これは，V, Cr, Mn では $3d^3 4s^2$, $3d^5 4s^1$, $3d^5 4s^2$, そして Ni, Cu, Zn では $3d^8 4s^2$, $3d^{10} 4s^1$, $3d^{10} 4s^2$ という不規則な変化をするためである（表3.3参照）．

原子の電子親和力とは，原子が外部から電子を受け取って陰イオンになる際に放出されるエネルギーのことである．イオン化ポテンシャルがイオン化する際に必要なエネルギーとして定義されるのに対して，電子親和力は電子を受け取った際の安定化エネルギーであることに注意してほしい．すなわち，電子親和力が正である場合は陰イオンの状態が安定であり，負の場合は不安定である．

図 3.7 は，原子番号を横軸にとり，原子の電子親和力を示したものである．電子親和力は希ガスで極小となり，ハロゲンで極大となっている．イオン化ポテンシャルほどは明確でないが，電子親和力にも周期律があることがわかる．これも電子配置と密接に関係する．たとえば，Be, B, C という順に電子親和力が増加している．これは3個の異なる 2p 軌道を1個ずつ電子が占有していく過程であるが，上述の有効核電荷が Be, B, C という順で大きいためである．同様に，N, O, F では2個目の電子がそれぞれを占有するが，有効核電荷の増加に伴い電子親和力が増加する．C から N に電子親和力の大きな減少が見られるのは，N では外部からの電子はすでに1個の電子が占有した 2p 軌道に入る必要があり，電子間の反発のため電子親和力が小さくなるためである．これはイオン化ポテンシャルが N と O で逆転している理由と同様である．

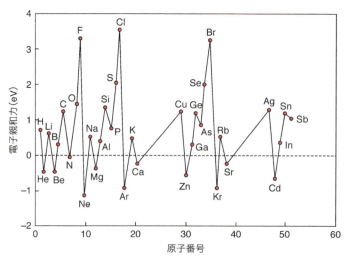

図 3.7　原子の電子親和力

化学結合を理解する際に，元素ごとに電子との親和性を数値化しておくと便利である．その目的でポーリングによって最初に提案されたのが**電気陰性度**（electronegativity）である．ポーリングは2原子分子の結合エネルギーに対する考察から電気陰性度を定義した．その後，マリケンは，イ

コラム　いろいろな周期表

メンデレーエフが提案した周期表は，今日では短周期型周期表と呼ばれるものである．つまり，第I族から第VIII族までを1列に配置したものである．図は1871年にメンデレーエフが発表したものである．よく見ると原子番号92のU（ウラン）まで記されている．

今日では，第1族から第18族までを1列に記した長周期型周期表が用いられることが多い．本書の前見返しに示した周期表もそれで，原子番号118のOg（オガネソン）まで掲載されている．日本の理化学研究所のグループが113番目の元素の命名権を獲得し，**Nh（ニホニウム）**と名づけたことは記憶 に新しい（2016年）．そのような超重元素を表すためにシーボーグ（Glenn Theodore Seaborg）は拡張周期表（下図）を提案した（1969年）．そこには218番目までの元素が示されている．ただ，この拡張周期表は，単に第7周期までの規則を拡張してgブロックを配置したものであり，どの元素まで存在するかは問題にされていない．

では，原子番号が何番の元素まで存在するのであろうか．**原子単位系**を用いると，ボーアモデルの1s軌道にある電子の速さは原子番号 Z になる．光速を原子単位で表すと137.03である．つまり，ボーアモデルで予想すると138番以降の原子では光速より速い1s軌道の電子をもつことになり，相対性理論に反する．現在，118番の元素まで発見の報告があるので，残りは20個程度であろう．

ピュッコ（Pekka Pyykkö）は2010年に，相対論効果を考慮した量子化学計算により，172番の元素（ウンセプトビウム）までの軌道準位を決定し，独自の拡張周期表を提案した．元素発見の夢は，まだまだ続きそうである．

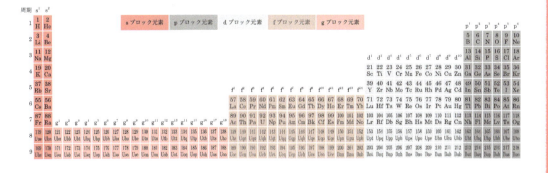

表 3.5　ポーリング(上)とマリケン(下)の電気陰性度

1	2	3	4	5	6	7
H 2.20 7.71						
Li 0.98 2.96	Be 1.57 2.86	B 2.04 3.83	C 2.55 5.61	N 3.04 7.34	O 3.44 9.99	F 3.98 12.32
Na 0.93 2.99	Mg 1.31 2.47	Al 1.61 2.97	Si 1.90 4.35	P 2.19 5.72	S 2.59 7.60	Cl 3.16 9.45

Linus C. Pauling
1901～1994，アメリカの化学者．量子化学的なアプローチで化学結合の本質に迫り，1954年のノーベル化学賞を受賞した．タンパク質の構造決定など生体分子の研究にも成果がある他，核実験の反対運動にも従事．1962年にノーベル平和賞も受賞した．

オン化ポテンシャルと電子親和力の平均値によって電気陰性度を定義した．これは非常に簡明な考えであるが，ポーリングの電気陰性度とよい相関があることも知られている（表3.5）．一般に，電気陰性度が大きい原子ほど，価電子を受け取りやすく，化合物中で陰イオン的になりやすい．一方，電気陰性度が小さい原子ほど，価電子を与える傾向が強く，化合物中で陽イオン的になりやすい．

章末問題

練習問題 3.1　第2周期 (Li～Ne)，第3周期 (Na～Ar)，第4周期 (K～Kr) で電子親和力が図3.7のような振る舞いをすることをそれぞれ説明せよ．

発展問題 3.1　一次元に対するシュレーディンガー方程式を以下の手順で導出する．
(1) 全エネルギーは，運動エネルギーとポテンシャルエネルギーの和として表される．

$$E = \frac{p^2}{2m} + V(x)$$

これにド・ブロイの関係式 (2.18) を用いて運動量 p を消去すると，どのような関係式が得られるか．

(2) 定常波に対する一次元波動方程式は次のように表される．

$$\frac{d^2 \psi(x)}{dx^2} + \frac{4\pi^2}{\lambda^2} \psi(x) = 0$$

ここで，λ は波の波長，$\psi(x)$ は位置 x における振幅である．(1) の

結果を用いて一次元波動方程式から波長 λ を消去し，シュレーディンガー方程式を導け．

発展問題 3.2 水素原子の 1s および 2s 軌道に対する動径 (r) 方向の確率密度はそれぞれ次式で表される．

$$P_{1s}(r) = \left(\frac{4}{a_0^3}\right) r^2 \exp\left(-\frac{2r}{a_0}\right)$$

$$P_{2s}(r) = \left(\frac{1}{2a_0^3}\right) r^2 \left(1 - \frac{r}{2a_0}\right)^2 \exp\left(-\frac{r}{a_0}\right)$$

(1) 確率密度 $P_{1s}(r)$ および $P_{2s}(r)$ の増減を調べ，それぞれ最大となる距離 $r_{1s}^{\max}$ および $r_{2s}^{\max}$ を求めよ．

(2) 次式より平均距離 r_{1s}^{ave} および r_{2s}^{ave} を求めよ〔補遺 C.2 式(C.8)参照〕．

$$r^{\mathrm{ave}} = \int_0^\infty r P(r) \mathrm{d}r$$

発展問題 3.3 原子単位系（p.37 のコラム参照）を用いた水素原子に対するハミルトニアンは，極座標（補遺 D 参照）で表すと次式となる．

$$\hat{H} = -\frac{1}{2}\nabla^2 - \frac{1}{r}$$

$$\nabla^2 = \frac{1}{r^2}\frac{\partial}{\partial r}\left(r^2\frac{\partial}{\partial r}\right) + \frac{1}{r^2 \sin\theta}\frac{\partial}{\partial \theta}\left(\sin\theta\frac{\partial}{\partial \theta}\right) + \frac{1}{r^2 \sin^2\theta}\frac{\partial^2}{\partial \phi^2}$$

また，角運動量演算子 $\hat{l}_z$ および $\hat{l}^2$ を極座標で表すとそれぞれ次式で与えられる．

$$\hat{l}_z = -i\frac{\partial}{\partial \phi} \qquad \hat{l}^2 = -\left[\frac{1}{\sin\theta}\frac{\partial}{\partial \theta}\left(\sin\theta\frac{\partial}{\partial \theta}\right) + \frac{1}{\sin^2\theta}\frac{\partial^2}{\partial \phi^2}\right]$$

次式で与えられる水素原子の波動関数について，以下の問いに答えよ．

$$\psi(r, \theta, \phi) = \frac{1}{8\sqrt{\pi}} r \exp\left(-\frac{r}{2}\right) \sin\theta \exp(-i\phi)$$

(1) 波動関数 ψ に角運動量演算子 $\hat{l}_z$ を作用させることにより，角運動量の z 成分を求めよ．

(2) 波動関数 ψ に対する磁気量子数 m を求めよ．この状態は外部磁場により安定化するか，不安定化するか，それとも変化しないか答えよ．さらに，このようなエネルギー変化は何という効果によるもの

(3) 波動関数 ψ に角運動量演算子 $\hat{l}^2$ を作用させることにより，角運動量を求めよ．
(4) 波動関数 ψ に対する角運動量量子数 l を求めよ．これより，この状態は何軌道に相当するか答えよ．
(5) 波動関数 ψ にハミルトニアン $\hat{H}$ を作用させることにより，エネルギーを求めよ．
(6) 波動関数 ψ に対する主量子数 n を求めよ．これより，この状態は何殻に相当するか答えよ．

発展問題 3.4 次の文章を読み，以下の問いに答えよ．
水素原子の 1s 軌道の波動関数は次式で表される．

$$\psi_{1s}(r, \theta, \phi) = \frac{1}{\sqrt{\pi}}\left(\frac{1}{a_0}\right)^{3/2}\exp\left(-\frac{r}{a_0}\right) \quad \left(\text{ただし，} a_0 = \frac{\varepsilon_0 h^2}{\pi m_e e^2}\right)$$

極座標で表した運動エネルギー演算子，体積素片はそれぞれ次式で与えられる．

$$\hat{T} = -\frac{h^2}{8\pi^2 m_e}\left[\frac{1}{r^2}\cdot\frac{\partial}{\partial r}\left(r^2\frac{\partial}{\partial r}\right) + \frac{1}{r^2\sin\theta}\cdot\frac{\partial}{\partial \theta}\left(\sin\theta\frac{\partial}{\partial \theta}\right) + \frac{1}{r^2\sin^2\theta}\cdot\frac{\partial^2}{\partial \phi^2}\right]$$

$$d\boldsymbol{r} = r^2\sin\theta\, dr\, d\theta\, d\phi$$

(a) 水素原子の 1s 軌道にある電子の運動エネルギーの期待値 $\bar{T} = \int \psi_{1s}^*(r, \theta, \phi)\hat{T}\psi_{1s}(r, \theta, \phi)d\boldsymbol{r}$ を，h, m_e, a_0 を用いて表せ．
(b) $p^2/2m_e = \bar{T}$ の関係と問 (a) の結果を利用して，a_0 を用いて 1s 軌道にある電子のド・ブロイ波長 ($\lambda = h/p$) を表せ．

第 4 章 分子の構造
Structure of Molecule

この章で学ぶこと

分子は原子から構成されており，それらをつなぐのが化学結合である．本章ではまず，化学結合の古典的な解釈について学ぶ．次に，量子力学を用いた化学結合の解釈として，原子価結合法と分子軌道法を学ぶ．分子軌道法の定性的な取り扱いである，軌道相互作用の考えを紹介する．また，有機化合物の骨格構造を理解するために有用な混成軌道の概念についても学ぶ．最後に，π電子が非局在化した共役化合物の化学結合を取り扱うためのヒュッケル分子軌道法について学ぶ．

4.1 共有結合とイオン結合

　いくつかの原子が結合して分子ができる．化学結合は，共有結合，イオン結合，金属結合，配位結合，水素結合などに分類される．化学結合を解釈しようという試みは，量子力学が誕生するよりずっと前から行われていた．19世紀には**電気化学的二元説**(binary theory of electro-chemistry)と**原子価説**(valence theory)が登場した．

　電気化学的二元説では，すべての無機化合物は，陽電気を帯びた原子と陰電気を帯びた原子が互いに引き合っていると考える．その後，トムソンは電子を発見し，それに基づく原子模型を提案した．そして，希ガス元素の不活性と結びつけて，原子間の静電的な結合を説明した．たとえば，NaとMgは電子をそれぞれ1個と2個放出し，Ne原子と同じ電子配置となる．また，OとFは電子をそれぞれ2個と1個受け取り，Ne原子と同じ電子配置となる．すなわち，これらの原子は1価の陽イオン（Na^+），2価の陽イオン（Mg^{2+}），2価の陰イオン（O^{2-}），1価の陰イオン（F^-）となり，

この節のキーワード

ルイス構造，共有電子対，孤立電子対，オクテット則，一重結合，二重結合，三重結合

Walther Kossel
1888〜1956, ドイツの物理学者. 原子価説を整理したことに加え, X線吸収微細構造を最初に発見した業績でも知られる. 父のAlbrecht Kossel は生化学者で, ノーベル生理学・医学賞の受賞者.

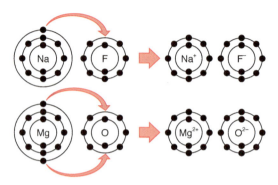

図 4.1　NaF と MgO 間のイオン結合

それらが結合して NaF や MgO となる（図 4.1）と考える. コッセルは, トムソンの考えをさらに整理し, 希ガス元素を中心に周期表上の位置に対応して正負の原子価で結合すると説明した（1916年）. このような二元説を起源とする考えは異種元素間の結合をうまく説明したが, 同種元素間の結合を説明することはできなかった.

19世紀半ばには, 化学結合の基本型は, 水素型, 塩化水素型, 水型, アンモニア型の四つに分類された. ケクレは, 原子には化合物をつくる際に一定の結合能力があることを指摘し, **原子価**（valence）という概念のもととなった（1857年）. すなわち, H および Cl の原子価は 1 価, O は 2 価, N は 3 価となる. ケクレはさらに, メタンの分子式が CH_4 であることを見出し, 四つの基本型にメタン型を加えた（1858年）. そして, C の原子価を 4 価とした. その後, ケクレはベンゼンの構造式を説明することに成功し, ほとんどの炭素化合物の構造式を解明した（1868年）.

ルイスは, 結合する原子が互いに電子を出し合って電子対を作り, それを共有することで化学結合ができると提案した（**ルイス構造**, Lewis structure, 1916年）. そして, この化学結合に関係する電子対を**共有電子対**（covalent electron pair）と名づけた. 一方, 化学結合に関与しない電子対を**孤立電子対**〔lone pair, あるいは**非共有電子対**（unshared electron pair）〕と呼んだ. さらにルイスは, Ne や Ar などのように原子で安定な希ガスは, 最外殻に 8 個の電子をもつことに着目した. つまり, 分子では隣接する原子と互いに電子を共有して最外殻が 8 個の電子で満たされると安定になると考えた. この考えは**オクテット則**（octet rule, あるいは**八隅則**）と呼ばれ, 共有結合の概念を与えるものであった.

図 4.2 に, HF, H_2O, NH_3, CH_4 における電子の共有の様子を示す. いずれの場合も F, O, N, C 原子の周りには 8 個の電子（4 個の電子対）があることがわかる. H の周りは 2 個の電子であるが, これは希ガスの

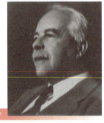

Gilbert N. Lewis
1875〜1946, アメリカの化学者. 共有結合, 化学熱力学, 量子力学などに広範な業績を残した. 多くの分野でノーベル賞に値する功績があったが, 不可解にも受賞にはいたらなかった. 研究室で実験中に死亡しており, いまなお自殺の可能性が示唆されている.

H:F: H:O:H H:N:H H:C:H
              H   H
                    H

図 4.2 HF, H_2O, NH_3, CH_4 のルイス構造

He の場合と同様である.

図 4.3 は, F_2, O_2, N_2 における電子の共有の様子である. いずれの場合も, F, O, N 原子の周りには 8 個の電子(4 個の電子対)があり, オクテット則を満たしている. さらに, F_2, O_2, N_2 では共有電子対がそれぞれ 1, 2, 3 組である. 共有電子対は結合の強さに関係するので, それぞれ**一重結合**(single bond, あるいは**単結合**), **二重結合**(double bond), **三重結合**(triple bond)と区別される.

:F:F: :O::O: :N:::N:

図 4.3 F_2, O_2, N_2 に対するルイス構造

例題 4.1 次の分子のルイス構造を描け.
(1) C_2H_6(エタン) (2) C_2H_4(エチレン) (3) C_2H_2(アセチレン)
(4) CO_2(二酸化炭素)

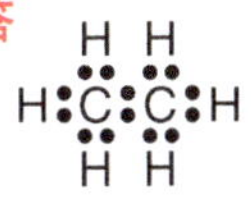

解答

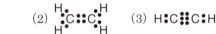

(4)  :O::C::O:

4.2 原子価結合法

1926 年にシュレディンガー方程式が導かれ, 原子や分子の振る舞いを正しく記述できる量子力学が完成した. この新しい学問はすぐに化学結合を理解するために応用された. その際, 分子に含まれる原子核と電子の運動をどのように取り扱うかという点が問題であった. 最も軽い原子核である H^+(プロトン)でさえ, その質量は電子の約 1830 倍である. そのため, 原子核の運動は電子の運動に比べて非常にゆっくりであることが予想される. そこで, ボルンとオッペンハイマーは, 両者の運動を分離して取り扱うという近似(**ボルン–オッペンハイマー近似**, Born-Oppenheimer

この節のキーワード

ボルン–オッペンハイマー近似, 変分法, 原子価結合法, 共鳴, 混成軌道

*1 式 (4.1) のハミルトニアンは次式で与えられる.

$$\hat{H} = -\frac{h^2}{8\pi^2 m_e}(\nabla_1^2 + \nabla_2^2)$$
$$-\frac{e^2}{4\pi\varepsilon_0}\left(\frac{1}{r_{a1}} + \frac{1}{r_{a2}} + \frac{1}{r_{b1}} + \frac{1}{r_{b2}}\right)$$
$$+\frac{e^2}{4\pi\varepsilon_0}\frac{1}{r_{12}} + \frac{e^2}{4\pi\varepsilon_0}\frac{1}{R}$$

ここで,∇_1^2 と ∇_2^2 は電子 "1" と電子 "2" の座標に対するラプラシアン〔補遺 (D.5) 式参照〕である.$r_{a1}, r_{a2}, r_{b1}, r_{b2}$ は原子核 H_a または H_b と電子 "1" または "2" の距離である.r_{12} は電子 "1" と "2" の距離である.R は原子核 H_a と H_b の距離である.結局,右辺第 1 項は運動エネルギー項,第 2 項は核電子間引力項,第 3 項は電子間反発項,第 4 項は核間反発項である.

Walter Heinrich Heitler
1904 ～ 1981,ユダヤ系のドイツの物理学者.ロンドンとの共同研究が後に原子価結合法に発展した.ナチス時代はアイルランドに亡命した.

Fritz Wolfgang London
1900 ～ 1954,ドイツ生まれのアメリカの物理学者.ハイトラーとの量子化学の他に,低温科学の分野で功績があった.

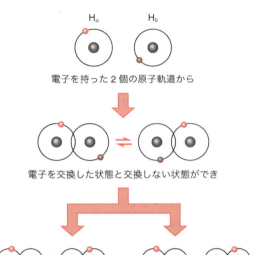

図 4.4 原子価結合法による H_2 分子の共有結合の理解

approximation,あるいは **BO 近似**)を提案した.この近似により,ある静止した原子核配置における電子の運動に対するシュレディンガー方程式を考えればよいことになる.

H_2 分子は,図 4.4 に示すように水素原子 H_a と H_b がそれぞれ 1 個ずつの電子を出し合い,それらを共有することで結合を作っている.BO 近似のもとでは,シュレディンガー方程式は次のように表される.

$$\hat{H}\Psi(\boldsymbol{r}_1, \boldsymbol{r}_2) = E\Psi(\boldsymbol{r}_1, \boldsymbol{r}_2) \qquad (4.1)^{*1}$$

ハイトラーとロンドンは,それぞれの H 原子の 1s 軌道 ψ_a と ψ_b を用いて,H_2 分子における全電子波動関数を次のように表した(1927 年).

$$\Psi(\boldsymbol{r}_1, \boldsymbol{r}_2) = c_1\psi_a(\boldsymbol{r}_1)\psi_b(\boldsymbol{r}_2) + c_2\psi_b(\boldsymbol{r}_1)\psi_a(\boldsymbol{r}_2) \qquad (4.2)$$

$\psi_a(\boldsymbol{r}_1)\psi_b(\boldsymbol{r}_2)$ は電子 "1" が原子 H_a の 1s 軌道に,電子 "2" が原子 H_b の 1s 軌道にある状態を表し,$\psi_b(\boldsymbol{r}_1)\psi_a(\boldsymbol{r}_2)$ は電子 "1" が原子 H_b の 1s 軌道に,電子 "2" が原子 H_a の 1s 軌道にある状態を表している.このような二つの状態の線形結合で全電子波動関数を表したのは,電子は区別がつかないためである.線形結合の係数 c_1 と c_2 は,**変分法** (variational method) という近似解法により次のように決定される.

$$\Psi_+(\boldsymbol{r}_1, \boldsymbol{r}_2) = \frac{1}{\sqrt{2(1+S^2)}}\{\psi_a(\boldsymbol{r}_1)\psi_b(\boldsymbol{r}_2) + \psi_b(\boldsymbol{r}_1)\psi_a(\boldsymbol{r}_2)\} \qquad (4.3)$$

$$\psi_-(\boldsymbol{r}_1,\boldsymbol{r}_2) = \frac{1}{\sqrt{2(1-S^2)}}\{\psi_a(\boldsymbol{r}_1)\psi_b(\boldsymbol{r}_2) - \psi_b(\boldsymbol{r}_1)\psi_a(\boldsymbol{r}_2)\} \quad (4.4)$$

ここで，S は次式で表されるように原子 H_a の 1s 軌道と原子 H_b の 1s 軌道の重なりを表す積分であり，原子間距離が無限に離れると 0 となり，完全に重なると 1 となる．

$$S = \int \psi_a^*(\boldsymbol{r})\psi_b(\boldsymbol{r})\mathrm{d}\boldsymbol{r} \quad (4.5)$$

式(4.3)と式(4.4)に対応する二つの状態のエネルギー E_+ と E_- を原子核間の距離 R に対して描いたのが図 4.5 である．二つの原子核が接近すると，E_+ は次第にエネルギーが低下し，$R \fallingdotseq 0.9$ Å で最も安定になることがわかる．また，そのエネルギーは 2 個の H 原子が別々にある状態より約 3.2 eV 安定である．つまり，この極小点が H_2 分子に対応し，それぞれ結合距離 R_e と結合解離エネルギー D_e に対応している．実測値 $R_e = 0.74$ Å，$D_e = 4.7$ eV に対して，計算値 $R_e \fallingdotseq 0.9$ Å，$D_e = 3.2$ eV は，定量的には必ずしも満足のいくものではなかったが，量子力学を初めて化学結合に応用したという点でその功績は高く評価されている．

その後，ハイトラー–ロンドンの考えはスレーターとポーリングにより多原子分子にまで拡張された．このような取り扱いは，**原子価結合法**（**valence bond method**，あるいは **VB 法**）と呼ばれる．あるいは，これらの科学者の頭文字をとって **HLSP**（**Heitler-London-Slater-Pauling**）**法** と呼ばれることもある．

ポーリングは，1928 年に **共鳴**（**resonance**），1930 年に **混成軌道**（**hybrid**

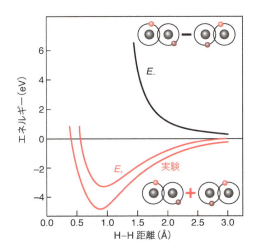

図 4.5 ハイトラー–ロンドンの式により得られた H_2 分子のエネルギー曲線

図4.6 ブタジエン(a), ベンゼン(b), 炭酸イオン(c), 硝酸(d)イオンの共鳴構造式

orbital)というVB法において重要な概念を提唱した．共鳴の概念はその適用範囲が広く，その概念を用いればブタジエンなどの共役二重結合の安定化やベンゼンにおける芳香族性を理解することができる（図4.6）．また，異種元素間の結合では共有結合A–BとイオンA$^+$–B$^-$が混ざった状態が共鳴してさらなる安定化がもたらされていると考えた．そして，共鳴の度合いを定量化するために，純粋な共有結合を仮定した場合からのずれを評価する指標を提案した．それが，3.6節で紹介したポーリングの電気陰性度である．混成軌道については，4.5節で詳述する．

4.3 分子軌道法

フントとマリケンは，VB法とは異なる方法で電子の波動関数を取り扱う方法を提案した．分子中では電子の波動関数は分子全体に広がった軌道になると考えた．これが，**分子軌道法**（molecular orbital method，または **MO法**）である．さらに，分子軌道を原子軌道の線形結合で表す方法（**LCAO–MO法**）を提案した．

ここでは，最も単純なH_2^+分子を考える．H_2^+分子では水素原子H_aとH_bが1個の電子を共有することで結合を作っている．ここで，電子の波動関数は分子軌道φで表されるので，BO近似のもと，シュレディンガー方程式は次のようになる．

$$\hat{H}\varphi(r) = E\varphi(r) \tag{4.6}$$*2

H原子の1s軌道ψ_aとψ_bを用いてLCAO-MO法により分子軌道φを表すと，次式のようになる．

$$\varphi(r) = c_a\psi_a(r) + c_b\psi_b(r) \tag{4.7}$$

線形結合の係数（MO係数という）c_aとc_bは，変分法により決定され，式(4.7)は次のようになる．

$$\varphi_+(r) = \frac{1}{\sqrt{2(1+S)}}\{\psi_a(r) + \psi_b(r)\} \tag{4.8}$$

この節のキーワード
分子軌道法，LCAO–MO法，クーロン積分，共鳴積分，結合性軌道，反結合性軌道

Friedrich Hermann Hund
1896〜1997，ドイツの物理学者．ボルンの助手として二原子分子の量子論を研究した．101歳まで生き，その間に250以上の論文を執筆した．

*2 式(4.6)のハミルトニアンは次式で与えられる．
$$\hat{H} = -\frac{h^2}{8\pi^2 m_e}\nabla^2$$
$$-\frac{e^2}{4\pi\varepsilon_0}\left(\frac{1}{r_a}+\frac{1}{r_b}\right) + \frac{e^2}{4\pi\varepsilon_0}\frac{1}{R}$$
ここで，∇^2は電子座標に対するラプラシアンである．r_a, r_bは原子核H_aまたはH_bと電子との距離である．Rが原子核H_aとH_bの距離である．結局，右辺第1項は運動エネルギー項，第2項は核電子間引力項，第3項は核間反発項である．

$$\varphi_-(r) = \frac{1}{\sqrt{2(1-S)}}\{\psi_a(r) - \psi_b(r)\} \tag{4.9}$$

ここで，S は式 (4.5) で定義される重なり積分である．二つの分子軌道 $\varphi_\pm$ に対するエネルギー $E_\pm$ はそれぞれ次式で表される．

$$E_+ = \frac{\alpha + \beta}{1 + S} \tag{4.10}$$

$$E_- = \frac{\alpha - \beta}{1 - S} \tag{4.11}$$

ここで，α と β はそれぞれ**クーロン積分**（Coulomb integral）と**共鳴積分**（resonance integral）と呼ばれ，いずれも負の値をとる[*3]．基底状態の水素原子に対するエネルギーは α である．したがって，分子を形成することで，E_+ ではおおよそ共鳴積分 $|\beta|$ だけ安定化し，E_- では $|\beta|$ だけ不安定化する．厳密には分母の重なり積分があるため，不安定化のほうが少し大きい．

[*3] クーロン積分および共鳴積分は，それぞれ次式で表される．
$$\alpha = \int \psi_a^*(r)\hat{H}\psi_a(r)\,dr$$
$$= \int \psi_b^*(r)\hat{H}\psi_b(r)\,dr$$
$$\beta = \int \psi_a^*(r)\hat{H}\psi_b(r)\,dr$$
$$= \int \psi_b^*(r)\hat{H}\psi_a(r)\,dr$$

> **例題 4.2** VB法ではH$_2$分子の基底状態の波動関数は式(4.3)のように表される．
>
> $$\Psi^{VB}(r_1, r_2) = \frac{1}{\sqrt{2(1+S^2)}}\{\psi_a(r_1)\psi_b(r_2) + \psi_b(r_1)\psi_a(r_2)\}$$
>
> 一方，MO法では結合性軌道（式 4.8）を α スピンと β スピンの電子がそれぞれ1個ずつ占有する．つまり，空間部分の波動関数は次のように表される．
>
> $$\Psi^{MO}(r_1, r_2) = \varphi_+(r_1)\varphi_+(r_2)$$
> $$= \frac{1}{2(1+S)}\{\psi_a(r_1) + \psi_b(r_1)\}\{\psi_a(r_2) + \psi_b(r_2)\}$$
>
> $\Psi^{MO}(r_1, r_2)$ の右辺を展開して $\Psi^{VB}(r_1, r_2)$ と比較することにより，各項の物理的な意味を考察せよ．
>
> **解答** VB法の括弧内の二つの項はともに，H$_a$，H$_b$ 原子にそれぞれ1個の電子が占有した中性状態である．一方，MO法の波動関数は，次のように展開できる．
>
> $$\Psi^{MO}(r_1, r_2) = \frac{1}{2(1+S)}\{\psi_a(r_1)\psi_b(r_2) + \psi_b(r_1)\psi_a(r_2)$$

$$+ \psi_a(\boldsymbol{r}_1)\psi_a(\boldsymbol{r}_2) + \psi_b(\boldsymbol{r}_1)\psi_b(\boldsymbol{r}_2)\}$$

つまり，括弧内の最初の2項はVB法と同じく中性状態であるが，残りの2項は$H_a^-H_b^+$と$H_a^+H_b^-$というイオン状態である．H_2分子のように電子的な偏りがない場合はVB法のほうが好ましいと予想される．

補足：MO法では，反結合性軌道に占有した電子配置を次式のように混ぜることにより，中性状態とイオン状態の寄与を柔軟に変えることができる．これを**配置間相互作用法**（configuration interaction method）という．

$$\Psi^{CI}(\boldsymbol{r}_1,\boldsymbol{r}_2) = C_+\varphi_+(\boldsymbol{r}_1)\varphi_+(\boldsymbol{r}_2) + C_-\varphi_-(\boldsymbol{r}_1)\varphi_-(\boldsymbol{r}_2)$$

ここで，C_+とC_-は展開係数である．特に，$C_+ = C_- = 1/\sqrt{2}$ のときVB法の波動関数と一致する．

図4.7は原子核H_aおよびH_bを含む直線上における分子軌道$\varphi_\pm$の値をプロットしたものである．破線で原子軌道ψ_a, ψ_bの寄与を示している．φ_+では2個の原子軌道は同位相なので，原子核間で互いに強め合っている．その結果，原子核間の電子密度が増加し，原子核と電子の電気的な引力が内向きに働き，結合を形成する．一方，φ_-では逆位相なので，原子核間で互いに弱め合っている．その結果，原子核間の電子密度はむしろ減少し，原子核どうしをつなぎ止める力は働かない．これらの性質より，φ_+は**結合性軌道**（bonding orbital），φ_-は**反結合性軌道**（anti-bonding orbital）と

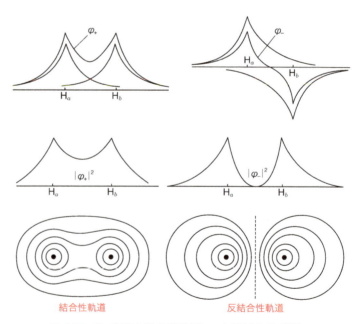

図 4.7 H_2 分子の結合性軌道 φ_+ と反結合性軌道 φ_-

呼ばれる．

H_2^+ 分子では，電子は1個のみ存在するので，結合性軌道を占有する．H_2 分子では，H原子それぞれの電子を1個ずつ出し合って結合性軌道を占有する．もちろん，パウリの排他原理を満たすように異なるスピン状態で占有する．これが共有結合の量子力学的な解釈である．He_2 分子では4電子系なので，結合性軌道だけでなく反結合性軌道も占有される．そのため，共有結合は形成されない．

4.4 軌道相互作用

一般に分子軌道を求めるには，対応するシュレディンガー方程式を解く必要がある．しかし，簡単な分子に対しては，分子軌道とそのエネルギー準位を定性的には予測することができる．これは「原子軌道が相互作用して分子軌道を構築する」との考えから，**軌道相互作用**（orbital interaction）と呼ばれる．軌道相互作用の基本ルールは以下の通りである．

> **＜軌道相互作用＞**
> **規則1**：二つの原子軌道が相互作用すると，二つの分子軌道ができる．
> **規則2**：二つの分子軌道のうち，片方は安定な結合性軌道，他方は不安定な反結合性軌道である．
> **規則3**：もとの原子軌道の重なりが大きいほど，二つの分子軌道のエネルギーは大きく分裂する．
> **規則4**：もとの原子軌道のエネルギー差が小さいほど，二つの分子軌道のエネルギーは大きく分裂する．

規則3および4は，どの原子軌道の組合せに対して軌道相互作用を考えるべきかという前提にも関係する．つまり，互いのエネルギーが近く，適切な対称性をもつ原子軌道どうしの相互作用が前提である．原子軌道のエネルギー準位を両側に描き，それぞれが相互作用して得られる分子軌道のエネルギー準位を中央に描くと，軌道相互作用の様子が一目瞭然となる．このような図を**軌道相関図**（orbital correlation diagram）という．

図4.8に O_2 分子に対する軌道相関図と，形成された分子軌道を示す．等核二原子分子の場合，規則4より，同じ原子軌道どうしが相互作用する．規則3より，内殻軌道である1s軌道の相互作用分裂よりも，価電子軌道でより広がった2s軌道の相互作用分裂のほうが大きいことがわかる．三つに縮重した2p軌道のうち，結合軸に沿った2p軌道どうしの重なりのほうが，結合軸に垂直な2p軌道どうしの重なりより大きく，結果として相互作用分裂が大きい．このように結合軸に沿った軌道の重なりによる結

> **この節のキーワード**
> 軌道相互作用，軌道相関図，結合次数，結合距離，結合解離エネルギー，伸縮振動数

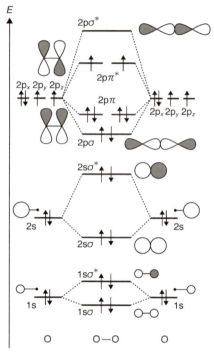

図 4.8 軌道相関図

合を **σ 結合**（σ bond），垂直な軌道の重なりによる結合を **π 結合**（π bond）という．さらに，反結合性軌道は * をつけて表現する．s 軌道は球対称なので結合軸に沿った重なりしかなく，σ 結合のみを形成する．結局，分子軌道を形成する原子軌道名もつけて，$1s\sigma$, $1s\sigma^*$, $2s\sigma$, $2s\sigma^*$, $2p\sigma$, $2p\pi$, $2p\pi^*$, $2p\sigma^*$ と表す．ここで，$2p\pi$ 軌道と $2p\pi^*$ 軌道はそれぞれ二重に縮重していることに注意が必要である．

図 4.9 に第 2 周期の等核二原子分子の各軌道に対するエネルギー準位と電子配置を示す．Li_2 から N_2 までは図 4.8 で示した $2p\sigma$ 軌道と $2p\pi$ 軌道の順とは逆になっていることに注意が必要である[*4]．基底状態の電子配置は，原子に対する場合と同様に低いエネルギー準位から占有していき，縮重軌道の場合は，フントの規則に従ってスピンを揃えている．

ここで，**結合次数**（bond order）という概念を紹介する．結合次数は，次式で計算される．

$$(結合次数) = (1/2) \times \{(結合性軌道の電子数) - (反結合性軌道の電子数)\} \quad (4.12)$$

結合次数 1, 2, 3 の場合が，それぞれ一重結合，二重結合，三重結合に対応する．

[*4] これは $2p\sigma$ 軌道が $2s\sigma^*$ 軌道との相互作用により押し上げられたと解釈できる．

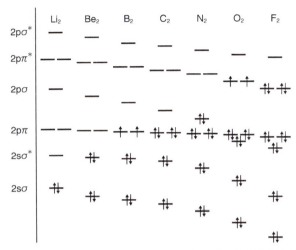

図 4.9 第 2 周期の等核二原子分子のエネルギー軌道と電子配置

図 4.9 のすべての等核二原子分子について結合次数を求めると，表 4.1 のようになる．また，この表にはそれぞれの分子に対する**結合距離**（bond length）R_e，**結合解離エネルギー**（bond dissociation energy）D_e，そして波数単位で示した**伸縮振動数**（stretching frequency）$\tilde{\nu}_e$ も載せている．結合次数が大きいほど結合距離が短く，結合解離エネルギーと伸縮振動数が大きくなることがわかる．

表 4.1 等核二原子分子の結合次数，結合距離 R_e，結合解離エネルギー D_e，伸縮振動数 $\tilde{\nu}_e$

分子	結合次数	結合距離 R_e/pm	結合解離エネルギー D_e/kJ mol^{-1}	伸縮振動数 $\tilde{\nu}_e$/cm^{-1}
Li$_2$	1	267	105	351
Be$_2$	0	245	〜9	—
B$_2$	1	159	289	1051
C$_2$	2	124	599	1854
N$_2$	3	110	942	2358
O$_2$	2	121	494	1580
F$_2$	1	141	154	916
Ne$_2$	0	310	< 1	—

例題 4.3 次の 2 組の分子に対して，結合エネルギーが大きい順にそれぞれ並べよ．
(1) B$_2$（中性分子），B$_2^+$（カチオン分子），B$_2^-$（アニオン分子）
(2) F$_2$（中性分子），F$_2^+$（カチオン分子），F$_2^-$（アニオン分子）

解答 それぞれの結合次数から，結合エネルギーの大小が予想できる．
(1) B_2^- (1.5) > B_2 (1.0) > B_2^+ (0.5)
(2) F_2^+ (1.5) > F_2 (1.0) > F_2^- (0.5)

4.5 混成軌道

この節のキーワード
混成軌道，sp^3 混成軌道，sp^2 混成軌道，sp 混成軌道，σ 結合，π 結合，共役二重結合

4.2節で述べたように，ポーリングは，異種元素間の結合は共有結合とイオン結合の共鳴と考え，電気陰性度という概念を提案した．しかし，これだけでは B 原子の 3 価，C 原子の 4 価，アンモニアの塩基性などは説明できない．実際，C 原子の基底状態の電子配置は $1s^2 2s^2 2p^2$ なので，2p 軌道に 2 個の不対電子がある 2 価となる．さらに，炭化水素化合物の多様な分子構造も理解できない．この問題を解決するためにポーリングによって提案されたのが，**混成軌道**（hybrid orbital）の概念である．C 原子の混成軌道には，**sp^3 混成軌道**，**sp^2 混成軌道**，**sp 混成軌道**がある．

sp^3 混成軌道は，1 個の s 軌道と 3 個の p 軌道が混ざった，エネルギー的に等価な 4 個の軌道である．これらの軌道は，三次元空間において互いに 109.5° の角度[*5]を保つ正四面体構造である．sp^3 混成軌道は，炭素原子の基底状態よりエネルギー的には不利であるが，4 個の H 原子の 1s 軌道とそれぞれ結合し，全体として安定な分子を形成する．エタン C_2H_6 の構造も sp^3 混成軌道を考えれば容易に理解できる．この場合，片方の炭素原子の sp^3 混成軌道のうち 3 個はそれぞれ H 原子の 1s 軌道と相互作用し，残る 1 個はもう片方の炭素原子の sp^3 混成軌道と相互作用する．それぞれ不対電子を出し合うので，C–H および C–C 間は**単結合**である（図 4.10 a）．

[*5] **正四面体角**（tetrahedral angle）という．

sp^2 混成軌道は，1 個の s 軌道と 2 個の p 軌道が混ざった，エネルギー的に等価な 3 個の軌道である．これらの軌道は，二次元平面において互いに 120° の角度を保つ正三角形である．エチレン C_2H_4 では，C 原子はそれぞれ sp^2 混成軌道により 2 個の H 原子および 1 個の C 原子と σ 結合を形成する．残りの $2p_z$ 軌道はエチレンの平面に垂直な軌道で，π 結合を形成する．結果，エチレンの C–C 間は二重結合となる（図 4.10 b）．

sp 混成軌道は，1 個の s 軌道と 1 個の p 軌道が混ざった，エネルギー的に等価な 2 個の軌道である．これらの軌道は，互いに 180° の角度を保つ直線形である．アセチレン C_2H_2 では，C 原子はそれぞれ sp 混成軌道により 1 個の H 原子および 1 個の C 原子と σ 結合を形成する．残りの $2p_y$ および $2p_z$ 軌道は，同じくもう一方の炭素原子と二つの π 結合を形成する．結果として，アセチレンの C–C 間は三重結合となる（図 4.10 c）．

混成軌道の概念を応用するともう少し複雑な化学結合も理解できる．ブタジエンやヘキサトリエンなどの鎖状ポリエン，およびベンゼンやナフタ

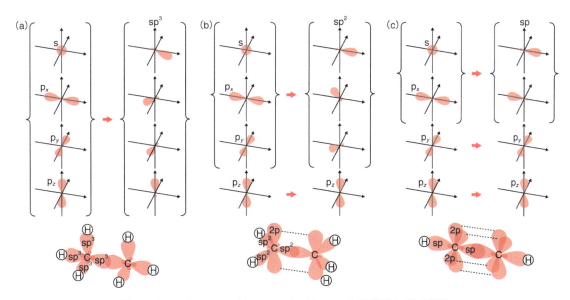

図 4.10 エタン,エチレン,アセチレンの分子構造と混成軌道

レンなどの環状ポリエンでは,炭素原子は sp^2 混成軌道をもっている.しかし,これらの化合物では,単結合と二重結合が交互に連なった**共役二重結合**(**conjugated double bond**)と呼ばれる結合をもつ.表 4.2 に示すように共役二重結合をもつ化合物の C–C 結合距離は,構造式では単結合で描かれる部分がエタンの結合距離よりはるかに短くなっている.逆に,二重結合の部分がエチレンより多少長くなっている.これは共役二重結合で

表 4.2 炭素間の結合距離

化合物	結合	結合距離(nm)
エタン	C–C	0.154
エチレン	C=C	0.134
アセチレン	C≡C	0.120
ブタジエン	$C_\alpha=C_\beta$	0.135
	$C_\beta-C_{\beta'}$	0.147
1,3,5-ヘキサトリエン	$C_\alpha=C_\beta$	0.134
	$C_\beta-C_\gamma$	0.146
	$C_\gamma=C_{\gamma'}$	0.137
ベンゼン	C–C	0.140
ナフタレン	$C_\alpha-C_\beta$	0.137
	$C_\beta-C_{\beta'}$	0.141
	$C_\alpha-C_\gamma$	0.142
	$C_\gamma-C_{\gamma'}$	0.142

は，二重結合を作るπ電子が非局在化し，単結合と二重結合が混ざった中間的な状態になっているためである．

コラム　–H–と–Xe–

「水素の結合の手は1本である」ことや「希ガスは分子を作らない」ことは，原子価（あるいは結合の手）に関して最初に学ぶことである．しかし，必ずしもこの「常識」が成り立たない分子が存在する．まずジボラン（B_2H_6）である．B原子は結合の手が3本，H原子が1本なのでボラン（BH_3）で安定な分子となると思われる．しかし，オクテット則は満たされず，B原子の周りの電子が2個不足している．ジボランは結合の手でもルイス構造でも正しく表すことができない．

な結合を **3中心2電子結合** という．下側のB–H–Bにも同様の結合がある．結果として，H原子があたかも結合の手を2本もつかのような構造が安定に存在する．

次に，二フッ化キセノン（XeF_2）では，本来結合の手がないXeと二つのFとが結合している．ルイス構造を調べるとXeの周りに電子が2個余分に存在する．

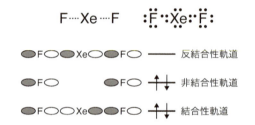

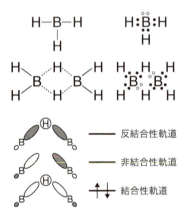

実は **分子軌道法** を用いると，この特殊な結合を理解できる．二つのB原子のsp^3混成軌道とH原子の1s軌道との **軌道相互作用** を考える．するとエネルギー準位の低いほうから，位相の合った **結合性軌道**，H原子の1s軌道が関与しない **非結合性軌道**，そして，位相が逆の **反結合性軌道** である．電子は左のB原子から1個とH原子から1個供給されるので全部で2個である．つまり，最もエネルギーの低い結合性軌道にしか電子は占有しない．このよう

これもXe原子と二つのF原子のp軌道の軌道相互作用を考えると理解できる．ジボランの場合と同様，結合性軌道，非結合性軌道，反結合性軌道ができる．電子はXe原子から2個とF原子からそれぞれ1個ずつ供給されるので全部で4個である．つまり，結合性軌道と非結合性軌道のエネルギー準位に電子が占有する．非結合性軌道は文字通り結合に関与しないので，結果として結合性軌道の効果でF–Xe–F結合が形成される．このような結合を **3中心4電子結合** という．Xe原子にとってはオクテット則より電子が余分に存在するので，**超原子価状態**（hypervalent state）と呼ばれる．一方，ジボランのB原子はオクテット則より電子が不足した状態である．英語では hypovalent state と呼ばれるが，日本語訳が存在しない．あえて訳すと，**亜原子価状態** であろうか．

4.6 ヒュッケル法

> **この節のキーワード**
> ヒュッケル法, π電子近似, ヒュッケル近似, クーロン積分, 共鳴積分, 永年方程式, 共鳴エネルギー

ポーリングの共鳴の概念により，ブタジエンなどの共役二重結合の安定化やベンゼンにおける芳香族性をVB法の視点から理解することができる．分子軌道法では，これらはどのように取り扱われるのであろうか．最も簡単な取り扱い方が**ヒュッケル法**〔Hückel method，あるいは**ヒュッケルの分子軌道法**(Hückel's molecular orbital method)〕である．

まず，エチレンを例に考える．ヒュッケル法では，一般に活性の高い π 電子のみを対象とする（**π 電子近似**，**π electron approximation**）．エチレンを図4.11のように xy 平面上におくと，π 電子に関与する軌道は $2p_z$ 軌道である．C_a と C_b の $2p_z$ 軌道をそれぞれ ψ_a と ψ_b とすると，LCAO-MO法によりエチレンの π 分子軌道は次式で表される．

$$\varphi(\boldsymbol{r}) = c_a \psi_a(\boldsymbol{r}) + c_b \psi_b(\boldsymbol{r}) \tag{4.13}$$

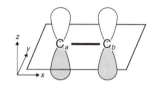

図4.11 エチレン

MO係数 c_a と c_b を求めるために，変分法を適用する．まず，分子軌道のエネルギー期待値を計算する．

$$\begin{aligned}
E &= \frac{\int \varphi^*(\boldsymbol{r})\hat{H}\varphi(\boldsymbol{r})\mathrm{d}\boldsymbol{r}}{\int \varphi^*(\boldsymbol{r})\varphi(\boldsymbol{r})\mathrm{d}\boldsymbol{r}} = \frac{\int \{c_a\psi_a(\boldsymbol{r})+c_b\psi_b(\boldsymbol{r})\}^* \hat{H}\{c_a\psi_a(\boldsymbol{r})+c_b\psi_b(\boldsymbol{r})\}\mathrm{d}\boldsymbol{r}}{\int \{c_a\psi_a(\boldsymbol{r})+c_b\psi_b(\boldsymbol{r})\}^* \{c_a\psi_a(\boldsymbol{r})+c_b\psi_b(\boldsymbol{r})\}\mathrm{d}\boldsymbol{r}} \\
&= \frac{c_a^* c_a H_{aa} + c_a^* c_b H_{ab} + c_b^* c_a H_{ba} + c_b^* c_b H_{bb}}{c_a^* c_a S_{aa} + c_a^* c_b S_{ab} + c_b^* c_a S_{ba} + c_b^* c_b S_{bb}}
\end{aligned} \tag{4.14}$$

ただし

$$H_{rs} = \int \psi_r^*(\boldsymbol{r})\hat{H}\psi_s(\boldsymbol{r})\mathrm{d}\boldsymbol{r}, \quad S_{rs} = \int \psi_r^*(\boldsymbol{r})\psi_s(\boldsymbol{r})\mathrm{d}\boldsymbol{r} \\ (r, s = a \text{ または } b) \tag{4.15}$$

さらに，変分条件（$\partial E/\partial c_a = 0$, $\partial E/\partial c_b = 0$）を適用すると，次の連立方程式が得られる．

$$\begin{aligned}
(H_{aa} - ES_{aa})c_a + (H_{ab} - ES_{ab})c_b &= 0 \\
(H_{ba} - ES_{ba})c_a + (H_{bb} - ES_{bb})c_b &= 0
\end{aligned} \tag{4.16}$$

ヒュッケル法では，H_{rs}, S_{rs} をさらに次のように近似する（**ヒュッケル近似**，**Hückel approximation**）．

$$H_{rs} = \begin{cases} \alpha & (r = s) \\ \beta & (r \text{ と } s \text{ が隣接}) \\ 0 & (\text{その他}) \end{cases} \tag{4.17}$$

$$S_{rs} = \begin{cases} 1 & (r = s) \\ 0 & (r \neq s) \end{cases} \tag{4.18}$$

ここで，α と β はそれぞれ**クーロン積分（Coulomb integral）**と**共鳴積分（resonance integral）**と呼ばれるもので，いずれも負の値をとる．式(4.17)，(4.18)を用いると，式(4.16)の連立方程式は次式で表される．

$$\begin{pmatrix} \alpha - E & \beta \\ \beta & \alpha - E \end{pmatrix} \begin{pmatrix} c_a \\ c_b \end{pmatrix} = \begin{pmatrix} 0 \\ 0 \end{pmatrix} \tag{4.19}$$

式(4.19)において，左辺の行列が逆行列をもつ場合，MO係数はゼロ（自明の解）となる．したがって，自明の解以外になるためには，行列式がゼロになる必要がある．

$$\begin{vmatrix} \alpha - E & \beta \\ \beta & \alpha - E \end{vmatrix} = 0 \tag{4.20}$$

これは，軌道エネルギーに対する二次方程式であり，**永年方程式（secular equation）**と呼ばれる．その解は次のようになる．

$$E_1 = \alpha + \beta, \quad E_2 = \alpha - \beta \tag{4.21}$$

式(4.21)の E_1 および E_2 をそれぞれ式(4.19)に代入すると，$c_b = \pm c_a$ となる．分子軌道がそれぞれ規格化条件〔式(3.2)参照〕を満たす場合，$c_a = 1/\sqrt{2}$ となる．結局，E_1 および E_2 に対応する分子軌道は

$$\varphi_1(\boldsymbol{r}) = \frac{1}{\sqrt{2}}\{\psi_a(\boldsymbol{r}) + \psi_b(\boldsymbol{r})\}, \quad \varphi_2(\boldsymbol{r}) = \frac{1}{\sqrt{2}}\{\psi_a(\boldsymbol{r}) - \psi_b(\boldsymbol{r})\} \tag{4.22}$$

となる．これらは 4.2 節で導いた H_2^+ の分子軌道 $\varphi_\pm$ に対応し，それぞれ結合性軌道と反結合性軌道である．エチレンでは，二つの C 原子からそれぞれ 1 個ずつの π 電子が提供されるので，結合性軌道に対応する E_1 のエネルギー準位のみを電子が 2 個占有する．

ここまで，やや煩雑な変分法の手続きで永年方程式を導出してきた．しかし，ヒュッケル法の最大の特徴は，分子構造から直接，永年方程式を導けるという点である．つまり，行列式の対角成分を $\alpha - E$ とし，結合をもつ炭素間の行列要素を β，結合のない炭素間は 0 とすればよい．たとえば，ブタジエン（図 4.12）の場合は次のようになる．

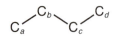

図 4.12 ブタジエン

$$\begin{vmatrix} \alpha-E & \beta & 0 & 0 \\ \beta & \alpha-E & \beta & 0 \\ 0 & \beta & \alpha-E & \beta \\ 0 & 0 & \beta & \alpha-E \end{vmatrix} = 0 \tag{4.23}$$

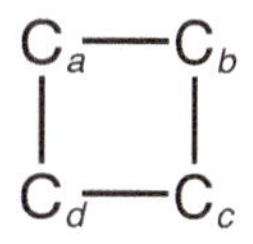

シクロブタジエン（図4.13）の場合は，C_a と C_d の間にも結合があるので，次式のようになる．

$$\begin{vmatrix} \alpha-E & \beta & 0 & \beta \\ \beta & \alpha-E & \beta & 0 \\ 0 & \beta & \alpha-E & \beta \\ \beta & 0 & \beta & \alpha-E \end{vmatrix} = 0 \tag{4.24}$$

図4.13 シクロブタジエン

ヒュッケル法の結果は簡明であり，分子のπ電子状態や化学的性質を定性的に理解するのに適している．ヒュッケル法のπ電子の全エネルギーE_totは，電子が占有している分子軌道φ_iに対する軌道エネルギーE_iの和で定義される．

$$E_\mathrm{tot} = \sum_i f_i E_i \tag{4.25}$$

ここで，f_i は分子軌道φ_iの占有数で0，1，2のいずれかの値をとる．エチレンの場合，φ_1の占有数が2，φ_2の占有数が0である．つまり，次式が成り立つ．

$$E_\mathrm{tot}^\mathrm{ethylene} = 2E_1 = 2(\alpha + \beta) \tag{4.26}$$

共役化合物では，二重結合と一重結合が交互にあるという古典的な描像ではなく，実際には共鳴により安定化している．これを表すのが**共鳴エネルギー**（resonance energy）であり，エチレンの全エネルギーを基準として定義される．

$$E_\mathrm{res}^n = E_\mathrm{tot}^n - \frac{n}{2} E_\mathrm{tot}^\mathrm{ethylene} = E_\mathrm{tot}^n - n(\alpha + \beta) \tag{4.27}$$

ここで，nはπ電子数である．

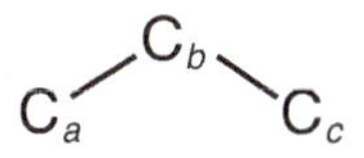

> **例題4.4** アリルラジカル（図4.14）に対するヒュッケル法の永年方程式を解き，エネルギー準位と対応する分子軌道を求めよ．さらに，各エネルギー準位の占有状態を考慮して全エネルギーと共鳴エネルギーを求めよ．
> **解答** アリルラジカルの永年方程式は次のようになる．

図4.14 アリルラジカル

$$\begin{vmatrix} \alpha-E & \beta & 0 \\ \beta & \alpha-E & \beta \\ 0 & \beta & \alpha-E \end{vmatrix} = 0$$

$$\begin{array}{l} \underline{\qquad} \ E_3 = \alpha - \sqrt{2}\beta \\ \underline{\uparrow\quad} \ E_2 = \alpha \\ \underline{\uparrow\downarrow} \ E_1 = \alpha + \sqrt{2}\beta \end{array}$$

行列式を展開すると，

$$(\alpha - E)^3 - \beta^2(\alpha - E) - \beta^2(\alpha - E) = 0$$

となる．因数分解すると

$$(\alpha - E)(\alpha - E + \sqrt{2}\beta)(\alpha - E - \sqrt{2}\beta) = 0$$

となる．三つのエネルギー準位は

$$E = \alpha + \sqrt{2}\beta,\ \alpha,\ \alpha - \sqrt{2}\beta$$

となる．各エネルギー準位への占有状態は図のようになるので，全エネルギーは

$$E_{\text{tot}} = 2E_1 + E_2 = 2(\alpha + \sqrt{2}\beta) + \alpha = 3\alpha + 2\sqrt{2}\beta$$

となる．また，共鳴エネルギーは次のように計算される．

$$E_{\text{res}} = E_{\text{tot}} - 3(\alpha + \beta) = (2\sqrt{2} - 3)\beta$$

補足：アリルラジカルでは $E_{\text{res}} = (2\sqrt{2} - 3)\beta > 0$ となり，共鳴安定化は得られない．一方，アリルカチオンでは $E_{\text{res}} = (2\sqrt{2} - 2)\beta < 0$ となり，共鳴安定化が得られる．

章末問題

練習問題 4.1 等核二原子分子の $2s\sigma$, $2s\sigma^*$, $2p\sigma$, $2p\sigma^*$, $2p\pi$, $2p\pi^*$ 軌道の模式図をそれぞれ描け．

練習問題 4.2 等核二原子分子に関する以下の問いに答えよ．
(1) B_2, N_2, O_2 を結合解離エネルギーの大きい順に並べよ．
(2) C_2, C_2^+, C_2^- を平衡核間距離の大きい順に並べよ．
(3) O_2, O_2^+, O_2^- を伸縮振動数の大きい順に並べよ．

発展問題 4.1 ブタジエンとシクロブタジエンの共鳴安定化をヒュッケル法により考察する．
(1) ブタジエンに対する永年方程式を解き，四つのエネルギー準位を求

めよ．また，それぞれのエネルギー準位に対する占有状態も答えよ．
(2) ブタジエンのπ電子の全エネルギーおよび共鳴エネルギーを求めよ．
(3) シクロブタジエンに対する永年方程式を解き，四つのエネルギー準位を求めよ．また，それぞれのエネルギー準位に対する占有状態も答えよ．
(4) シクロブタジエンのπ電子の全エネルギーおよび共鳴エネルギーを求めよ．

発展問題 4.2 ベンゼン C_6H_6 のπ電子状態をヒュッケル法により考察する．
(1) ベンゼンに対する永年方程式を示し，それを解くことにより各エネルギー準位を求めよ．
(2) ベンゼンの 6 個のπ電子は，(1) で求めたエネルギー準位をどのように占有するか模式的に示せ．
(3) ベンゼンの全エネルギーおよび共鳴エネルギーを求めよ．
(4) ベンゼンのイオン化エネルギーおよび電子親和力を求めよ．

発展問題 4.3 H_3^+ イオンと He_3^+ イオンの構造について，ヒュッケル法を用いて考察する．分子軌道は 1s 軌道の線形結合で表し，1s 軌道間のハミルトニアン行列要素および重なり積分に対してヒュッケル近似が成り立つと仮定する．
(1) 直線形分子に対して永年方程式を示し，それを解くことによりエネルギー準位を求めよ．
(2) 正三角形の分子に対して永年方程式を示し，それを解くことによりエネルギー準位を求めよ．
(3) 直線形および正三角形の H_3^+ の全エネルギーをそれぞれ求め，安定構造を予測せよ．
(4) 直線形および正三角形の He_3^+ の全エネルギーをそれぞれ求め，安定構造を予測せよ．

第5章 分子の運動
Molecular Motions

> **この章で学ぶこと**
>
> 分子中の原子は，化学結合を通して互いに影響しながら運動している．本章では，分子の運動である並進・回転・振動を，それぞれ量子力学によって取り扱い，波動関数とエネルギー準位がどのように表されるかを学ぶ．さらに，回転および振動状態を観測するための分光学も紹介する．

5.1 運動の自由度

この節のキーワード
運動の自由度，並進運動，回転運動，振動運動

　分子はいくつかの原子が化学結合によってつながったものである．しかし，それぞれの原子は分子の中で止まっているわけではなく，相互に影響を及ぼしながら運動している．各原子は三次元空間ではたとえば x, y, z 方向に動くので，**運動の自由度**（degree of freedom of motion）は3である．したがって，N 個の原子からなる分子では，$3N$ 個の運動の自由度をもつ．

　このうち3自由度はすべての原子が同じ方向に動く**並進運動**（translational motion）である．別の3自由度に**回転運動**（rotational motion）がある．ただし，直線分子では分子軸の周りの回転はないので，2自由度となる．残りの $3N-6$（直線分子では $3N-5$）の自由度は，分子内で結合距離が変化する**振動運動**（vibrational motion）である．たとえば，2原子分子では並進，回転，振動の自由度はそれぞれ3，2，1である．原子数が多くなると，振動の自由度が大きくなることは容易に理解できるであろう．

> **例題 5.1** 以下の分子の並進，回転，振動の自由度を答えよ．
> (1) H_2O（水）　(2) CO_2（二酸化炭素）　(3) CH_4（メタン）
>
> **解答** (1) H_2O は非直線の3原子分子なので，並進3自由度，回転3自由度，振動3自由度である．
> (2) CO_2 は直線の3原子分子なので，並進3自由度，回転2自由度，振動4自由度である．
> (3) CH_4 は非直線（正四面体）の5原子分子なので，並進3自由度，回転3自由度，振動9自由度である．

この節のキーワード
井戸型ポテンシャル，箱の中の粒子，節

5.2 並進運動

原子や分子のようなミクロの世界では，もはやニュートンの古典力学は成り立たない．したがって，電子状態を取り扱ったときと同様，量子力学の基礎方程式であるシュレディンガー方程式が必要となる．

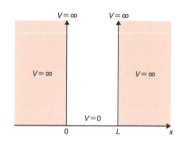

図 5.1 井戸型ポテンシャル

分子が**井戸型ポテンシャル**（square-well potential）と呼ばれる無限に高い壁に囲まれた空間に閉じ込められている状況を想定してみよう（図5.1）．これは**箱の中の粒子**（particle-in-a-box）の問題と呼ばれ，シュレディンガー方程式が最も容易に解ける例である．簡単のため，分子の運動は x 方向の一次元とする．$x=0$ と $x=L$ という位置に壁があり，$0 \leq x \leq L$ の箱の中で分子は並進運動している．この領域では分子は外力を受けない．結局，ポテンシャルエネルギーは次のようになる．

$$V(x) = \begin{cases} 0 & (0 \leq x \leq L) \\ \infty & (x < 0,\ x > L) \end{cases} \tag{5.1}$$

$x<0$ や $x>L$ の領域に分子が存在するとエネルギーが発散するため，これらの領域では常に波動関数 $\psi(x)$ の値はゼロとなる．したがって，$0 \leq x \leq L$ の領域のみ，次式で表されるシュレディンガー方程式を解けばよい．

$$-\frac{h^2}{8\pi^2 m}\frac{\mathrm{d}^2}{\mathrm{d}x^2}\psi(x) = E\psi(x) \tag{5.2}$$

ここで

$$k^2 = \frac{8\pi^2 mE}{h^2} \tag{5.3}$$

とおけば，式(5.2)式は次のように書かれる．

$$\frac{\mathrm{d}^2}{\mathrm{d}x^2}\psi(x) = -k^2\psi(x) \tag{5.4}$$

この式を満たす波動関数 $\psi(x)$ は，2階導関数がもとの関数と同じ形となる性質をもつ．そこで，$\psi(x)$ が $\sin kx$ と $\cos kx$ の線形結合で表されると仮定できる．

$$\psi(x) = A\sin kx + B\cos kx \tag{5.5}$$

ここで，k はパラメータ，A と B は線形結合の係数である．波動関数 $\Psi(x)$ は連続であるという性質から，微分方程式 (5.2) には次の境界条件が課される．

$$\psi(0) = B = 0 \tag{5.6}$$
$$\psi(L) = A\sin kL = 0 \tag{5.7}$$

で式(5.5)式を満たすためには

$$kL = n\pi \quad (n = 1, 2, 3, \cdots) \tag{5.8}$$

という条件を満たす k のみが許される．したがって，エネルギーは次のような不連続な値しか取り得ない．

$$E_n = \frac{n^2 h^2}{8mL^2} \quad (n = 1, 2, 3, \cdots) \tag{5.9}$$

式(5.5)の波動関数は，式(5.6) 〜 (5.8)の条件から次のように表される．

$$\psi_n(x) = A\sin\frac{n\pi x}{L} \quad (n = 1, 2, 3, \cdots) \tag{5.10}$$

係数 A の決定には，次のように規格化条件を利用する．

$$\int_0^L |\psi_n(x)|^2 dx = A^2 \int_0^L \sin^2 \frac{n\pi x}{L} dx = \frac{A^2}{2} \int_0^L \left(1 - \cos \frac{2n\pi x}{L}\right) dx$$

$$= \frac{A^2}{2} \left| x - \frac{L}{2n\pi} \sin \frac{2n\pi x}{L} \right|_0^L = \frac{A^2 L}{2} = 1 \quad (5.11)$$

これより，$A = \sqrt{2/L}$ となり

$$\psi_n(x) = \sqrt{\frac{2}{L}} \sin \frac{n\pi x}{L} \quad (n = 1, 2, 3, \cdots) \quad (5.12)$$

と求まる．

図 5.2 にエネルギー準位 E_n，波動関数 $\psi_n(x)$，確率密度 $|\psi_n(x)|^2$ をそれぞれ示す．エネルギー準位は，量子数 n の 2 乗に比例して増加する．したがって，その間隔は徐々に大きくなる．$\psi_n(x)$ の値がゼロになる**節**(node)は，量子数 n の増加とともに一つずつ増える．節の位置では当然，密度はゼロとなる．

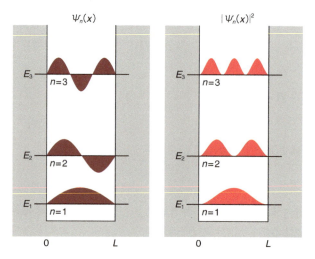

図 5.2 井戸型ポテンシャルのエネルギー準位 E_n，波動関数 $\psi_n(x)$，確率密度 $|\psi_n(x)|^2$

例題 5.2 10.0 cm の一次元セルに閉じ込められた Ne ガスの基底状態のエネルギー準位を求めよ．Ne の原子量は 20.18 とする．

解答 Ne の原子量は 20.18 なので，原子 1 個あたりの質量は

$$\frac{(20.18 \times 10^{-3} \, \text{kg mol}^{-1})}{(6.022 \times 10^{23} \, \text{mol}^{-1})} = 3.351 \times 10^{-26} \, \text{kg}$$

である．よって，基底状態のエネルギー準位は，式 (5.9) から次のように計算される．

$$E_1 = \frac{(1)^2(6.626 \times 10^{-34}\,\text{J s})^2}{(8)(3.351 \times 10^{-26}\,\text{kg})(10.0 \times 10^{-2}\,\text{m})^2} = 1.64 \times 10^{-40}\,\text{J}$$

例題 5.3 $0 \leq x \leq L$ の一次元の箱の中の粒子に対して，量子数 $n = 1, 2, 3$ の状態を考える．それぞれ $(1/3)L \leq x \leq (2/3)L$ の範囲に粒子を見出す確率を求めよ．

解答 波動関数 $\psi_n(x)$ に対して $(1/3)L \leq x \leq (2/3)L$ の範囲に粒子を見出す確率 p_n は，次のように計算される．

$$p_n = \int_{(1/3)L}^{(2/3)L} |\psi_n(x)|^2 \,\mathrm{d}x = \frac{2}{L}\int_{(1/3)L}^{(2/3)L} \sin^2\frac{n\pi x}{L}\,\mathrm{d}x$$

$$= \frac{1}{L}\int_{(1/3)L}^{(2/3)L}\left(1 - \cos\frac{2n\pi x}{L}\right)\mathrm{d}x = \frac{1}{L}\left|x - \frac{L}{2n\pi}\sin\frac{2n\pi x}{L}\right|_{(1/3)L}^{(2/3)L}$$

上式にそれぞれ $n = 1, 2, 3$ を代入すると

$$p_1 = \frac{1}{3} + \frac{\sqrt{3}}{2\pi} = 0.609, \quad p_2 = \frac{1}{3} - \frac{\sqrt{3}}{4\pi} = 0.196,$$

$$p_3 = \frac{1}{3} = 0.333$$

分子は，実際には三次元空間で運動する．この場合も同様に三次元の井戸を考慮してシュレディンガー方程式を解けばよい．三次元変数 x, y, z は容易に変数分離でき，次式のようにエネルギー準位が求められる．

$$E_{n_x, n_y, n_z} = \frac{(n_x^2 + n_y^2 + n_z^2)h^2}{8mL^2}$$

$$(n_x = 1, 2, 3, \cdots, \ n_y = 1, 2, 3, \cdots, \ n_z = 1, 2, 3, \cdots) \quad (5.13)$$

ここで，n_x, n_y, n_z はそれぞれ x, y, z 方向の運動に対する量子数である．二次元の場合も同様に計算でき，(x, y) 平面の場合なら式 (5.13) で n_z の項を省けばよい．

5.3 回転運動

本節では 2 原子分子の回転運動に対する簡単なモデルを考える．図 5.3 に示すように，質量 m_1 および m_2 の 2 個の粒子が無限に軽い長さ r の棒

この節のキーワード
剛体回転子，慣性モーメント，球面調和関数，ルジャンドルの陪多項式，マイクロ波吸収スペクトル

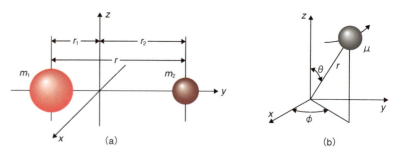

図 5.3　剛体回転子（2 種類の力学系）

でつながれ，重心を中心に回転している．このような系を**剛体回転子**（rigid rotator）という．この系の**慣性モーメント**（moment of inertia）I は

$$I = \frac{m_1 m_2}{m_1 + m_2} r^2 = \mu r^2 \tag{5.14}$$

で表される．ここで，μ は換算質量である．古典力学によると，剛体回転子の角運動量 L および運動エネルギー T はそれぞれ次のようになる．

$$L = I\omega \tag{5.15}$$

$$T = E - V = \frac{1}{2} I \omega^2 = \frac{L^2}{2I} \tag{5.16}$$

ここで，ω は角速度である．このように剛体回転子は，質量 μ の粒子が中心から距離 r のところを回転運動する場合と同じように取り扱うことができる．

この系には外部からポテンシャルが作用しないので，$V = 0$ である．したがって，シュレディンガー方程式は次のようになる．

$$-\frac{h^2}{8\pi^2 \mu} \nabla^2 \psi(\boldsymbol{r}) = E\psi(\boldsymbol{r}) \tag{5.17}$$

回転を表す場合，**デカルト座標**よりも**極座標**のほうが便利である．そこで，ラプラシアンに対する極座標表示（後見返し参照）を用い，r が定数であることに注意すると，式(5.17)は次のように表される．

$$-\frac{h^2}{8\pi^2 \mu r^2}\left[\frac{1}{\sin\theta}\cdot\frac{\partial}{\partial\theta}\left(\sin\theta\frac{\partial}{\partial\theta}\right) + \frac{1}{\sin^2\theta}\cdot\frac{\partial^2}{\partial\phi^2}\right]\psi(\theta,\phi) = E\psi(\theta,\phi) \tag{5.18}$$

式(5.18)の微分方程式を解くには，$\psi(\theta,\phi) = \Theta(\theta)\Phi(\phi)$ の変数分離を行い，多少煩雑な数式変形を行う必要がある．詳細な導出は他書に譲ることにして，本書では結果のみを紹介する．

まず，波動関数に対する一般解は次式のようになる．

$$\psi(\theta,\phi) = Y_{l,m}(\theta,\phi) = \left\{\frac{2l+1}{4\pi}\cdot\frac{(l-|m|)!}{(l+|m|)!}\right\}^{1/2} P_l^m(\cos\theta)\exp(im\phi)$$
(5.19)

ここで，$Y_{l,m}(\theta,\phi)$ は**球面調和関数** (spherical harmonics)，$P_l^m(\cos\theta)$ は**ルジャンドルの陪多項式** (associated Legendre polynomial) と呼ばれる．量子数 l と m はそれぞれ次のような値をとる．

$$l = 0, 1, 2, \cdots \tag{5.20}$$
$$m = 0, \pm 1, \pm 2, \cdots, \pm l \tag{5.21}$$

勘のよい読者は気づいているだろうが，水素原子における方位量子数と磁気量子数と同じである．実際，水素原子に対するシュレディンガー方程式を変数分離すると，角度方向に関しては，式(5.18)と同様の式が得られる．球面調和関数の具体的な形は，次のようになる．

$$Y_{0,0}(\theta,\phi) = \left(\frac{1}{4\pi}\right)^{1/2}$$

$$Y_{1,0}(\theta,\phi) = \left(\frac{3}{4\pi}\right)^{1/2}\cos\theta$$

$$Y_{1,\pm 1}(\theta,\phi) = \left(\frac{3}{8\pi}\right)^{1/2}\sin\theta\cdot\exp(\pm i\phi)$$

$$Y_{2,0}(\theta,\phi) = \left(\frac{5}{16\pi}\right)^{1/2}(\cos^2\theta - 1)$$

$$Y_{2,\pm 1}(\theta,\phi) = \left(\frac{15}{8\pi}\right)^{1/2}\sin\theta\cos\theta\cdot\exp(\pm i\phi)$$

$$Y_{2,\pm 2}(\theta,\phi) = \left(\frac{15}{32\pi}\right)^{1/2}\sin^2\theta\cdot\exp(\pm i2\phi)$$

$$\cdots \tag{5.22}$$

次に，エネルギーに対する一般解は次式のようになる．

$$E_l = \frac{h^2}{8\pi^2 I}l(l+1) \tag{5.23}$$

つまり，剛体回転子のエネルギーは量子数 l のみに依存し，m には関係しない．いい換えると，E_l のエネルギーには m の値の異なる $(2l+1)$ 個の状態が縮重して存在している．

分子の回転運動の場合，慣例的に量子数 l の代わりに J が用いられ，エ

ネルギーは次式のように表される．

$$E_J = BJ(J+1) \quad (J = 0, 1, 2, \cdots) \tag{5.24}$$

ここで，B は**回転定数**(rotation constant)と呼ばれ，次式で定義される．

$$B = \frac{h^2}{8\pi^2 I} = \frac{h^2}{8\pi^2 \mu r^2} \tag{5.25}$$

波数単位の回転定数 $\tilde{B}(= B/hc)$ もしばしば用いられる．式 (5.25) は，回転定数が観測できれば，分子の結合距離 r を次式により求められることを示唆している．

$$r = \sqrt{\frac{h^2}{8\pi^2 \mu B}} = \sqrt{\frac{h}{8\pi^2 \mu c \tilde{B}}} \tag{5.26}$$

原子や分子による光の吸収や発光は，光のもつエネルギーと等しい準位間の遷移により起こる．水素原子スペクトルにおけるボーアの振動数条件もその一つである．ここでは，分子の回転運動によるエネルギー準位間の遷移を考える．分子の回転運動の場合，準位間のエネルギー差はマイクロ波のエネルギー領域に相当する（1.2 節参照）．そこで，マイクロ波を分子に照射して，透過する光の強度を測定することで，回転準位間の遷移が観測される．これを**マイクロ波吸収分光法**(microwave absorption spectroscopy)という．

電磁波による遷移は，主に双極子相互作用によるので，次の**選択則**(selection rule)が存在する．

$$\Delta J = \pm 1 \tag{5.27}$$

したがって，回転準位が J から $J+1$ に遷移する際に吸収される波数は，次式のようになる．

$$\tilde{\nu}_{J \to J+1} = \frac{E_{J+1} - E_J}{hc} = \frac{2B}{hc}(J+1) = 2\tilde{B}(J+1) \tag{5.28}$$

同様に，$J+1$ から $J+2$ の場合は

$$\tilde{\nu}_{J+1 \to J+2} = 2\tilde{B}(J+2) \tag{5.29}$$

となる．結局，マイクロ波吸収スペクトルの間隔は次のように一定値となる．

$$\Delta \tilde{\nu} = \tilde{\nu}_{J+1 \to J+2} - \tilde{\nu}_{J \to J+1} = 2\tilde{B} \tag{5.30}$$

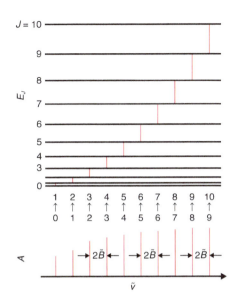

図 5.4 剛体回転子のエネルギー準位と回転スペクトル

つまり，スペクトルの間隔から回転定数が求められる（図 5.4）．

例題 5.4 マイクロ波吸収スペクトルから $^1\text{H}^{35}\text{Cl}$ 分子の回転定数が $10.59\,\text{cm}^{-1}$ と求められた．これを踏まえて以下の問いに答えよ．ただし，^1H および ^{35}Cl の同位体精密質量はそれぞれ 1.0078 と 34.969 である．

(1) $^1\text{H}^{35}\text{Cl}$ 分子の換算質量を求めよ．
(2) $^1\text{H}^{35}\text{Cl}$ 分子の結合距離を求めよ．

解答

(1) $\mu_{^1\text{H}^{35}\text{Cl}} = \dfrac{(M_{^1\text{H}}/N_A) \cdot (M_{^{35}\text{Cl}}/N_A)}{(M_{^1\text{H}}/N_A) + (M_{^{35}\text{Cl}}/N_A)}$

$= \dfrac{1}{(6.0221 \times 10^{23}\,\text{mol}^{-1})} \dfrac{(1.0078 \times 10^{-3}\,\text{kg})(34.969 \times 10^{-3}\,\text{kg})}{(1.0078 \times 10^{-3}\,\text{kg}) + (34.969 \times 10^{-3}\,\text{kg})}$

$= 1.6266 \times 10^{-27}\,\text{kg}$

(2) 式(5.18)より，結合距離は次のように計算される．

$r = \sqrt{\dfrac{h}{8\pi^2 \mu_{^1\text{H}^{35}\text{Cl}} c \tilde{B}}}$

$= \sqrt{\dfrac{(6.6261 \times 10^{-34}\,\text{J s})}{(8)(3.1415)^2 (1.6266 \times 10^{-27}\,\text{kg})(2.9979 \times 10^8\,\text{m s}^{-1})(10.59 \times 10^2\,\text{m}^{-1})}}$

$= 1.275 \times 10^{-10}\,\text{m} = 127.5\,\text{pm} = 0.1275\,\text{nm}$

この節のキーワード

調和振動子，フックの法則，エルミートの多項式，零点振動状態，零点（振動）エネルギー，赤外線吸収スペクトル，非調和性，非調和振動子

5.4 振動運動

この節では2原子分子の振動運動に対する簡単なモデルを考える．図5.5に示すように，質量 m_1 および m_2 の2個の粒子が**力の定数**（force constant）k のばねでつながれ，平衡位置の周りを振動している．このような系を**調和振動子**（harmonic oscillator）という．ばねが平衡位置から x だけ伸びた場合，ばねの復元力は**フックの法則**（Hooke's law）より

$$F = -kx \tag{5.31}$$

である．したがって，ばねのポテンシャルエネルギーは次のようになる．

$$V = \frac{1}{2}kx^2 \tag{5.32}$$

このばねの振動数は，次のようになる．

$$\nu = \frac{1}{2\pi}\sqrt{\frac{k}{\mu}} \tag{5.33}$$

このように調和振動子は，質量 μ の粒子が力の定数 k のばねでつながれ，平衡位置の周りを振動する場合と同じように取り扱うことができる．

図5.5 調和振動子（2種類の力学系）

式(5.33)のポテンシャルを考慮すると，一次元調和振動子のシュレディンガー方程式は次のようになる．

$$\left(-\frac{h^2}{8\pi^2\mu}\nabla^2 + \frac{1}{2}kx^2\right)\psi(x) = E\psi(x) \tag{5.34}$$

ここで

$$\beta = \frac{2\pi\sqrt{\mu k}}{h}, \quad \varepsilon = \frac{8\pi^2 \mu}{\beta h^2} E = \frac{2E}{h\nu}, \quad \xi = \sqrt{\beta}\, x \tag{5.35}$$

という変数変換によって無次元の変数 ξ および ε で表すと，式 (5.34) は次のようになる．

$$\frac{\mathrm{d}^2 \psi}{\mathrm{d}\xi^2} + (\varepsilon - \xi^2)\psi = 0 \tag{5.36}$$

さらに

$$\psi(x) = \psi(\xi/\sqrt{\beta}) = \exp(-\xi^2/2) H(\xi) \tag{5.37}$$

とおけば，**エルミート (Hermite) の微分方程式**と呼ばれる次式が得られる．

$$\frac{\mathrm{d}^2 H(\xi)}{\mathrm{d}\xi^2} - 2\xi \frac{\mathrm{d}H(\xi)}{\mathrm{d}\xi} + (\varepsilon - 1)H(\xi) = 0 \tag{5.38}$$

この微分方程式を解くには，多少煩雑な数式変形を行う必要がある．詳細な導出は他書に譲ることにして，本書では結果のみを紹介する．

まず，波動関数に対する一般解は次式のようになる．

$$\psi_v(x) = \left(\left(\frac{\beta}{\pi}\right)^{1/2} \frac{1}{v!\, 2^v} \right)^{1/2} \exp(-\beta x^2/2) \cdot H_v(\sqrt{\beta}\, x) \tag{5.39}$$

ここで，$H_v(x) = H_v(\xi)$ は**エルミートの多項式 (Hermite polynomial)** と呼ばれる．量子数 v は次のような値をとる．

$$v = 0, 1, 2, \cdots \tag{5.40}$$

エルミートの多項式の具体的な形は，次のようになる．

$$\begin{aligned}
H_0(\xi) &= 1 \\
H_1(\xi) &= 2\xi \\
H_2(\xi) &= 4\xi^2 - 2 \\
H_3(\xi) &= 8\xi^3 - 12\xi \\
H_4(\xi) &= 16\xi^4 - 48\xi^2 + 12 \\
H_5(\xi) &= 32\xi^5 - 160\xi^3 + 120\xi \\
&\cdots
\end{aligned} \tag{5.41}$$

次に，エネルギーに対する一般解は次式のようになる．

$$E_v = \left(v + \frac{1}{2}\right)h\nu \tag{5.42}$$

ここで，νは式(5.33)で与えられる調和振動子の振動数である．調和振動子の基底状態（$v=0$）のエネルギーは$E_0 = (1/2)h\nu$となり，一定のエネルギーをもつことがわかる．このような状態を**零点振動状態**（zero-point vibrational state）といい，そのエネルギーを**零点（振動）エネルギー**〔zero-point (vibrational) energy〕という．また，振動準位の間隔は量子数vに無関係に一定値$h\nu$であることも注目すべきである（図5.6）．古典的な振動子の場合，エネルギーがゼロから連続的に増加することとは対照的である．

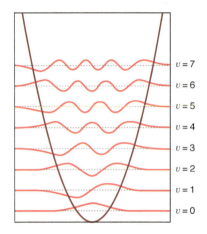

図 5.6 調和振動子のエネルギー準位と波動関数

分子の振動運動の場合，準位間のエネルギー差は赤外線のエネルギー領域に相当する．よって赤外線を分子に照射して，透過光強度の測定により振動準位間の遷移が観測される．これを**赤外線吸収分光法**（infrared absorption spectroscopy）という．分子と電磁波は主に双極子相互作用によるので，次の選択則が存在する．

$$\Delta v = \pm 1 \tag{5.43}$$

したがって，振動準位がvから$v+1$に遷移する際に吸収される波数は，次式のようになる．

$$\tilde{\nu}_{v \to v+1} = \frac{E_{v+1} - E_v}{hc} = \frac{\nu}{c} = \tilde{\nu} \tag{5.44}$$

つまり，調和振動子の波数と等しい波数の光を吸収することになる．

例題 5.5 ^{1}H^{35}Cl 分子は波数 2991 cm^{-1} の赤外線を吸収する．これを踏まえて以下の問いに答えよ．ただし，^{1}H, ^{2}H, ^{35}Cl の同位体精密質量はそれぞれ 1.0078, 2.0141, 34.969 である．

(1) ^{1}H^{35}Cl 分子の換算質量を求めよ．
(2) ^{1}H^{35}Cl 分子の力の定数を求めよ．
(3) 同位体置換で力の定数が変化しないとき，^{2}H^{35}Cl 分子の吸収波数を求めよ．

解答 (1) 例題 5.4 より ^{1}H^{35}Cl 分子の換算質量は，$\mu_{^1\text{H}^{35}\text{Cl}} = 1.6266 \times 10^{-27}$ kg である．

(2) $\nu = (1/2\pi)\sqrt{k/\mu}$ と $c\tilde{\nu} = \nu$ の関係を利用すると，力の定数は次のように計算される．

$$k_{\text{HCl}} = 4\pi^2 c^2 \tilde{\nu}^2 \mu_{^1\text{H}^{35}\text{Cl}}$$
$$= (4)(3.1415)^2(2.9979\times10^8\text{ m}^{-1})^2(2991\times10^2\text{ m s}^{-1})^2(1.6266\times10^{-27}\text{ kg})$$
$$= 516.27\text{ N m}^{-1}$$

(3) ^{2}H^{35}Cl 分子の換算質量は

$$\mu_{^2\text{H}^{35}\text{Cl}} = \frac{(M_{^2\text{H}}/N_\text{A})\cdot(M_{^{35}\text{Cl}}/N_\text{A})}{(M_{^2\text{H}}/N_\text{A})+(M_{^{35}\text{Cl}}/N_\text{A})}$$

$$= \frac{1}{(6.0221\times10^{23})}\frac{(2.0141\times10^{-3}\text{ kg})(34.969\times10^{-3}\text{ kg})}{(2.0141\times10^{-3}\text{ kg})+(34.969\times10^{-3}\text{ kg})}$$

$$= 3.1624\times10^{-27}\text{ kg}$$

なので，吸収波数は次のように計算される．

$$\tilde{\nu}_{^2\text{H}^{35}\text{Cl}} = \frac{1}{2\pi c}\sqrt{\frac{k_{\text{HCl}}}{\mu_{^2\text{H}^{35}\text{Cl}}}}$$

表 5.1　2 原子分子の伸縮振動の波数と力の定数

分子	波数 $\tilde{\nu}$ [cm^{-1}]	力の定数 k [N m^{-1}]	分子	波数 $\tilde{\nu}$ [cm^{-1}]	力の定数 k [N m^{-1}]
H$_2$	4395	573	N$_2$	2358	2294
D$_2$	3118	573	CO	2170	1902
HF	4139	917	NO	1904	1594
HCl	2991	516	O$_2$	1580	1177
HBr	2650	406	F$_2$	892	445
HI	2310	312			

$$= \frac{1}{(2)(3.1415)(2.9979\times 10^8 \text{ m s}^{-1})}\sqrt{\frac{(516.27 \text{ N m}^{-1})}{(3.1624\times 10^{-27} \text{ kg})}}$$
$$= 2.145\times 10^5 \text{ m}^{-1} = 2145 \text{ cm}^{-1}$$

調和振動子は，ばねがいくら伸びても式(5.31)の復元力で戻る理想的な振動子である．しかし分子の場合，復元力は徐々に小さくなり，いずれはゼロとなる．また平衡位置より縮むと，原子核どうしの反発のため二次関数よりも急にポテンシャルエネルギーが上昇する．このように調和振動子からずれることを，**非調和性**（anharmonicity）と呼ぶ．**非調和振動子**（anharmonic oscillator）[*1]では，振動準位の間隔は次第に小さくなり，結合解離エネルギー以上では連続状態となる（図 5.7）．

*1 非調和振動子のエネルギー準位は，次式のように表される．
$$E_v = \left(v+\frac{1}{2}\right)h\nu - \left(v+\frac{1}{2}\right)^2 h\chi_e \nu + \cdots$$

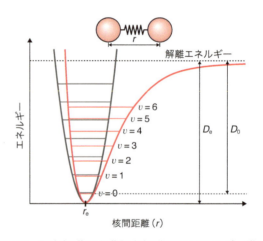

図 5.7 調和振動子と非調和振動子のエネルギー準位

調和振動子では，いずれの振動準位でも**平均核間距離**（average nuclear distance）$\{R_0, R_1, \cdots\}$は**平衡核間距離**（equilibrium nuclear distance）R_e に等しい．しかし非調和振動子では，高い振動準位ほど平均核間距離が伸びる．

$$R_e < R_0 < R_1 < \cdots \tag{5.45}$$

一般に分子は多原子から構成されている．多原子分子でも並進の自由度は 3，回転の自由度は 3 または 2 と変化しないが，振動の自由度は原子数が多くなると増加する（5.1 節）．水（H_2O）などの（非直線型の）3 原子分子の場合，振動の自由度は 3 である．そして，これらの振動は低エネルギーでは独立な運動に分けることができる．そのような振動を**基準振動**

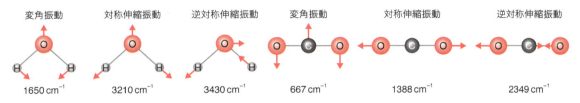

図 5.8　H_2O と CO_2 の基準振動

(normal vibration)という．

　H_2O の場合，図 5.8 のように**変角振動**（bending vibration），**対称伸縮振動**（symmetric stretching vibration），**逆対称伸縮振動**（antisymmetric stretching vibration）の三つのモードに分けられる．二酸化炭素（CO_2）などの直線型の 3 原子分子では，回転の自由度が一つ減り，その分，振動の自由度が一つ増える．基準振動は，水の場合と同様，変角振動，対称伸縮振動，逆対称伸縮振動の 3 種類である．ただし，変角振動は同じエネルギー準位をもった二つの運動が縮重している．

　赤外線吸収スペクトルでは，式(5.43)の選択則だけでなく，振動により分子の電気双極子モーメントが変化する基準振動のみが観測される．したがって，CO_2 の対称伸縮振動は**赤外不活性**（infrared inactive）であり，CO_2 のその他の基準振動と H_2O のすべての基準振動は**赤外活性**（infrared active）である．

　さらに原子数の多い分子では，振動の自由度も増え，また，基準振動も複雑となる．しかし，結合や基の種類によって，原子の質量はもとより結合の強さもおおむね等しいので，特定の振動数（あるいは波数）領域に特徴的なスペクトルが観測される．これらは**特性吸収振動数**〔characteristic absorption frequency，あるいは**特性吸収波数**（characteristic

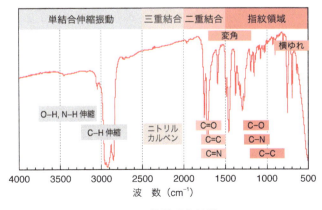

図 5.9　特性吸収波数

absorption wave number）〕と呼ばれる（図5.9）．4000〜1500 cm^{-1}の領域はすべて伸縮振動で，大まかに高波数側から水素含有単結合，三重結合，二重結合の順である．1500〜650 cm^{-1}の領域は，単結合伸縮振動と変角振動に由来する複雑なスペクトルが現れる．

例題 5.6 酢酸（CH_3COOH）の赤外線吸収スペクトル（下図）の3本のピークI，II，IIIは，それぞれ C=O 伸縮振動，C–O 伸縮振動，O–H

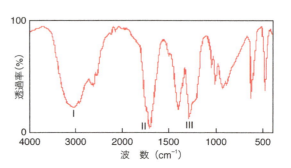

コラム　振動回転スペクトル

2原子分子では，一般に振動準位の遷移は回転準位の遷移を伴って起きる．そのため，純粋に振動のみのスペクトルを観測することはできない．この場合の振動・回転準位は次式のように表される．

$$E_{v,J} = \left(v + \frac{1}{2}\right)h\nu + BJ(J+1)$$

光の吸収や放出によるエネルギー準位 $E_{v,J}$ から $E_{v',J'}$ への遷移は，$\Delta v = \pm 1$ かつ $\Delta J = \pm 1$ である場合にのみ許される．つまり，回転準位が遷移することなしに振動準位のみが遷移することはない．特に光吸収による遷移は，$\Delta v = +1$ の場合のみ生じるが，ΔJ は +1 にも −1 にもなりうる（左図）．$\Delta J = -1$ と +1 の遷移をそれぞれ **P枝** と **R枝** という．また，$\Delta J = 0$ の遷移を **Q枝** というが，通常は禁制遷移である．右図は，CO分子の振動回転スペクトルである．

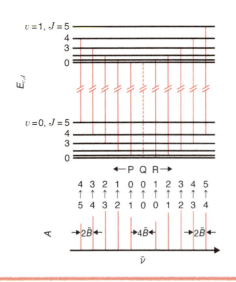

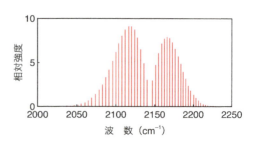

伸縮振動のいずれに対応するか．
解答 特性吸収波数の分類より，ピーク I は O–H 伸縮振動，ピーク II は C=O 伸縮振動，ピーク III は C–O 伸縮振動である．

章末問題

練習問題 5.1 ^{23}Na^{35}Cl 分子に関する以下の問いに答えよ．ただし，^{23}Na および ^{35}Cl の同位体精密質量はそれぞれ 22.99 と 34.97 である．
(1) ^{23}Na^{35}Cl 分子を力の定数 117 N m^{-1} の調和振動子と仮定する．この零点振動エネルギーを計算せよ．
(2) ^{23}Na^{35}Cl 分子を結合距離 2.36 Å の剛体回転子と仮定する．この回転定数を計算せよ．

練習問題 5.2 量子数 $l = 1$，$m = 0, 1$ に対する球面調和関数はそれぞれ次式で与えられる．

$$Y_{1,0}(\theta,\phi) = \left(\frac{3}{4\pi}\right)^{1/2} \cos\theta$$

$$Y_{1,1}(\theta,\phi) = \left(\frac{3}{8\pi}\right)^{1/2} \sin\theta \cdot \exp(i\phi)$$

以下の問いに答えよ（補遺 D 参照）．
(1) $Y_{1,0}(\theta,\phi)$ と $Y_{1,1}(\theta,\phi)$ がそれぞれ規格化されていることを確かめよ．
(2) $Y_{1,0}(\theta,\phi)$ と $Y_{1,1}(\theta,\phi)$ が直交していることを確かめよ．

発展問題 5.1 次の文章を読み，以下の問いに答えよ．
次の共役二重結合をもつ 1 価の有機色素分子は，分子鎖の長さに対応する k の値（$k = 0 \sim 3$）が 1 増すごとに吸収する光の波長がおよそ 100 nm ずつ長くなることが知られている．

$>$N$^+$=CH–(CH=CH)$_k$–CH=CH–N$< \rightleftharpoons >$N–CH=CH–(CH=CH)$_k$–CH=N$^+<$

この現象は，π 電子を自由電子模型により取り扱うことで理解される．自由電子模型では各エネルギー準位は

$$E_n = \frac{n^2 h^2}{8 m_e L^2} \quad (n = 1, 2, \cdots)$$

で表される．ここで，L は共役長を表し，$k = 0$ のとき $L = 0.600$ nm，以後 k が 1 増すごとに 0.250 nm ずつ長くなる．また，π 電子数は $k =$

0のとき4個で，k が1増すごとに2個ずつ増える．

(1) $k = 0$ の色素分子に対して最高占有準位および最低空準位のエネルギーをそれぞれ求めよ．

(2) 光を吸収すると電子は最高占有準位から最低空準位に遷移する．$k = 0$ のとき，吸収光のエネルギー及び波長を求めよ．

(3) $k = 1, 2, 3$ についても同様に吸収光の波長を求め，鎖長の増加に伴う吸収光波長の変化を示せ．

発展問題 5.2 次の文章を読み，以下の問いに答えよ．

ポルフィリンは，ピロール（C_4H_5N）と呼ばれる五員環4個が炭素原子1個ずつはさんで結合した環状構造を持つ有機化合物である．中心部の窒素は，水素が取れた状態でさまざまな金属に配位して安定な錯体を形成する．血液の赤色の元は，Fe(II) にポルフィリンが錯形成したヘムによる．葉の緑色の元は，Mg(II) にポルフィリンが配位したクロロフィルによ

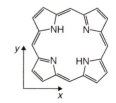

る．ポルフィリン化合物がこのように可視光を吸収するのは，26個の π 電子が分子平面全体に広がり，π 共役しているためである．この現象は，π 電子を二次元自由電子模型により取り扱うことで理解される．二次元自由電子模型では各エネルギー準位は，

$$E_{n_x, n_y} = \frac{(n_x^2 + n_y^2)h^2}{8m_e L^2} \qquad (n_x, n_y = 1, 2, 3, \cdots)$$

で表される．ここで，L は分子面を正方形としたときの1辺の長さを表し，ポルフィリンでは $L = 1.00$ nm である．

(1) 2次元自由電子模型のエネルギーが上式で表されることを導け．

(2) ポルフィリンの最高占有準位と最低空準位を与える量子数の組 (n_x, n_y) を答えよ．ただし，エネルギーが等しい準位が複数ある場合（縮重している場合），すべての組を答えよ．

(3) 光を吸収すると電子は最高占有準位から最低空準位に遷移する．吸収光のエネルギー及び波長を求めよ．

発展問題 5.3 $^{14}N_2$ 分子に関する以下の問いに答えよ．ただし，^{14}N の同位体精密質量は 14.00 である．

(1) 分子振動の振動数 ν は，力の定数 k および換算質量 μ を用いて次式で与えられる．

$$\nu = \frac{1}{2\pi}\sqrt{\frac{k}{\mu}}$$

^{14}N$_2$ 分子の伸縮振動に対する力の定数は，$k = 2.24 \times 10^3 \, \text{N m}^{-1}$ である．この分子の伸縮振動数 ν を求めよ．

(2) ^{14}N$_2$ 分子の伸縮振動のエネルギー準位に対して，$v = 0 \rightarrow 1$ の遷移を引き起こすために必要なエネルギーを求めよ．また，そのエネルギーに相当する電磁波は，どのように分類されるか，答えよ．

(3) 分子振動の基底状態 ($v = 0$) は通常は何と呼ばれるか，答えよ．

(4) ^{14}N$_2^+$ 分子（カチオン）の伸縮振動に対する力の定数は，^{14}N$_2$ 分子のそれに比べて大きいか小さいか，答えよ．

(5) ^{14}N$_2$ 分子の結合距離は，$R = 1.09 \times 10^{-10}$ m である．^{14}N$_2$ 分子の回転定数 B を求めよ．

(6) ^{14}N$_2$ 分子の回転のエネルギー準位に対して，$J = 0 \rightarrow 1$ の遷移を引き起こすために必要なエネルギーを求めよ．また，そのエネルギーに相当する電磁波は，どのように分類されるか，答えよ．

(7) ^{14}N$_2^-$ 分子（アニオン）の結合距離は，^{14}N$_2$ 分子のそれに比べて長いか短いか，答えよ．

第 6 章
分子の集団的性質
Collective Properties of Molecules

この章で学ぶこと

本章から，アボガドロ数 N_A（〜10^{23}）程度の数の原子・分子からなる分子集合体の性質を学んでいく．まず，理想気体の状態方程式に基づいて，気体の圧力と温度を分子運動と結びつける．次に，理想気体では無視される分子間相互作用を考慮すると状態方程式がどのように修正されるかを見る．巨視的な体積を占める気体中には膨大な数の分子があり，いろいろな速度をもつ．その分布を与えるマクスウェル・ボルツマンの式を紹介する．最後に，液体などの凝縮系における分子の熱揺らぎと拡散運動について学ぶ．本章では，分子運動を古典力学で扱う．

6.1 気体の圧力と温度

6.1.1 気体分子運動論

1 mol の**理想気体**（ideal gas）の圧力 P，体積 V，絶対温度 T の間には，**状態方程式**（equation of state）で表される関係がある[*1]．

$$PV = RT \tag{6.1}$$

これは，巨視的に観測される変数 P, V, T の間の関係を記述した経験則である．この式が分子運動とどのように結びつくかを考えてみよう．気体分子が容器の壁に衝突して跳ね返るとき，壁に衝撃力を与える．数多くの分子が壁面全体に引っ切りなしに衝突する．**圧力**（pressure）とは，その衝撃力の平均であると考えてみよう．平均は，単位時間・単位面積あたりで考える．単位面積あたりとすることは，圧力の巨視的な定義[*2]と同様である．単位時間あたりの平均を考えるのは，以下で運動量変化から力積

この節のキーワード
理想気体，分子衝突，圧力，温度，状態方程式

[*1] R は気体定数で，$8.314\,\mathrm{J\,K^{-1}\,mol^{-1}}$ の値をもつ．

[*2] 圧力 = 力/面積

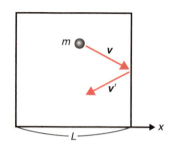

図 6.1　分子が容器壁へ与える力積

*3　力積 = 力 × 時間

を求めるためである*3．

　容器は一辺の長さが L の立方体であり，容器壁は x, y, z 軸に垂直であるとする．よって，体積 V は L^3 である．気体分子の速度ベクトルを $\boldsymbol{v} = (v_x, v_y, v_z)$ のように書く．いま，x 軸に垂直な容器壁の一つに着目する(図6.1)．ある時刻でその壁に衝突した分子が次にその壁に衝突するまでの時間は，往復の距離 $2L$ を v_x で割った $2L/v_x$ である．したがって，容器内に分子が 1 mol あるとき，単位時間に壁に衝突する平均の分子数は，アボガドロ数 N_A を上記の時間で割った $N_A v_x/(2L)$ となる．分子がこの壁に弾性衝突すると，速度ベクトルの x 成分が反転して運動量が mv_x から $-mv_x$ へ変わる．この運動量の変化 $2mv_x$ が，分子が壁に与える衝撃の力積となる*4．これに上式の分子数を掛け，壁の面積で割って単位面積あたりとしたものが圧力である．

*4　質量 × 加速度 = 力なので，質量 × 速さ = 力 × 時間 = 力積である．

$$P = 2mv_x \times \frac{N_A v_x}{2L} \times \frac{1}{L^2} \tag{6.2}$$

例題 6.1　式(6.2)の右辺の次元が［力］/［面積］となっていることを確かめよ．また，右辺の単位を SI 単位で示せ．

解答　［力］×［長さ］=［エネルギー］であり，mv^2 が［(運動)エネルギー］の次元をもつので，式の右辺は

$$\frac{[エネルギー]}{[長さ]^3} = \frac{[エネルギー]/[長さ]}{[長さ]^2} = \frac{[力]}{[面積]}$$

となっている．これを SI 単位で表すと

$$\frac{\mathrm{kg(m\,s^{-1})^2}}{\mathrm{m^3}} = \mathrm{kg\,m^{-1}\,s^{-2}} = \mathrm{N\,m^{-2}} = \mathrm{Pa}$$

6.1.2 分子運動と温度

式 (6.2) を整理すると，

$$PV = N_\mathrm{A} m v_x^2$$

となる．この右辺が

$$N_\mathrm{A} m v_x^2 = RT \tag{6.3}$$

であるなら，状態方程式 (6.1) が得られることになる．このように状態方程式を微視的に導く鍵となる式 (6.3) がどのような意味をもつかを調べてみよう．移項して

$$\frac{1}{2} m v_x^2 = \frac{1}{2} \frac{R}{N_\mathrm{A}} T$$

とすると，左辺は x 方向の運動エネルギーであり，右辺は絶対温度 T に比例している．すなわち，**温度 (temperature)** が高いと，分子の運動エネルギーも大きくなる．気体定数 R は気体 1 mol についての値であり，それを N_A で割った R/N_A は，分子一つあたりに関する値とみなせる．これを

$$k_\mathrm{B} = \frac{R}{N_\mathrm{A}} \tag{6.4}$$

とおき，**ボルツマン (Boltzmann) 定数**と呼ぶ[*5]．これにより式 (6.3) は

[*5] $k_\mathrm{B} = 1.3806 \times 10^{-23}\,\mathrm{J\,K^{-1}}$

$$\frac{1}{2} m v_x^2 = \frac{1}{2} k_\mathrm{B} T \tag{6.5}$$

となる．分子の運動エネルギーは

$$\frac{1}{2} m v^2 = \frac{1}{2} m |\boldsymbol{v}|^2 = \frac{1}{2}(v_x^2 + v_y^2 + v_z^2)$$

であり，どの方向も区別がないので

$$\frac{1}{2} m v_x^2 = \frac{1}{2} m v_y^2 = \frac{1}{2} m v_z^2 = \frac{1}{2} k_\mathrm{B} T$$

となるから，運動エネルギーと温度の関係として

$$\frac{1}{2} m v^2 = \frac{3}{2} k_\mathrm{B} T \tag{6.6}$$

が得られる．このように，理想気体の状態方程式が成り立つということは，分子の運動エネルギーの平均値と温度が比例関係にあることを意味する．

ここでは簡単のため，N_A 個すべての分子が同じ速度をもつとして計算したが，速度の分布 (6.3 節) を考慮しても同じ結果が得られる（練習問題 6.3）．その場合，式 (6.6) の v^2 は二乗平均速度となり，式 (6.6) は平均の運動エネルギーとなる．

例題 6.2 次の問いに有効数字 3 桁で答えよ．
(1) 300 K の気体の分子あたりの（平均）運動エネルギーを J 単位で計算せよ．
(2) 窒素分子 N_2 について，式 (6.6) の v^2 の平方根を計算せよ．窒素の原子量は 14.0 とする．

解答 (1) $\dfrac{3}{2} k_B T = \dfrac{3}{2} \dfrac{RT}{N_A} = \dfrac{(3)(8.314 \, \text{J K}^{-1}\,\text{mol}^{-1})(300\,\text{K})}{(2)(6.022 \times 10^{23}\,\text{mol}^{-1})}$
$= 6.21 \times 10^{-21}\,\text{J}$

(2) 窒素分子の質量は $m = (2)(14.0\,\text{g mol}^{-1}) = 2.80 \times 10^{-2}\,\text{kg mol}^{-1}$ である．m が 1 mol あたりで求まったので，k_B よりも R を使うほうが簡単である．

$$\sqrt{v^2} = \sqrt{\dfrac{(3)(8.314\,\text{J K}^{-1}\,\text{mol}^{-1})(300\,\text{K})}{(2.80 \times 10^{-2}\,\text{kg mol}^{-1})}} = 517\,\text{m s}^{-1}$$

この節のキーワード
分子間平均距離，等温線，ファンデルワールスの状態方程式

6.2 実在気体の状態方程式

6.2.1 分子間の平均距離

液体や固体では，分子どうしは互いに近接していて，分子間の距離と分子の大きさはほぼ同じ程度である．では，気体中での分子間の距離はどの程度だろうか．理想気体の状態方程式を用いて概算してみよう．

例題 6.3 1.00 atm，300 K にある 1.00 mol の気体について，分子一つあたりの占める体積を求め，分子間の平均距離を見積れ．

解答 1 atm $= 1.013 \times 10^5$ Pa，1 Pa $= 1$ N m^{-2} であることに注意．

$$\dfrac{V}{N_A} = \dfrac{RT}{PN_A} = \dfrac{(8.314\,\text{J K}^{-1}\,\text{mol}^{-1})(300\,\text{K})}{(1.013 \times 10^5\,\text{N m}^{-2})(6.022 \times 10^{23}\,\text{mol}^{-1})}$$
$= 4.09 \times 10^{-26}\,\text{m}^3$

この立方根より分子間の平均距離は，$3.45 \times 10^{-9}\,\text{m}$ となる

上の例題で見たように，気体中における平均的な分子間距離は 10^{-9} m $= 1$ nm（ナノメートル）のオーダーと見積られる．これに対して，たとえば酸素分子の直径は 360 pm（ピコメートル[*6]），窒素分子の直径は 380 pm と見積られる．よって，1 atm，300 K の気体における分子間の平均距離は，分子の直径の 10 倍程度であるといえる．無極性分子であれば，この距離では分子間相互作用は無視できるので，理想気体と近似できる．

[*6] pm $= 10^{-12}$ m

例題 6.3 の概算が示すように，低温または高圧になると分子間の平均距離は短くなる．すると，分子間相互作用が無視できなくなり，分子は凝集して液化する．このことは，定温において横軸を体積 V，縦軸を圧力 P としたグラフ，すなわち等温線(isothermal line)を描くとよくわかる．理想気体の場合には双曲線（$PV = $ 一定）となるが，実際には図 6.2 のようになる．

図 6.2 は二酸化炭素の実験データである．温度が 323 K の曲線は双曲線に近いが，低温になるにつれて双曲線からずれていき，304.2 K（T_c）では変曲点 C をもつ．さらに低温になると，水平な直線部分が出てくる．これは，グラフの右から左に向かって圧力一定の下で液化が起きていることを示している．

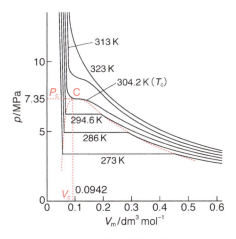

図 6.2　二酸化炭素の等温線

6.2.2　ファンデルワールスの状態方程式

分子間相互作用を考慮に入れた状態方程式の代表的なものに，ファンデルワールスの状態方程式（van der Waals' equation of state）と呼ばれる式がある．

Biography

Johannes Diderik van der Waals
1837 〜 1923，オランダの物理学者．1910 年ノーベル物理学賞受賞．貧しい家庭に生まれ，ほとんど独力で科学を学び，学校の教師を務め，27 歳で大学入学を果たした．——結合，——力，——半径，——状態方程式など，彼の名を冠した科学用語が多いのは，研究の幅が広いことを物語っている．

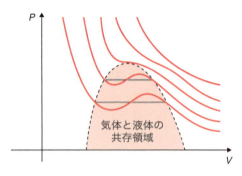

図 6.3 ファンデルワールスの状態方程式による等温線

$$\left\{P + a\left(\frac{n}{V}\right)^2\right\}(V - nb) = nRT \tag{6.7}$$

これは，理想気体の状態方程式の P と V を補正したもので，a と b は物質によって決まる定数である．P の補正項は，$(n/V)^2$ に比例する．n/V は分子数の密度なので，$(n/V)^2$ は分子の対の数に相当する．よって，この項は分子間相互作用の効果を表すと解釈できる．b は分子の体積を表すので，nb は n mol の気体が占める体積に相当する．

式 (6.7) は，P を定数とすると，V に関する三次方程式になるので，パラメータ a, b の値によっては，図 6.3 のように横軸に水平な直線と 3 点で交わるような曲線となることもある．実験データではこの部分は水平な直線になるので，式 (6.7) は実験を再現しないが，**マクスウェルの等面積則**（Maxwell's law of equal area）と呼ばれる方法によって適切な水平線を引くことができる[*7]．このようにして，ファンデルワールスの状態方程式は実在気体の等温線を定性的に記述するものとみなせる．

[*7] 水平直線と曲線が囲む二つの部分の面積が等しくなるように決める．これは，第 9 章で扱う化学ポテンシャルの概念を用いて熱力学的に正当化される．

この節のキーワード
マックスウェル–ボルツマンの速度分布，運動エネルギー，温度

6.3 マクスウェル–ボルツマンの速度分布

6.1 節の最後に，気体分子の速度分布について言及した．巨視的な容器中の気体は多数の分子からなり，それらはいろいろな速度をもつ．ある速度をもつ分子の割合を表す速度分布について考察しよう．全分子数を N とする．速度ベクトルが $\boldsymbol{v} = (v_x, v_y, v_z)$ と $\boldsymbol{v} + \mathrm{d}\boldsymbol{v} = (v_x + \mathrm{d}v_x, v_y + \mathrm{d}v_y, v_z + \mathrm{d}v_z)$ の間，$[\boldsymbol{v}, \boldsymbol{v} + \mathrm{d}\boldsymbol{v}]$ にあるような分子数の割合を

$$f(v_x, v_y, v_z)\mathrm{d}v_x\mathrm{d}v_y\mathrm{d}v_z \ (= f(\boldsymbol{v})\mathrm{d}\boldsymbol{v}) \tag{6.8}$$

と書く．6.3.2 項で導出するように，$f(\boldsymbol{v})$ は

$$\exp\left(-\frac{mv^2}{2k_\mathrm{B}T}\right) \tag{6.9}$$

に比例する．理想気体のエネルギー $E = mv^2/2$ より，式(6.9)は

$$\exp\left(-\frac{E}{k_B T}\right) \tag{6.10}$$

と表されるので，$f(\boldsymbol{v})$ はエネルギー E と温度 T の比で決まる．式(6.10)は E が大きくなると減少し，これはエネルギーが大きくなるほど分子の数が少なくなることを表す．ただし，$E/k_B T$ に依存しているので，温度が高くなると E の増大による指数関数の減衰は緩やかになる．これは高温になると高いエネルギーをもつ分子の数が増えることを表す(図6.4)．

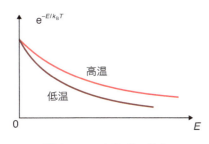

図 6.4 エネルギー分布

$f(\boldsymbol{v})$ と式(6.9)の間の比例係数を C とおく．

$$f(\boldsymbol{v})d\boldsymbol{v} = C\exp\left(-\frac{mv^2}{2k_B T}\right)d\boldsymbol{v} \tag{6.11}$$

C は，分布関数の総和を表す積分

$$\int_{-\infty}^{\infty} f(\boldsymbol{v})d\boldsymbol{v} = 1 \tag{6.12}$$

が1になるように決める[*8]（発展問題6.1）．結局，式(6.11)は

[*8] これを規格化という．

$$f(\boldsymbol{v})d\boldsymbol{v} = \left(\frac{m}{2\pi k_B T}\right)^{\frac{3}{2}}\exp\left(-\frac{mv^2}{2k_B T}\right)d\boldsymbol{v} \tag{6.13}$$

となる．これは，マクスウェル–ボルツマンの速度分布（Maxwell-Boltzmann velocity distribution）と呼ばれる．

6.3.1 速度分布と速さの分布

理想気体の速度の絶対値 $v = |\boldsymbol{v}|$ を横軸に，その分子数（の割合）を縦軸にしたグラフは，図6.5のようになる．このグラフは極大をもち，式(6.10)のような単純な指数関数 $\exp(-E/k_B T)$ の形になっていない．

このことは次のように理解される．エネルギーは，$E(\boldsymbol{v}) = mv^2/2$ のよ

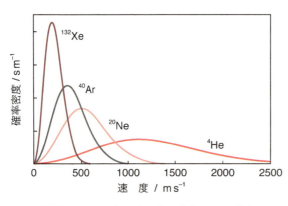

図 6.5 マックスウェル–ボルツマン分布

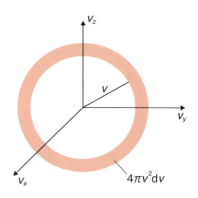

図 6.6 等方的な速度空間

うに絶対値 $v = |\boldsymbol{v}|$ にのみ依存し，速度 $\boldsymbol{v}$ の方向にはよらない（等方的である，図 6.6）．そこで，(v_x, v_y, v_z) を極座標 (v, θ, ϕ) で表し，$[v, v + \mathrm{d}v]$ の球殻における分子数の割合 $f(v)$ を考える．半径 v の球表面積 $4\pi v^2$ に厚さ $\mathrm{d}v$ を掛けたものが球殻の体積となるので

$$f(v)\mathrm{d}v = 4\pi\left(\frac{m}{2\pi k_\mathrm{B} T}\right)^{\frac{3}{2}} v^2 \exp\left(-\frac{mv^2}{2k_\mathrm{B} T}\right)\mathrm{d}v \tag{6.14}$$

となる．この式では，式(6.13)にはなかった v^2 が掛かっている．このため，$v \to 0$ に向かうにつれて $f(v)$ は減少する．よって，$v = |\boldsymbol{v}|$ を横軸にした分子数のグラフは，図 6.5 のように極大をもつ．

コラム　マックスウェル–ボルツマン分布の考え方

速度分布 $f(\boldsymbol{v})$ が $\exp(-mv^2/2k_\mathrm{B}T)$（式 6.9）に比例することは，次のような考察からも導くことができる．熱平衡にある気体中では，いろいろな速度の分子が衝突を繰り返している．速度 $\boldsymbol{v}_1$ と $\boldsymbol{v}_2$ の二つの分子が衝突する頻度は，分布関数の積 $f(\boldsymbol{v}_1)f(\boldsymbol{v}_2)$ に比例する．衝突の結果，二分子の速度が $\boldsymbol{v}_3$ と $\boldsymbol{v}_4$ になったとする．分子の速度を逆転させ，$-\boldsymbol{v}_3$ と $-\boldsymbol{v}_4$ の二分子が衝突して $-\boldsymbol{v}_1$ と $-\boldsymbol{v}_2$ となる過程も，熱平衡では同じ頻度で起こるとして，

$$f(\boldsymbol{v}_1)f(\boldsymbol{v}_2) = f(-\boldsymbol{v}_3)f(-\boldsymbol{v}_4) \tag{6.15}$$

が成り立つと考えることができる．また，衝突によるエネルギー保存より

$$\frac{m}{2}v_1^2 + \frac{m}{2}v_2^2 = \frac{m}{2}v_3^2 + \frac{m}{2}v_4^2$$
$$\Rightarrow v_1^2 + v_2^2 = v_3^2 + v_4^2 \tag{6.16}$$

が成り立つ．積の関係である式(6.15)と和の関係である式(6.16)が同時に成り立つような $f(\boldsymbol{v})$ として

$$f(\boldsymbol{v}) \propto \exp(-av^2)$$

を考えることができる．a は正の定数で，その前の負号は大きな v の値で分布が発散しないようにつけた．v の二乗平均が式 (6.6) を満たすように a を決めればよい．

速さ分布 $f(v)$ を用いて，分子の平均速度 $\bar{v}$ を次式から計算できる（発展問題 6.2）．

$$\bar{v} = \int_0^\infty v f(v) \mathrm{d}v = \left(\frac{8k_\mathrm{B}T}{\pi m}\right)^{\frac{1}{2}} \tag{6.17}$$

> **例題 6.4** 300 K における窒素分子 N_2 の平均速度 $\bar{v}$ を計算せよ．窒素の原子量は 14.0 とする．また，例題 6.2(2) の結果と比較せよ．
> **解答** 例題 6.2 と同様の計算により
>
> $$\bar{v} = \sqrt{\frac{(8)(8.314\,\mathrm{J\,K^{-1}\,mol^{-1}})(300\,\mathrm{K})}{(\pi)(2.80\times 10^{-2}\,\mathrm{kg\,mol^{-1}})}} = 476\,\mathrm{m\,s^{-1}}$$

6.3.2 マクスウェル–ボルツマン分布の導出

本項では，マクスウェル–ボルツマン分布の導出法の一つを紹介する[*9]．統計力学の基本的な考え方に触れる例としてちょうどよい．粒子系の速度分布を考察するために，速度成分 v_x, v_y, v_z を直交座標軸とする三次元空間を考える（図 6.7）．この空間を体積 $\mathrm{d}\boldsymbol{v} = \mathrm{d}v_x \mathrm{d}v_y \mathrm{d}v_z$ の微小な箱の集まりへ分割する．これらの箱に N 個の粒子をばら撒く．このとき小箱はどれも同等で，それぞれの箱に入る確率は箱の位置 (v_x, v_y, v_z) に依存しないとする．すると，粒子が一つの箱に入る確率 p は箱の体積に比例するので，A を定数として

$$p = A\mathrm{d}\boldsymbol{v} \tag{6.18}$$

とおく．1 番目の箱に n_1 個，2 番目の箱に n_2 個入るとすると，その分布が実現する確率は

[*9] 本項は発展的な内容なので，飛ばして先に進んでも問題ない．

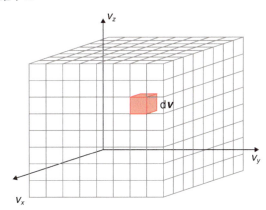

図 6.7 速度空間を微小部分に分けて分子を分布させる

$$P(n_1, n_2, \cdots) = \frac{N!}{n_1! \, n_2! \cdots} p_1^{n_1} p_2^{n_2} \cdots \tag{6.19}$$

となる．式 (6.18) で，確率 p は箱の位置，すなわち粒子の速度に依存しないとしたので，$p_1 = p_2 = \cdots = p$ であるが，しばらくは p_i のように添字をつけて区別しておく．全粒子数は N なので

$$N = \sum_{i=1}^{\infty} n_i \tag{6.20}$$

という条件がある．式 (6.20) で箱の番号 i は ∞ までとっているが，実際には次のような制限がある．全エネルギーがある値 E をもつという条件は

$$E = \sum_{i=1}^{\infty} \epsilon_i n_i \tag{6.21}$$

と表すことができる．ϵ_i は i 番目の箱にある粒子のエネルギーであり，具体的には理想気体を考えているので

$$\epsilon_i = \frac{1}{2} m (v_{x,i}^2 + v_{y,i}^2 + v_{z,i}^2)$$

となる．ここで $(v_{x,i}, v_{y,i}, v_{z,i})$ は i 番目の箱の位置を表す．式 (6.21) の条件があるため，粒子の入り得る箱の位置には制限がある．

これら全粒子数 N および全エネルギー E を一定とする条件下で，式 (6.19) の $P(n_1, n_2, \cdots)$ が最大となるような n_i の値の組を求めてみよう．式 (6.19) は p_i の n_i 乗の積を含むので，対数をとると扱いやすくなる．そこで，P の代わりに $\ln P$ を最大にすることを考える[*10]．式 (6.20) と (6.21) の条件を取り入れるには，ラグランジュの未定定数法 (Lagrange multiplier method) を使うのがよい．具体的には，未定定数を α, β とし，次で定義される関数を最大にするような n_i の組を求める．

$$I(n_1, n_2, \cdots) = \ln P + \alpha \left(N - \sum_i n_i \right) + \beta \left(E - \sum_i \epsilon_i n_i \right)$$

式 (6.20) と (6.21) の条件が成り立つときには，右辺の二つの括弧内は消える．このように最大最小を求める問題に条件を付加する方法をラグランジュの未定定数法と呼ぶ．上式の $I(n_1, n_2, \cdots)$ を最大にするような解を n_i^* と書くことにする．以下に示すように，n_i^* を求めてからそれらを式 (6.20) と (6.21) に代入することによって α と β が決まる．$\partial I / \partial n_i$ を計算し，それをゼロとおくと

$$n_i^* = p_i \exp(-\alpha - \beta \epsilon_i) \tag{6.22}$$

[*10] 自然対数 $\ln x = \log_e x$ である．$y = \ln x \, (x > 0)$ は単調増加なので，P が最大なら $\ln P$ も最大になる．

が導かれる（発展問題 6.3）．上の解 n_i^* を式 (6.20) と (6.21) に代入すると，まず前者は

$$N = \sum_i n_i^* = \sum_i p_i \exp(-\alpha - \beta \epsilon_i)$$
$$= A\mathrm{e}^{-\alpha} \int \exp\left(-\frac{\beta m v^2}{2}\right) \mathrm{d}\boldsymbol{v} = A\mathrm{e}^{-\alpha} \left(\frac{2\pi}{\beta m}\right)^{\frac{3}{2}} \quad (6.23)$$

となる[*11]．式 (6.21) については，上式の一行目より

$$E = \sum_i \epsilon_i n_i^* = \sum_i \epsilon_i p_i \exp(-\alpha - \beta \epsilon_i) = -\frac{\partial N}{\partial \beta}$$

と表せるので，式 (6.23) の結果の $N \propto \beta^{-3/2}$ より

$$E = \frac{3N}{2\beta} \quad (6.24)$$

と求まる．式 (6.23) と (6.24) の二式から，α と β が決まる．前者を利用して，式 (6.22) から α を消去すれば

$$n_i^* = N \left(\frac{\beta m}{2\pi}\right)^{\frac{3}{2}} \exp\left(-\frac{\beta m v^2}{2}\right) \quad (6.25)$$

[*11] v_x, v_y, v_z に関する三重積分であることに注意して，それぞれについてガウス積分公式
$$\int_{-\infty}^{\infty} \exp(-ax^2) \mathrm{d}x = \sqrt{\frac{\pi}{a}}$$
を用いる．

コラム　ブラウン運動

溶媒中の微粒子のランダム運動は，ブラウン運動と呼ばれる．1827 年にイギリスの植物学者ブラウンは，花粉から出た微粒子が水中で小刻みでランダムな運動を示すことを発見した（図 6.8）．実験の元々の目的は，受精の仕組みを調べることだった．

詳細な実験の結果，この運動は生命活動とは無関係であることが判明した．それどころか，有機物のみならず無機物でもブラウン運動が観測されることが確かめられた．いったいどのような力が働いて，不規則な運動が生じるのだろうか．

それから半世紀以上経った 1905 年に発表されたアインシュタインの論文と，それに続くペラン (Jean Perrin) の実験により，ブラウン運動は熱運動する溶媒水分子のランダムな衝突によって生じることが定量的に明らかにされ，近代原子論の確立へとつながった．ブラウン運動は，溶液内の微粒子のみならず，固体表面における分子の拡散や，タンパク質や高分子の構造揺らぎを記述するモデルとなっている．

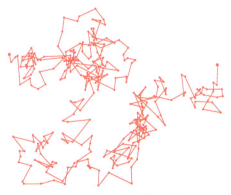

図 6.8 ブラウン運動の軌跡

Robert Brown
1773～1858，イギリスのスコットランド生まれの植物学者．植物細胞中の核を発見した．「ブラウン運動」にその名を残している．ブラウン運動がなぜ生じるのかは，後にアインシュタインが明らかにした．

となる．次に，式(6.24)を

$$\frac{E}{N} = \frac{3}{2}\frac{1}{\beta}$$

と書き換えると，左辺は分子1個あたりの運動エネルギーであるから，上式は式(6.6)に対応し，$\beta = 1/k_B T$ であることがわかる．これを式(6.25)に代入することで，マクスウェル–ボルツマン分布の式(6.13)が得られる．以上を要約すると次のようになる．

---
① 速度空間に N 個の粒子を分布させる．
② 速度空間のどの点も同等とするが，全粒子数 N と全エネルギー E は一定という条件を課す．
③ この条件下で，確率が最大となる分布を計算すると，マクスウェル–ボルツマン分布が得られる．

この節のキーワード
分子の拡散運動，ランジュバン方程式，アインシュタインの関係式

6.4　分子の拡散と熱揺らぎ

液体，固体，ガラス，タンパク質，生体膜など，原子や分子が凝集して形成された物質系を凝縮系と呼ぶ．本節では，凝縮系における分子運動について簡単に述べる．凝縮系では，原子や分子は互いに接近しているため，自身の大きさと同程度の振幅で揺れ動いている．液体，固体表面，生体膜などでは，それよりも長距離にわたる拡散運動も見られる．揺らぎの振幅

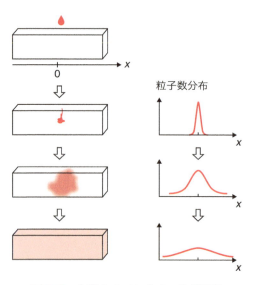

図 6.9　水槽中のインクの一次元拡散

や拡散の速さは温度，すなわち平均の熱エネルギーで決まる．

たとえば，水の入った容器にインクを少量滴下すると，インクは拡散していく（図 6.9）．濃度分布を調べると，各瞬間で下の式 (6.26) のような<u>正規分布</u>（normal distribution）[*12] をしていることがわかる．簡単のため一次元（座標を x とする）で考え，分布の分散を σ^2 として，濃度分布を

$$n(x) = \frac{1}{\sqrt{2\pi}\sigma} \exp\left(-\frac{x^2}{2\sigma^2}\right) \tag{6.26}$$

[*12] ガウス型分布ともいう．

と表す[*13]．実験データから，σ^2 を時刻 t の関数としてグラフにすると，t の小さい部分を除けばほぼ直線で表される．直線の傾きを $2D$ とおくと

$$\sigma^2(t) = 2Dt \tag{6.27}$$

[*13] これは，
$$\int_{-\infty}^{\infty} n(x)\,\mathrm{d}x = 1$$
のように規格化されている．

となる．D は<u>拡散係数</u>（diffusion coefficient）と呼ばれる．式 (6.26) と (6.27) より，分布の時間変化は

$$n(x, t) = \frac{1}{\sqrt{4\pi Dt}} \exp\left(-\frac{x^2}{4Dt}\right) \tag{6.28}$$

> **コラム　温度と熱の分子描像**
>
> 6.1 節で，理想気体の平均運動エネルギーが温度と比例することを見た．理想気体ではない一般の場合も，巨視的物体の温度とは，それを構成する原子・分子の運動の活発さの度合いであると考えてよい．原子・分子が活発に運動しているとき，その物体の温度は高い．
>
> 温度の異なる二つの物体を接触させると，やがて中間の温度に落ち着く．これを，高温側から低温側へ「熱が移動した」というが，熱という物質的な実体が移動するわけではない．二つの物体の境界において原子・分子が衝突し相互作用することによって運動のエネルギーが伝達する．これが「熱の移動」の微視的描像である．
>
> このように，熱の移動によって系のエネルギーが変化する．たとえば発熱反応では，反応する分子たちが全体として低いエネルギー状態へ落ちることに伴い，その分のエネルギーを熱として放出する．
>
> 反応に伴う熱の収支が途中の経路によらないことを表したのが，高校で学んだヘス (Hess) の法則（1.3 節参照）である．物体の落下などの運動が位置エネルギーを低下させる方向に進むことから，自然界で起こる反応も系のエネルギーが低下する方向へは自発的に起こる，すなわち発熱反応が自発的に起こると推論してよさそうである．ところが実際には，発熱反応のみならず吸熱反応も自発的に起こる．このことから，化学反応が起こるか否かを決めているのは熱の出入りだけではないことがわかる．
>
> 第 7 章と第 8 章では，化学反応を含む巨視的な現象を記述するためのさまざまな概念や法則を学習する．熱と温度はもちろん重要であるが，それに加えてエントロピーという概念が登場する．これは，熱や物質の拡散が不可逆であるという経験的事実を記述するために導入される概念である．

となる．この分布関数は，次の偏微分方程式の解になっている．

$$\frac{\partial n}{\partial t} = D \frac{\partial^2 n}{\partial x^2} \tag{6.29}$$

これは，**拡散方程式**（diffusion equation）と呼ばれる[*14]．

拡散と類似の現象に，**酔歩**[*15]（ランダム・ウォーク）がある．たとえば，コインを投げて表が出たら右，裏が出たら左に一歩ずれながら前進することを繰り返すと，酔歩の軌跡が得られる．これを多数回行って得られた左右方向の位置の分布は，式(6.28)の形になる．インクの拡散と酔歩が同じ分布を示すことから，両者の仕組みが似ていることが示唆される．インク微粒子へ向かって溶媒の水分子が乱雑な衝突を繰り返すことで，微粒子が酔歩のように移動する．このような粒子座標 $x(t)$ の変化を記述するモデルとして，**ランジュバン方程式**（Langevin equation）と呼ばれる式(6.30)がある．

$$m \frac{d^2 x}{dt^2} = -\zeta \frac{dx}{dt} + R(t) \tag{6.30}$$

これは，右辺を粒子に働く外力として，ニュートンの運動方程式と同様の形をしている[*16]．右辺第一項は，ζ を摩擦係数とする摩擦力である．右辺第二項の $R(t)$ は，熱運動する溶媒分子からのランダムな外力を表す．摩擦係数 ζ と拡散係数 D の間には，**アインシュタインの関係式**（Einstein's relation）と呼ばれる式(6.31)が成り立つことが示される．

$$D = \frac{k_B T}{\zeta} \tag{6.31}$$

このように，拡散係数は熱エネルギー $k_B T$ に比例し，摩擦係数に反比例する．摩擦係数は，溶媒の粘性が大きいほど，また溶質微粒子が大きいほど大きくなる[*17]．

[*14] インクの例のように，物質は濃度の高いところから低いところへ拡散する．単位面積を単位時間に通過する分子数は濃度勾配に比例し，このときの比例係数が拡散係数 D である．これをフィック（Fick）の法則という．フィックの法則と物質量保存則から，拡散方程式(6.29)を導くことができる．

[*15] 酔った人が左右によろめきながら歩くように，ランダムに左右に移動しながら進むこと．

[*16] 質量 × 加速度 = 外力

[*17] 摩擦係数 ζ は，溶媒の粘性率 η と溶質微粒子の半径 a により，$\zeta = 6\pi\eta a$ と表される．これは，**ストークス**（Stokes）**の法則**と呼ばれる．

> **例題 6.5** 式(6.30)をもとに，ζ の単位を SI 単位で示せ．また，式(6.31)から D の単位を求め，式(6.27)との整合を確かめよ．
>
> **解答** 式(6.30)の左辺は[質量][座標]/[時間]^2，右辺第一項は[ζ][座標]/[時間]なので，[ζ] = [質量]/[時間] となる．SI 単位では kg/s．$k_B T$ はエネルギーなので，単位は J = kg m^2 s^{-2}．よって，D の単位は J s/kg = m^2 s^{-1} となる．式(6.27)の左辺は[座標]^2，右辺は[D][時間]なので，D の単位は m^2 s^{-1} となって上と整合している．

章末問題

練習問題 6.1 式 (6.1) を物質量 n に対する式 $PV = nRT$ とした場合に，6.1 節の議論において変更されるべき箇所を指摘せよ．

練習問題 6.2 窒素は理想気体とし，他の分子との衝突は無視する．
(1) 1.00 atm，300 K，1.00 mol の気体窒素 (N_2) の体積を求めよ．また，その形が立方体のとき，一辺の長さを求めよ．
(2) 例題 6.4 で得た窒素分子の平均速度 $\bar{v}$ を用いて，一辺の長さを進むのにかかる時間を計算せよ．

練習問題 6.3 積分公式 $\int_0^\infty x^4 \exp(-ax^2)\,\mathrm{d}x = \dfrac{3}{8a^2}\sqrt{\dfrac{\pi}{a}}$ (補遺 C.2 参照) と式 (6.14) の $f(v)$ を用いて，v^2 の二乗平均 $\overline{v^2} = \int_0^\infty v^2 f(v)\,\mathrm{d}v$ を求め，式 (6.6) と比較せよ．

練習問題 6.4 1.00 atm，300 K，1.00 mol の気体酸素 (O_2) について，式 (6.6) の関係を用いて $\sqrt{\overline{v^2}}$ を求めよ．また，式 (6.17) から $\bar{v}$ を求めよ．酸素の原子量は 16.0 とする．

練習問題 6.5 摩擦係数 ζ は，溶媒の粘性率 η と溶質微粒子の半径 a により，$\zeta = 6\pi\eta a$ と表される．半径 $a = 1.0\,\mu\mathrm{m}$ の微粒子の，300 K の水中における拡散係数 D を求めよ．水の粘性率は $\eta = 1.0 \times 10^{-3}\,\mathrm{Pa\,s}$ とする．

発展問題 6.1 積分公式 $\int_{-\infty}^\infty \exp(-ax^2)\,\mathrm{d}x = \sqrt{\dfrac{\pi}{a}}$ を用いて，式 (6.11) の係数 C を決定せよ．

発展問題 6.2 積分公式 $\int_0^\infty x^3 \exp(-ax^2)\,\mathrm{d}x = \dfrac{1}{2a^2}$ を用いて，式 (6.17) を導け．

発展問題 6.3 スターリング (Stirling) の式 $\ln N! \simeq N \ln N - N$ (補遺 G 参照) を用いて，式 (6.22) $n_i^* = p_i \exp(-\alpha - \beta\epsilon_i)$ を導け．

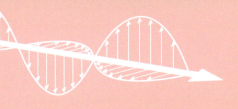

第 7 章
物質の熱的性質
Thermal Properties of Materials

この章で学ぶこと

本章から第 9 章までは，分子の視点から離れて，巨視的に観測される量の間の関係を記述することに重点をおく．巨視的な物質の性質を考察する際には，熱や温度の概念が関与してくる．熱力学第一法則は，巨視的な物質の熱的な振る舞いをエネルギーの概念で統一する．次に，定圧において物体の体積変化に伴う仕事の授受を加味しながら，熱の収支を記述するのに適しているエネルギー量として，エンタルピーを導入する．物質の熱容量についても触れる．最後に，熱機関を理想化したカルノーサイクルを紹介し，エントロピーの概念を導入する．

7.1　部分系と外界の熱的状態

この節のキーワード
全系，部分系，外界（環境），状態量，示量性，示強性

われわれが考察する対象を **系**（system）と呼ぶ（図 7.1）．たとえば，試薬を入れた試験管を想定してみよう．これを，温度を一定に保つための恒温槽に入れる．この恒温槽のように，着目する系を取り巻いて温度や圧力を規定するものを **外界**（surroundings）〔または **環境**（environment）〕と呼

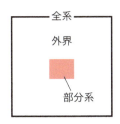

図 7.1　全系 ＝ 外界（環境） ＋ 部分系

ぶ．これら全体を**全系**(total system)と呼び，着目の対象は部分系と呼ぶ．外界は十分に大きくて熱平衡にあると考える．

温度，圧力，体積は，系の巨視的状態を表す量の代表である．たとえば，温度が 300 K であるというとき，200 K から加熱した結果である場合も，400 K から冷却した結果である場合も区別しない．このように，巨視的な系の状態を指定する量で，そこに至る途中の経路によらないものを**状態量**(state quantity)と呼ぶ．温度，圧力，体積は状態量である[*1]．

> [*1] これに対し，後出の熱と仕事は状態量ではない．

状態量には**示量的**(extensive)なものと**示強的**(intensive)なものがある．文字通り，前者は量を表し，後者は強さを表す．前者の例が体積や物質量であり，後者の例が圧力や温度である．

ある系について巨視的に等価なコピーを二つ用意する．たとえば，同じ大きさをもつ容器に同じ気体を等量入れ，温度を等しくする[*2]．これらを接合して仕切りを取り除いたとすると，物質量や体積は倍になるが，温度や圧力は変わらない．このとき，前者を示量変数，後者を示強変数と呼ぶ．以下で導入される種々のエネルギー量はすべて示量変数である．

> [*2] 圧力，体積，物質量，温度のうち，三つを等しくすれば，状態方程式が示すように残りの一つは決まる．

この節のキーワード
熱と仕事，内部エネルギー，熱力学第一法則，準静的可逆過程

7.2　熱力学第一法則

気体の入った可動容器（ピストン）を考える．容器壁は熱を通すとする．**熱力学**(thermodynamics)では，系は**内部エネルギー**(internal energy)という状態量をもつと考える．エネルギーとは，外部に仕事などの作用を及ぼす能力のことである．ピストンを温めると気体が膨張し，ものをもち上げるなどの仕事をすることができる（図 7.2）．これを，「与えられた熱が内部エネルギーとして系に貯められ，それが仕事として取り出された」と考える．

このように，熱と仕事はエネルギーをやり取りする形態であり[*3]，互いに変換され得る．これを以下のように定式化する．

> [*3] *1 でも指摘したように，熱と仕事は状態量ではない．

気体の入ったピストンに熱量 Q を与えたとき，熱膨張により W の仕事

図 7.2 気体の入ったピストンに熱を与えると圧力に抗して仕事をする

をしたとする[*4]．このとき，与えた熱量 Q の一部が仕事 W として使われ，残りが内部エネルギーとして貯えられたと考える．内部エネルギーを記号 U で表し，その変化量を ΔU と書くと[*5]，上記の収支は $Q = W + \Delta U$ と表される．

> **＜熱力学第一法則(the first law of thermodynamics)＞**
>
> 系が外部から受けた熱を Q，外部に向けてした仕事を W，内部エネルギー変化を ΔU とすると，
>
> $$\Delta U = Q - W \tag{7.1}$$
>
> が成り立つ．これは，エネルギーの保存則を表す．

内部エネルギー変化を微分 dU として考えるときには，上式を

$$dU = \delta Q - \delta W \tag{7.2}$$

のように書く．dQ, dW ではなく δQ, δW と書いたのは，これらが状態量でないことを示すためである（本節末のコラム「状態量と微分表現」参照）．

力 F の下で微小な変位 dx があったときの仕事を δW とすると，$\delta W = Fdx$ と表される．圧力 P とは，面積 A あたりの力であるから，$P = F/A$ と書ける．よって $\delta W = PAdx$ であり，面積と変位の積 Adx を体積変化 dV と書けば，$\delta W = PdV$ である．体積が V_1 から V_2 へ変化するときの仕事は

$$W = \int_{V_1}^{V_2} PdV \tag{7.3}$$

となる．よって，横軸を V，縦軸を P とするグラフを描くと，仕事はグラフと横軸の囲む面積となる（図7.3）．温度一定の理想気体の場合には P と V は反比例するので，グラフは双曲線となる．ただし，体積変化が急速になると，理想気体の状態方程式が成り立たなくなる．以下では，その

[*4] 本書では，部分系から外界への仕事を W と定義した．発展問題 7.1 参照．

[*5] 内部エネルギーとは，系を構成する原子・分子集団の運動エネルギーとポテンシャルエネルギーの総和に相当する．ただし，熱力学の理論体系は，構成粒子の微視的運動に立ち入ることなく成立する．よって，仮に原子論が正しくなかったとしても，熱力学の諸法則は成り立つことになる．この立場によれば，内部エネルギーは式 (7.1) で定義されると考えてよい．

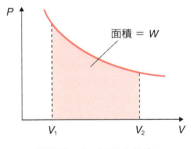

図 7.3 P–V 図と仕事

ような極端な場合は考えず，熱平衡を保った緩やかな変化を考える．このような変化を**準静的可逆過程**(quasi-static reversible process) と呼ぶ．

例題 7.1 次の条件において 1.00 mol の理想気体の体積が 20.0 L から 25.0 L へ膨張したとき，気体がした仕事を計算せよ．

(1) 1.00 atm に保ちながら膨張した場合．
(2) 温度を 300 K に保ちながら膨張した場合．

解答 (1) $W = P\Delta V = (1.013 \times 10^5 \, \mathrm{N \, m^{-2}})((25.0 - 20.0) \times 10^{-3} \, \mathrm{m^3})$
$= 5.07 \times 10^2 \, \mathrm{J}$

(2) 温度一定の場合は，圧力と体積が反比例して変化することに注意．$PV = nRT$ より

$$W = \int_{V_1}^{V_2} P\,\mathrm{d}V = nRT \int_{V_1}^{V_2} \frac{1}{V}\,\mathrm{d}V = nRT \ln\left(\frac{V_2}{V_1}\right)$$

$= (1.00 \, \mathrm{mol})(8.314 \, \mathrm{J \, K^{-1} \, mol^{-1}})(300 \, \mathrm{K})(\ln(25.0/20.0))$
$= 5.57 \times 10^2 \, \mathrm{J}$

例題 7.2 1.00 mol の理想気体が 300 K の定温で 2.00 atm から 1.00 atm に減圧されたとき，気体が外界にした仕事を求めよ．

解答 P と V の反比例関係を利用して，例題 7.1 (2) と同様に計算する．

コラム　状態量と微分表現

本文でも強調したように，熱と仕事は状態量ではない．状態量は巨視的物体の熱的状態を指定する量であり，その値に至る途中の経路によらない．ある状態から別の状態へ移るときの物理量 X の変化を ΔX と書くことにする．例えば，体積 $V_\mathrm{A} = 100$ L の状態 A から体積 $V_\mathrm{B} = 250$ L の状態 B へ移ったときの体積変化は $\Delta V = 150$ L である．これを，

$$\Delta V = V_\mathrm{B} - V_\mathrm{A} = \int_\mathrm{A}^\mathrm{B} \mathrm{d}V \tag{7.4}$$

と表す．これに対し，図 7.3 に見るように，仕事は P-V 図における面積に相当するので，P-V 図のある点（状態）から他の点（状態）に至る経路に依存する（発展問題 7.2 も参照）．熱と仕事は状態量ではないので，式 (7.4) の $\mathrm{d}V$ のように積分変数とするのは不適切である．このことから，微小量の関係を表す際には，式 (7.2) のように δQ や $\mathrm{d}'Q$ などと書いて区別する場合が多い．あるいはそもそも Q や W がエネルギーのやり取りであることが意識されていれば，微小であろうとなかろうと Q や W と書いてよいとする考え方もある．

$$W = nRT \ln\left(\frac{V_2}{V_1}\right) = nRT \ln\left(\frac{P_1}{P_2}\right)$$
$$= (1.00 \,\text{mol})(8.314 \,\text{J K}^{-1}\text{mol}^{-1})(300 \,\text{K})(\ln 2) = 1.73 \times 10^3 \,\text{J}$$

7.3 エンタルピーと熱容量

この節のキーワード
エンタルピー，定圧熱容量，定積熱容量

$\delta W = PdV$ を式(7.2)に代入すると，

$$\delta Q = dU + PdV \tag{7.5}$$

圧力一定の条件下では，P を定数と扱い

$$\delta Q = d(U + PV)$$

と書ける．右辺の括弧内を

$$H = U + PV \tag{7.6}$$

とおく．この H は**エンタルピー**（enthalpy）と呼ばれる．これにより，定圧条件においては

$$\delta Q = dH \quad (\text{定圧}) \tag{7.7}$$

となる．定圧下では，膨張や収縮のような体積変化が起こり得るので，それに伴い外界と仕事の授受がある．それを加味したうえでやり取りされる熱量を表すものとして，エンタルピー H を導入したわけである[*6]．一方，体積一定では $dV = 0$ であるから $\delta W = PdV = 0$ となり，式(7.5)は

$$\delta Q = dU \quad (\text{定積}) \tag{7.8}$$

となる．これらをまとめると，以下のようになる．

[*6] 高校までに扱った生成熱，蒸発熱，融解熱などは，通常は定圧条件が想定されており，それぞれ生成エンタルピー，蒸発エンタルピー，融解エンタルピーである．

- 定圧下で授受する熱量はエンタルピー変化に等しい．
- 定積下で授受する熱量は内部エネルギー変化に等しい．

例題 7.3 次の問いに答えよ．
(1) 1.00 mol の気体が体積を変えずに 100 J の熱を吸収した結果，温度が 300 K から 305 K へ上昇した．この気体の内部エネルギー変化 ΔU を求めよ．
(2) 1.00 atm の定圧下で気体の入ったピストンを加熱し 500 J 与えたところ，気体が 0.500 L 膨張した．気体の内部エネルギー変化

> ΔU とエンタルピー変化 ΔH を求めよ.
>
> **解答** (1) 定積なので　　$\Delta U = 100\,\mathrm{J}$
>
> (2) 定圧下のエンタルピー変化は与えた熱量に等しいので
>
> $\Delta H = 500\,\mathrm{J}$
>
> $P\Delta V = (1.013 \times 10^5\,\mathrm{N\,m^{-2}})(0.500 \times 10^{-3}\,\mathrm{m^3}) = 50.65\,\mathrm{J}$
>
> よって，$\Delta U = Q - P\Delta V = (500 - 50.65)\,\mathrm{J} = 449\,\mathrm{J}$

以上をもとに，定積および定圧条件下における系の**熱容量**（heat capacity）は以下のように定義される（図 7.4）．

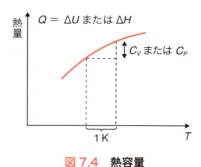

図 7.4　熱容量

コラム　熱と温度

一般に熱と温度は密接に関係し，日常語としては混用されることもあるが，熱力学では異なる概念として区別される．それは，沸騰や融解に伴う潜熱を考えると明らかになる．

たとえば，水を加熱して沸騰させるとき，横軸を加熱時間，縦軸を温度としたグラフを描くと，沸点に至るまでは加熱時間に比例して温度が上昇するが，沸点では加熱を続けているにもかかわらずしばらくの間，温度は一定に保たれる．同様の現象は氷など固体の融解においても見られる．このように，沸騰や融解に伴って出入りする熱は潜熱と呼ばれる．加熱を続けているのに温度が不変であるということは，熱と温度は別個の概念であることを示している．

温度は，熱い冷たいという感覚と結びついているために，われわれにとって身近に感じられる量である．しかし，温度の実体は何かと問われると，直截的な答えを示すのは意外と難しいことに気づくだろう．われわれは，たとえば温度計内の物質の体積変化を見て温度を測っている．希薄な気体であれば，理想気体の状態方程式 $PV = nRT$ によって絶対温度と体積の比例関係が記述されている．温度計によく用いられる水銀やアルコールなどの液体についても，使用範囲内で体積膨張が温度変化に比例することを利用している．

熱は，古くは熱素という物質的実体であると考えられたこともあった．原子分子論に立つ現代では，熱はエネルギーが移動する形態の一つであると理解されている．そのエネルギーの実体は，原子分子の運動エネルギーである．

定積熱容量 　　$C_V = \left(\dfrac{\partial U}{\partial T}\right)_{V,n}$ 　　　　　　　　　(7.9)

定圧熱容量 　　$C_P = \left(\dfrac{\partial H}{\partial T}\right)_{P,n}$ 　　　　　　　　　(7.10)

右辺の下付き添字 V, n や P, n は，偏微分において一定とする変数を表す．n は物質量であり，1 mol の場合は**モル熱容量**（molar heat capacity）と呼ばれる．データとしては，物質量を 1 kg とし，熱容量を kJ K^{-1} kg^{-1} 単位で示すことも多い．熱容量は，温度を 1 K 上下させる際に吸収または放出される熱量である[*7].

*7 熱容量の大きい物質は，熱しにくく冷めにくい．

例題 7.4 1.00 atm の下で，ある物質 500 g の温度を 300 K から 370 K へ昇温するのに，800 W の電熱器で 180 秒を要した．この物質の平均の熱容量 $\bar{C}_P$ を求めよ．ただし，熱の損失は無視する．

解答 $\bar{C}_P = \dfrac{(800 \text{ W})(180 \text{ s})}{((370-300)\text{ K})(0.500 \text{ kg})} = 4.11 \text{ kJ K}^{-1}\text{ kg}^{-1}$

これは，水の熱容量（約 4.2 kJ K^{-1} kg^{-1}）と同程度の値である．

例題 7.5 6.1 節で見たように，並進自由度のみをもつ 1 mol の理想気体の内部エネルギーは，$U = (3/2)RT$ である．1 mol の理想気体の定積熱容量と定圧熱容量を求めよ．

解答 式(7.9)より

$$C_V = \left(\dfrac{\partial U}{\partial T}\right)_{V,n} = \dfrac{3}{2}R$$

また，$PV = RT$ より，$H = U + PV = (5/2)RT$ なので

$$C_P = \left(\dfrac{\partial H}{\partial T}\right)_{P,n} = \dfrac{5}{2}R$$

7.4 カルノーサイクル

本節では，熱機関の効率に関する考察を抽象化した**カルノーサイクル**（Carnot cycle）について述べる[*8]．カルノーサイクルは，絶対温度やエントロピー概念の導入において本質的な役割を果たした[*9]．

この節のキーワード

熱機関，効率，カルノーサイクル，準静的可逆過程，絶対温度，エントロピー

*8 難しい場合は，本節は省略して先に進んでも構わない．エントロピーは 8.1 節で簡便に導入される．

*9 絶対温度については，**シャルル（Charles）の法則**における体積ゼロへの外挿点として理解することもできる．

*10 後出の式（7.12）.

熱機関では，蒸気の入った可動容器(ピストン)を加熱したり冷却したりすることで気体の膨張と圧縮を引き起こし，機械的な仕事を取り出す．このとき，なるべく少ない加熱で大きな仕事を得たい．与えた熱量に対して取り出せた仕事の割合を，その熱機関の**効率**(**efficiency**)と定義する*10．

実際に効率を下げてしまう主な原因は，加熱と冷却を繰り返す過程で，熱が外部へ散逸してしまうことにある．カルノーサイクルでは，このような損失をなるべく抑えるために，定温における膨張・圧縮と，断熱条件下での膨張・圧縮をうまく組み合わせる．

7.4.1 等温過程と断熱過程

気体が理想気体の状態方程式 $PV = nRT$ に従うなら，物質量 n と温度 T が一定のもとで体積 V と圧力 P は反比例の関係にあり，グラフは双曲線となる（図 7.5 の A→B および C→D）．一方，外部との熱のやり取りを遮断した断熱条件では，膨張・圧縮に伴い温度が変化する．断熱膨張(B→C)では，気体の温度は低下する．その理由は，外界から熱が遮断されている($Q = 0$)一方で，膨張により外界に仕事をする($W > 0$)ので，系の内部エネルギーはその分減少する（$\Delta U = -W < 0$）からである．逆に，断熱圧縮(D→A)では温度は上昇する．

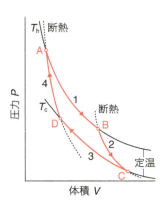

図 7.5 カルノーサイクル

7.4.2 カルノーサイクル

熱機関では，高温熱源で気体を膨張させ，低温熱源で収縮させる．前者の温度を t_H，後者の温度を t_L とする．添字の H と L は，温度の高低(High, Low)を表す．この段階では温度の高低の区別だけが必要で，単位（目盛）は指定しないので，小文字の t を用いている．絶対温度 T については，章末のコラム「カルノーの原理と絶対温度の定義」を参照のこと．

まず，ピストンに高温熱源を接触させて気体を等温膨張させる(A→B).

このとき，気体は熱源から Q_H の熱量を得るとする．その後，熱源を切り離し，断熱条件下でさらに膨張させる（B → C）．この断熱膨張により気体の温度は低下する．温度が t_L まで落ちたところで低温熱源と接触させ，等温圧縮させる（C → D）．このとき，気体は低温熱源に熱量 Q_L を奪われるとする．その後，熱源を切り離して断熱圧縮させる（D → A）．断熱圧縮で温度が t_H まで上昇したところで，再び高温熱源を接触させる．以上が1サイクルである．

熱源の接触による等温膨張と等温圧縮の間に断熱過程を挟んでいる点が，カルノーサイクルの要所である．断熱膨張または断熱圧縮によって温度を上昇または下降させ，その次に接触させる熱源と温度を合わせることによって，温度差に起因する熱の散逸を抑えている．さらに，それぞれの過程自身もなるべくゆっくり行うことで熱の損失を抑える．このようにして，熱の損失がゼロとみなせるような理想的な過程を準静的可逆過程と呼ぶ．

これが実現されたとして，熱の損失がなければ，気体が行った仕事 W と受け取った熱量 Q_H, Q_L との間には

$$W = Q_H - Q_L \tag{7.11}$$

が成り立つ．図 7.6 は，カルノーサイクルにおける熱と仕事の収支を模式的に表したものである．高温熱源 t_H から熱 Q_H を受け取り，低温熱源 t_L に熱 Q_L を放出し，差し引きの $W = Q_H - Q_L$ の分だけ外部に仕事をする．

式 (7.2) で見たように，V–P グラフと横軸の囲む面積が仕事に相当する．膨張過程では横軸 V の正方向へ積分するのに対し，圧縮過程では V の負方向へ積分するので，後者の積分は面積に負号をつけたものになる．よって，閉曲線（A–B–C–D）で囲まれた面積が1サイクルにおける正味の仕事となる．

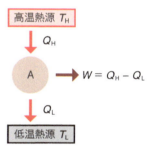

図 7.6 **カルノーサイクルの模式図**

7.4.3 熱機関の効率

熱機関の効率は，高温熱源から注入した熱量 Q_H に対して，取り出し得た仕事 W の割合 $\eta = W/Q_H$ で定義する．式 (7.11) より，次が成り立つ．

$$\eta = 1 - \frac{Q_L}{Q_H} \tag{7.12}$$

カルノー機関の効率は，二つの熱源の温度 t_H, t_L のみで決まり，気体の種類にはよらないことが実験的に知られている．このことを出発点として，章末のコラム「カルノーの原理と絶対温度の定義」で説明した議論により，カルノーサイクルの効率は絶対温度によって

$$\eta = 1 - \frac{T_\mathrm{L}}{T_\mathrm{H}} \tag{7.13}$$

と表される．式(7.12)と(7.13)の右辺第二項が等しいとすれば

$$\frac{Q_\mathrm{L}}{Q_\mathrm{H}} = \frac{T_\mathrm{L}}{T_\mathrm{H}} \tag{7.14}$$

となる．これは，カルノー機関で授受される熱量は，熱源の絶対温度に比例することを示している[*11]．

*11 たとえば，**セルシウス (Cercius) 温度**（℃）ではこのような比例関係は成り立たない．このことは，理想気体の状態方程式 $PV = nRT$ と同様に，絶対温度が科学的に自然な温度単位であることを示しているといえる．

> **例題 7.6** 500 K と 300 K の二つの熱源で動作するカルノーサイクルが，1 サイクルで 500 K の熱源から 5.00×10^3 J 吸収するとすると，どれだけの熱量が 300 K の熱源に放出され，どれだけの仕事がなされるか．また，このときの効率はいくらか．
>
> **解答** 式(7.14)より，熱量は熱源の絶対温度に比例するので
>
> $$Q_\mathrm{L} = \frac{(5.00 \times 10^3 \,\mathrm{J})(300\,\mathrm{K})}{(500\,\mathrm{K})} = 3.00 \times 10^3 \,\mathrm{J}$$
>
> 仕事は式(7.11)より，次のように求められる．
>
> $$W = (5.00 \times 10^3\,\mathrm{J}) - (3.00 \times 10^3\,\mathrm{J}) = 2.00 \times 10^3\,\mathrm{J}$$
>
> 効率は，定義に従って次のように求められる．
>
> $$\eta = W/Q_\mathrm{H} = \frac{(2.00 \times 10^3\,\mathrm{J})}{(5.00 \times 10^3\,\mathrm{J})} = 0.400 = 40.0\%$$

7.4.4 エントロピーの概念の導入

式(7.14)を移項して

$$\frac{Q_\mathrm{H}}{T_\mathrm{H}} + \frac{(-Q_\mathrm{L})}{T_\mathrm{L}} = 0 \tag{7.15}$$

と書く．第二項で $-Q_\mathrm{L}$ としたのは，Q_L は気体から低温熱源へ移動した熱量であるから，気体の得た熱量は $-Q_\mathrm{L}$ であることを反映させたものである．式(7.15)は，カルノーサイクルの一巡の結果，Q/T という量の総和がゼロになることを示している．一周して元に戻ると変化分の正味がゼロになるということだから，Q/T は状態量であることが示唆される（発展問題 7.2）．そこで，二つの状態 A，B における値 S_A，S_B の差が

$$S_{\mathrm{B}} - S_{\mathrm{A}} = \int_{\mathrm{A}}^{\mathrm{B}} \frac{\delta Q_{\mathrm{eq}}}{T}$$

で定義される新たな状態量 S を導入する．δQ_{eq} の添字の eq は，**平衡**（**equilibrium**）を保った準静的可逆過程であることを示す（カルノーサイクルは準静的可逆過程であることを思い出そう）．一方，状態量であるならば

$$S_{\mathrm{B}} - S_{\mathrm{A}} = \int_{\mathrm{A}}^{\mathrm{B}} \mathrm{d}S$$

と書ける．二つの式が等しいことから

$$\mathrm{d}S = \frac{\delta Q_{\mathrm{eq}}}{T} \tag{7.17}$$

である．この S を**エントロピー**（**entropy**）と呼ぶ．ただし，これが成り

> **コラム　カルノーの原理と絶対温度の定義**
>
> 効率（式7.12）が二つの熱源の温度のみで決まるので，それらの関数という意味で
>
> $$\frac{Q_{\mathrm{L}}}{Q_{\mathrm{H}}} = F(t_{\mathrm{H}}, t_{\mathrm{L}}) \tag{7.16}$$
>
> とおく．この関数 F の性質を調べるために，t_{L} よりもさらに低い温度 t_0 をもつ第三の熱源を用意する．これを低温側とし，t_{H} および t_{L} の熱源を高温側に設定した二つのカルノーサイクルを考える．それぞれにつき，式(7.16)と同様の関係式
>
> $$\frac{Q_0}{Q_{\mathrm{H}}} = F(t_{\mathrm{H}}, t_0), \quad \frac{Q_0}{Q_{\mathrm{L}}} = F(t_{\mathrm{L}}, t_0)$$
>
> が成り立つ．三つの式の左辺の間には
>
> $$\frac{Q_0}{Q_{\mathrm{H}}} = \frac{Q_{\mathrm{L}}}{Q_{\mathrm{H}}} \cdot \frac{Q_0}{Q_{\mathrm{L}}}$$
>
> の関係があるから，対応して右辺には
>
> $$F(t_{\mathrm{H}}, t_0) = F(t_{\mathrm{H}}, t_{\mathrm{L}}) F(t_{\mathrm{L}}, t_0)$$
>
> が成り立つ．右辺のような掛け算によって t_{L} が消え，左辺のように t_{H}, t_0 の関数となることに注目する．このような性質をもつ2変数関数 $F(t_1, t_2)$ として考え得るのは
>
> $$F(t_1, t_2) = \frac{f(t_2)}{f(t_1)} \quad \text{または} \quad \frac{f(t_1)}{f(t_2)}$$
>
> である．後の議論が素直となる前者をとると，効率（式7.12）は
>
> $$\eta = 1 - \frac{f(t_{\mathrm{L}})}{f(t_{\mathrm{H}})} = \frac{f(t_{\mathrm{H}}) - f(t_{\mathrm{L}})}{f(t_{\mathrm{H}})}$$
>
> と表される．実験によれば，t_{H} と t_{L} の温度差が大きくなると効率が上がるので，$f(t)$ は t の増加関数である．そこで，この $f(t)$ そのものを温度の定義としてしまおうというのが，ケルビン（Kelvin）による**絶対温度**である．すなわち，絶対温度 T は，カルノー機関の効率から
>
> $$\eta = 1 - \frac{T_{\mathrm{L}}}{T_{\mathrm{H}}}$$
>
> で定義される．ただし，任意の定数 c により $T \to cT$ としても上式は変わらないという不定性が残っているので，セルシウス温度 ℃ と同様に，水の沸点と氷点の間を百等分した目盛りを1度（1K）とする．1968年の国際度量衡総会で，水の三重点（0.01℃）の 1/273.16 が 1K と定義された．

立つのは，準静的可逆過程の場合である．不可逆な場合には，上式の等号が不等号となることを次章で見る．

章末問題

練習問題 7.1 1.00×10^5 Pa, 300 K にあった 1.00 mol の理想気体を，2.00×10^5 Pa で体積が半分になるまで圧縮したとき，気体が受け取った仕事を計算せよ．

練習問題 7.2 1.00 atm, 100 ℃（373 K）の水のモル蒸発熱は 40.7 kJ mol^{-1} である．18.0 g の水が 1.00 atm, 100 ℃で蒸発するときの内部エネルギー変化とエンタルピー変化を求めよ．水の密度を 1.00 g cm^{-3} とし，水蒸気は理想気体としてよい（第 8 章の例題 8.1 参照）．原子量は H 1.0, O 16.0 とする．

練習問題 7.3 500 g の水およびガラスの温度を大気圧下で室温から 10 K 上げるのに，800 W の電熱器でそれぞれ何秒かかるか．水およびガラスの定圧熱容量は，4.2 kJ K^{-1} kg^{-1} と 0.80 kJ K^{-1} kg^{-1} で一定であるとする．

練習問題 7.4 低温熱源の温度が 400 K のカルノーサイクルの効率を 60.0 % とするためには，高温熱源の温度を何 K にすればよいか．

発展問題 7.1 式 (7.1) では，部分系から外界への仕事を W と定義した．逆に，部分系が受けた仕事に着目することもある．それを w とおくと，$w = -W$ であり，熱力学第一法則は $\Delta U = Q + w$ となるが，式 (7.5) $\delta Q = dU + PdV$ は不変であることを説明せよ．

発展問題 7.2 x, y の関数 $f(x, y)$ について，xy 平面上の経路に沿って積分する（図 7.7）．任意の閉曲線経路上での周回積分がゼロとなるとき，任意の 2 点を結ぶ経路の積分の値が，経路の選び方によらないことを説明せよ．

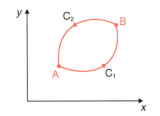

図 7.7 閉曲線上の周回積分

第 8 章
物質の熱的安定性
Thermal Stability of Materials

> **この章で学ぶこと**
>
> 7.4.4 項では，カルノーサイクルの効率の式をもとにエントロピーを導入した．本章では，異なる視点からエントロピーを導入する．エントロピーは抽象的な量に見えるが，熱量測定と結びついている．また，微視的な構成粒子の配置の乱雑さにも関連している．エントロピーの導入によって，熱現象の不可逆性が記述される．これは，熱力学第二法則と呼ばれる．この法則を，外界に囲まれて温度が一定に保たれているような部分系に適用する際に便利な量として，ヘルムホルツエネルギーとギブズエネルギーを導入する．両者は自由エネルギーと総称される．

8.1 エントロピーと温度

この節のキーワード
熱量，エントロピー，示量変数，示強変数，エントロピーと熱容量

8.1.1 エントロピーの導入

熱力学第一法則の式 (7.5) を移項して

$$dU = \delta Q - PdV \tag{8.1}$$

と書く．右辺第二項の $-PdV$ は，示強変数である P と示量変数 V の微分 dV の積となっている．つまり，P の強さの下で dV の量だけ変化があると，$-PdV$ のエネルギー変化がある．これに対応して，第一項の熱量 δQ も

　　（示強変数）×（示量変数の微分）

という形で表すことができないだろうかと考えてみる．熱と関係する**示強変数** (intensive variable) を温度 T とするのは自然だろう．そこで，温度 T と組んで熱量 δQ を与える**示量変数** (extensive variable) S を導入し

$$\delta Q = T dS \tag{8.2}$$

とする．この新しい状態量 S を**エントロピー**(entropy)と呼ぶことにする．これにより，第一法則(式 8.1)は

$$dU = TdS - PdV \tag{8.3}$$

と書かれる．

例題 8.1 1.00 atm，100 °C の水のモル蒸発熱は 40.7 kJ mol^{-1} である．18.0 g の水が 100 °C で蒸発するときのエントロピー変化を求めよ（練習問題 7.2 参照）．

解答 18.0 g の水の物質量は 1.00 mol，100 °C は絶対温度で 373 K なので，エントロピーは次のように計算される．

$$\Delta S = \frac{(1.00 \text{ mol})(40.7 \times 10^3 \text{ J mol}^{-1})}{(373 \text{ K})} = 109 \text{ J K}^{-1}$$

8.1.2 理想気体のエントロピー変化

6.1 節や例題 7.5 で見たように，1 mol の理想気体の内部エネルギーは

$$U = \frac{3}{2} RT \quad \text{(理想気体)}$$

のように温度のみによるので，定温過程（$\Delta T = 0$）では内部エネルギー変化 ΔU はゼロとなり，熱力学第一法則(式 7.1)は $Q = W$ となる．よって，例題 7.2 における仕事の計算によって熱量 Q を得ることができ，それを絶対温度で割ればエントロピー変化が得られる．n mol の理想気体が定温で (P_1, V_1) から (P_2, V_2) へ変化するときのエントロピー変化は

$$\Delta S = nR \ln\left(\frac{V_2}{V_1}\right) = nR \ln\left(\frac{P_1}{P_2}\right) \tag{8.4}$$

となる．これは，理想気体が定温で体積膨張（または圧力降下）すると，エントロピーは増大することを示す．

例題 8.2 1.00 mol の理想気体が 300 K において 2.00 atm から 1.00 atm まで減圧されるときのエントロピー変化を求めよ．

解答 エントロピー変化は式(8.4)より次のように求められる．

$$\Delta S = nR \ln\left(\frac{P_1}{P_2}\right)$$
$$= (1.00\,\mathrm{mol})(8.314\,\mathrm{J\,K^{-1}\,mol^{-1}})(\ln 2.00) = 5.76\,\mathrm{J\,K^{-1}}$$

8.1.3 エントロピーと熱容量

7.3節では，定積熱容量 C_V と定圧熱容量 C_P を分けて考え，それぞれが内部エネルギー変化とエンタルピー変化に相当することを見た．ここでは，その区別をせずに熱容量を単に C と書く．熱容量 C は物質の温度を 1 K 上昇させるのに要する熱量であるから，

$$C\,\mathrm{d}T = \delta Q \tag{8.5}$$

と書ける．これと式(8.2) $\delta Q = T\,\mathrm{d}S$ から

$$\mathrm{d}S = \frac{C}{T}\,\mathrm{d}T \tag{8.6}$$

状態 A から B まで積分して

$$\Delta S = \int_{T_\mathrm{A}}^{T_\mathrm{B}} \frac{C}{T}\,\mathrm{d}T \tag{8.7}$$

よって，温度の関数として熱容量を決定すれば，エントロピー変化を計算できる．簡単のために，T_A から T_B の間の平均の熱容量 $\overline{C}$ を考え，定数として積分の外に出すと

$$\Delta S = \overline{C}\int_{T_\mathrm{A}}^{T_\mathrm{B}} \frac{\mathrm{d}T}{T} = \overline{C}\ln\left(\frac{T_\mathrm{B}}{T_\mathrm{A}}\right) \tag{8.8}$$

となる．

例題 8.3 1.00 atm において，2.00 mol の水の温度を 273 K（0 °C）から 373 K（100 °C）に上昇させるときのエントロピー変化を求めよ．1.00 atm における水の平均定圧モル熱容量は $75.0\,\mathrm{J\,K^{-1}\,mol^{-1}}$ とする．

解答 $\Delta S = (2.00\,\mathrm{mol})(75.0\,\mathrm{J\,K^{-1}\,mol^{-1}})(\ln(373/273)) = 46.8\,\mathrm{J\,K^{-1}}$

上では簡単のために C_V と C_P を区別せずに単に C と書いたが，具体的には例題 8.3 のように条件を定めて計算する．また，式 (8.6) から得られる

$$\frac{dS}{dT} = \frac{C}{T} \tag{8.9}$$

を体積一定または圧力一定で考えた場合には

$$\left(\frac{\partial S}{\partial T}\right)_V = \frac{C_V}{T} \qquad \left(\frac{\partial S}{\partial T}\right)_P = \frac{C_P}{T} \tag{8.10}$$

となる．いずれの場合も，熱容量も絶対温度も常に正であるから，上式は常に正である．すなわち，温度を上げるとエントロピーは増える．式(8.10)は，発展問題 8.2 でも導く．

この節のキーワード
エントロピー増大則，熱移動，不可逆性

8.2 エントロピーと熱の移動

温度の異なる二つの巨視的物体を接触させると，熱は高温側から低温側に移動する．低温側から高温側へ熱が自発的に移動しないことは，われわれは経験的に知っている．このように，熱拡散が不可逆で一方向であるという経験則を定式化したのが熱力学第二法則である．そこでは，前節で導入したエントロピーが決定的な役割を果たす．

二つの巨視的物体を A, B とし，温度を T_A, T_B とする（図 8.1）．温度が互いに異なれば，A と B の接触により熱の移動が起こる．その結果，A の得た熱量を δQ_A, B の得た熱量を δQ_B とする．A と B の間は熱が移動できるが，外界からは断熱されているとすると，熱は両者の間でのみやり取りされるので，$\delta Q_B = -\delta Q_A$ である（たとえば，B が 1 J 得たなら $\delta Q_B = +1$ J であり，それは A が失った分なので $\delta Q_A = -1$ J となる）．前節でエントロピーを導入した式(8.2)は

$$dS = \frac{\delta Q}{T} \tag{8.11}$$

と書かれるが，これを A と B のそれぞれについて考え

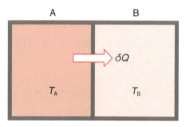

図 8.1 温度差と熱の移動

$$dS_A = \frac{\delta Q_A}{T_A} \qquad dS_B = \frac{\delta Q_B}{T_B}$$

とする．両者の合計

$$dS_A + dS_B = \frac{\delta Q_A}{T_A} + \frac{\delta Q_B}{T_B}$$

をとり，$\delta Q_B = -\delta Q_A$ の関係を用いると

$$dS_A + dS_B = \delta Q_B\left(-\frac{1}{T_A} + \frac{1}{T_B}\right) = \frac{\delta Q_B(T_A - T_B)}{T_A T_B} \tag{8.12}$$

となる．ここで，この量が 0 より大きい，すなわち

$$dS_A + dS_B = \frac{\delta Q_B(T_A - T_B)}{T_A T_B} > 0$$

であるとすると，熱の移動の方向を記述できることになる．なぜなら，分母の T_A，T_B は常に正なので，上式の不等号は「$T_A > T_B$ なら $\delta Q_B > 0$」すなわち「A のほうが高温なら B が熱を受け取る」ということを表すからである（逆に B のほうが高温の場合も，上式によって熱の移動の方向が適切に記述されることを確かめよ）．また，二つの物体の温度が等しい（$T_A = T_B$）ときは熱の移動は起こらない（$\delta Q_A = \delta Q_B = 0$）ことから，上式の不等号に等号を含めて

$$dS_A + dS_B \geqq 0$$

とする．今の議論では，A と B を合わせた全系は外界から断熱されているとした．上式左辺は，この全系のエントロピー変化を表す．このように「外界から断熱された巨視的物体のエントロピーの総和は減少しない」とすることで，内部における**熱移動の不可逆性**（irreversibility of heat transfer）を記述できる．これは，断熱系における**エントロピー増大則**（law of increasing entropy）[*1] と呼ばれる．

[*1] 常に増大するのはなく，熱平衡では停留するので，「増大則」よりは「非減少則」のほうが正確だが，簡単のため前者を使う．次節で議論する「自由エネルギー減少則」も同様である．

> **例題 8.4** 200 K の系 A と 250 K の系 B を接触させ，1.00 J の熱が移動したとき，全系 A + B のエントロピー変化を求めよ．A と B は十分に大きく，熱の移動による温度変化は無視できるとする．
> **解答** 熱は B から A へ移動するので
>
> $$\delta Q_A = +1.00 \text{ J} \qquad \delta Q_B = -1.00 \text{ J}$$

$$dS_A + dS_B = \frac{(1.00\,\text{J})}{(200\,\text{K})} + \frac{(-1.00\,\text{J})}{(250\,\text{K})} = +1.00 \times 10^{-3}\,\text{J}\,\text{K}^{-1}$$

この節のキーワード
熱力学第二法則，第二種永久機関の否定

8.3 熱力学第二法則

前節のように，外界から断熱された系については

$$dS \geqq 0 \quad (外界から断熱された系) \tag{8.13}$$

とすることにより，系内部での熱的な不可逆現象を記述できる．外界との熱のやりとりに由来するエントロピー変化を表す式(8.11)を含めると，次の法則が得られる

> **＜熱力学第二法則(the second law of thermodynamics)＞**
> 絶対温度 T において系が外部から熱量 δQ を受け取るとき，系内部のエントロピー変化 dS は $\delta Q/T$ を下回ることはない．
> $$dS \geqq \frac{\delta Q}{T} \tag{8.14}$$

つまり，外界からの熱に由来する $\delta Q/T$ のエントロピー変化に加えて，内部で生じ得る不可逆性に由来するエントロピーの増大がある（ただし，その増大分がどれだけであるかという値は，熱力学第二法則は与えない）．断熱された系では $\delta Q = 0$ だから，式(8.14)は式(8.13)を含んでいる．等号は，熱平衡状態および準静的可逆過程で成り立つ（等号が成り立つとみなしてよいものを準静的可逆過程と呼ぶ）．

コラム　第二種永久機関

8.2節では，熱は巨視的物体の高温側から低温側へ向かって拡散し，逆の過程が自発的に起きることはないという経験則を，エントロピー増大と結びつけた．これを直接に表現すると「他に何も変化を残さず，低温側から高温側に熱を汲み上げることはできない」となり，これが熱力学第二法則のもう一つの表現である．これは，**第二種永久機関**(perpetual motion machine of the second kind) の否定ともいう．「他に何も変化を残さず」という部分は，「仕事を注入することなしに」といい換えてもよい．冷蔵庫やエアコンなどは，熱を低温側から高温側に移動させるために電力を注入するので，法則には反していない．

8.4 エントロピーの微視的描像

> **この節のキーワード**
> エントロピーと乱雑さ，拡散の不可逆性，場合の数と乱雑さ

熱力学の本領は，原子・分子のような微視的構成要素を考えることなく，温度，圧力，エネルギー，エントロピーなどの巨視的な変数のみに着目して，それらの間の関係を記述する点にある．本書でも，第7～9章は基本的にその立場から書かれている．しかし，エントロピーについては微視的描像と関連づけて学ぶことも有益である．本節では微視的な観点からエントロピーを見てみよう．

8.4.1 エントロピーと乱雑さ

熱拡散の不可逆性は，物質拡散の不可逆性に似ている．たとえば水の入った容器にインクを少量垂らすと，インク粒子は拡散していく．逆に，拡散したインクが元の滴下位置に集まってくることは，経験上あり得ない．熱の移動は物質の移動ではないが，拡散したものは元に戻らないという点で，物質の拡散と似ている．熱や物質の拡散は不可逆であるという経験則を表現したのが，エントロピー増大則としての熱力学第二法則である．

熱力学第二法則を示すもう一つの簡明な例として，図8.2に示す気体の混合がある．これは前述のインクの拡散と類似しているが，液体とは異なり，分子間の相互作用を無視できるような希薄な気体であるとしてよい．

仕切りで隔てられた二つの部屋の温度と圧力が等しく，それぞれが熱平衡状態にあったとする．ここで仕切りを取り除くと，気体の混合が自発的に起こる．これは不可逆であり，元の分離状態に自発的に戻ることは経験上あり得ない．この混合は，分子間相互作用を無視できるような希薄な気体でも起こり，エネルギー的な利得があるために混ざり合うのではない（エネルギーが低くなるわけではない）．にもかかわらず混合が自発的かつ不可逆的に起こるのは，エントロピー的な利得があるからだと考える．

図8.2の例では，気体の混合によって分子配置の乱雑さが増大している．これがエントロピーの増大に対応する．インクの拡散の場合も，微粒子はバラバラに拡散して配置の乱雑さが増大する．このように，エントロピーとは系の微視的構造の乱雑さに関係する量である．

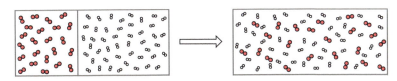

図8.2 2種類の理想気体の自発的混合

> **例題 8.5** 次の文章について，正しい選択肢を選べ．可能なら実験を試みよ．また，玉の個数を変えるとどうなるか，予想せよ．
>
> 　適当な大きさの箱（たとえば菓子箱の蓋）の左側にビー玉，右側にパチンコ玉を，10 個ずつ適当な間隔を開けて並べる．この箱をゆっくりと左右に揺さぶると，ビー玉とパチンコ玉は混ざり合う．これを続けたとき，2 種類の玉が左右に 10 個ずつ分かれることはまず起こらない．このとき，エネルギー的な利得は支配的 (1)（である / でない）．エントロピー的な利得は支配的 (2)（である / でない）．
>
> **解答**　(1) でない，(2) である．
> 玉の数を少なく（たとえば 2 個ずつに）すると，左右に分かれるのは，ありそうなことである．

8.4.2　場合の数と乱雑さ

気体の自発的混合では，混合後のほうが微視的な配置の数は圧倒的に多い．これについて考察してみよう．

まず，2 種類の気体はそれぞれ N 個の分子からなるとする．仕切りは容器を等分し，混合前の温度と圧力は互いに等しいとする．いま，容器を $2N$ 個の小部屋に等分し，各分子はいずれかの小部屋に 1 個ずつ入るとす

> **コラム　統計力学への誘い**
>
> 　8.4.2 項で二つの部屋について考察したのと同様に，部分系 A，B の配置数（場合の数）を W_A，W_B とするとき，全体系 A + B の配置数 W_{A+B} は両者の積となる．
>
> $$W_{A+B} = W_A \times W_B$$
>
> 一方，エントロピーは示量的（8.1.1 項）なので，和の関係
>
> $$S_{A+B} = S_A + S_B$$
>
> が成り立つ．エントロピーは系の乱雑さを表すので，S は W の単調増加関数となる．以上の性質を満たすような S と W の関係式を見出すには，対数の性質
>
> $$\ln(W_A \times W_B) = \ln W_A + \ln W_B$$
>
> を思い出せばよい．統計力学における**ボルツマンの公式**（Boltzmann's entropy formula）は，系の微視的な配置数 W と巨視的状態のエントロピー S を
>
> $$S = k_B \ln W \tag{8.15}$$
>
> によって結びつける．

る．小部屋に番号をつけて一列に並べることで配置を表し，一方の気体分子を○，他方の分子を×と表記する．$N=4$ の場合，両者が左右に分かれている配置は

$$○○○○ | ×××× \quad または \quad ×××× | ○○○○$$

の2通りである．一方

$$○○×× | ○×○×$$

のように2個ずつに分れている配置の数は，${}_4C_2 \times {}_4C_2 = 36$ 通りある．これは，左右それぞれで○の場所を選ぶ場合の数の積である．

例題 8.6 10個の○と10個の×が，左右5個ずつに分かれる配置の数を計算せよ．

解答 一般の N について，半々に分かれる配置数は $({}_NC_{N/2})^2$ となる．これに $N=10$ を代入して

$$({}_{10}C_5)^2 = 63504 \text{ 通り}$$

さらに，$N=50$ とすると $({}_{50}C_{25})^2 \simeq 1.6 \times 10^{28}$ 通り，$N=100$ では $({}_{100}C_{50})^2 \simeq 1.0 \times 10^{58}$ 通りというように，場合の数は急速に増える．このように，「混合した配置のほうが圧倒的に多数であること」が不可逆性の起源であるとするのが，統計力学の考え方である．

コラム　熱力学第零法則と第三法則

熱力学には，第零から第三までの四つの法則がある．**熱力学第零法則**は，「物体AとB，BとCがそれぞれ熱平衡にあるなら，AとCも熱平衡にある」というもので，熱平衡の推移性を表す．これは，直感的には当然と思えるかもしれないが，例えば温度計を用いて温度を測ることの正当性は，この法則によっている．

熱力学第三法則は，「絶対温度がゼロに近づくとエントロピーは一定値に近づく」または「絶対温度ゼロにおける系のエントロピーはゼロにとることができる」というものである．第三法則は，絶対零度よりも低い温度はあり得ないことを示している．

絶対温度については，カルノー機関の効率との関係を7.4節で見た．式（7.13）において，低温側の T_L が負になり得るとすると効率が1よりも大きくなってしまうが，そのようなことは起こり得ないことを第三法則は示す．

8.4節で指摘したように，エントロピーは系の微視的乱雑さに対応する．絶対零度が最低温度であり，そこで乱雑さが最小になるとすれば，第三法則により，有限温度 $T>0$ でエントロピーは正となる．

この節のキーワード
自由エネルギー，自発的過程の方向，全系と部分系，ヘルムホルツエネルギー，ギブズエネルギー

8.5 自由エネルギー

本節では，**ヘルムホルツエネルギー**（Helmholtz energy）および**ギブズエネルギー**（Gibbs energy）と呼ばれる二つのエネルギー量を定義する．これらを自由エネルギーと総称する．エネルギーの次元をもつ量をわざわざ新たに複数導入するのは，これらが定温・定積または定温・定圧の条件下で有用な性質を示すからである．

8.5.1 ヘルムホルツエネルギー

次で定義されるエネルギー量を，ヘルムホルツエネルギーと呼ぶ．

$$F = U - TS \tag{8.16}$$

これは，定温・定積の条件下で有用である．温度一定では，式(8.16)の微分は

$$dF = dU - TdS$$

となる．また，式(7.8)で見たように，定積下では

$$\delta Q = dU \quad (\text{定積})$$

である．上の二つの式から

$$dF = \delta Q - TdS$$

となるが，熱力学第二法則 $dS \geq \delta Q/T$（式8.14）により

$$dF \leq 0 \quad (\text{定温・定積}) \tag{8.17}$$

となる．つまり，定温・定積過程ではヘルムホルツエネルギー F は減少し，熱平衡状態で最小となる．熱力学第二法則（式8.14）と式(8.17)の不等号の起源は同じである．

Hermann Ludwig Ferdinand von Helmholtz
1821〜1894，ドイツの物理学者，生理学者．軍医から出発して多くの業績をあげた．ジュールともにエネルギー保存則を確立し，自由エネルギーの概念を導入して化学熱力学の基礎を固めた．その他にも音や色に関連した生理学の分野でも著名である．

> **例題 8.7** 定積条件に由来する $\delta Q = dU$ を使わずに，一般の熱力学第一法則 $\delta Q = dU + \delta W$（式7.2）を用いると，上の議論はどのように変わるか．温度は一定とする．
> **解答** $dF = \delta Q - \delta W - TdS$ となるので，$dF \leq -\delta W$ となる．よって，準静的可逆過程では $dF = -\delta W$ となり，ヘルムホルツエネルギーの減少分 $-dF$ と系が外部になした仕事 δW が一致する．

8.5.2 ギブズエネルギー

前項の議論において，内部エネルギー U をエンタルピー H で置き換えると，定温・定圧条件での類似の概念が得られる．次で定義されるエネルギー量を，ギブズエネルギーと呼ぶ．

$$G = H - TS \tag{8.18}$$

これは，温度一定かつ圧力一定の条件下で有用である．式 (7.7) で見たように，定圧条件下では

$$\delta Q = \mathrm{d}H \quad (定圧)$$

であった．ヘルムホルツエネルギーのときと同様の議論から

$$\mathrm{d}G \leq 0 \quad (定温・定圧) \tag{8.19}$$

を得る．つまり，定温・定圧過程では，ギブズエネルギー G は減少し，熱平衡状態で最小となる．式 (8.17) と同様に，式 (8.19) の不等号の起源は熱力学第二法則 (式 8.14) である．

Biography

Josiah Willard Gibbs
1839〜1903，アメリカの物理学者，化学者，数学者．ギブズエネルギーの概念，相律の発見など，熱力学の分野で貢献した．さらに数学の分野でベクトル解析理論を提案し，晩年には統計力学の基礎を固める研究を行った．しかし彼は論文のほとんどをアメリカの地方雑誌で発表したため，その論文は埋もれたままであった．後年，マクスウェルやオストワルトの紹介によってようやく彼の業績が世に知られるようになった．

例題 8.8 式 (8.19) を導け．

解答 温度一定では，式 (8.18) から

$$\mathrm{d}G = \mathrm{d}H - T\mathrm{d}S$$

となる．これと $\delta Q = \mathrm{d}H$（式 7.7）から

$$\mathrm{d}G = \delta Q - T\mathrm{d}S$$

となるが，熱力学第二法則 (式 8.14) より，式 (8.19) を得る．

コラム　熱量測定

錘(おもり)の移動や電熱線の通電のような仕事はエネルギーに換算されている．それらを物体に作用させたときの温度変化を測定することで，物体の熱容量が決定される．たとえば水の熱容量を決定しておけば，水中の化学反応に伴う温度変化から，発生または吸収された熱エネルギーを求めることができる．これを**熱量測定（カロリメトリー）**という．

式 (7.10) は，定圧熱容量を温度で積分することでエンタルピー変化が計算されることを示す．また，式 (8.7) のように，エントロピー変化は熱容量の温度依存性から計算できる．エンタルピーやエントロピー，およびこれらを用いて定義される自由エネルギーは抽象的に見えるが，具体的な熱量測定と結びつけられる．

8.5.3 外界中の部分系と自由エネルギー

上で導入した二つの自由エネルギー F と G は，それぞれ定温・定積または定温・定圧において減少し，熱平衡状態で最小となる．これらは，断熱系におけるエントロピー増大則と同じ起源をもつ．模式的に表すと，図 8.3 のようになる．

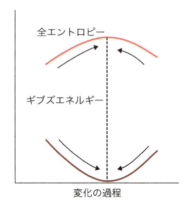

図 8.3 自由エネルギー変化とエントロピー変化

自由エネルギー減少則とエントロピー増大則との間で本質的に異なる点は，後者が周囲から断熱された系で成り立つのに対し，前者はそうではないことである．なぜなら，前者は定温条件を前提としており，温度を一定に保つには外部の恒温槽(外界)に接触していなくてはならないからである．このように，エントロピー増大則は断熱系について成り立つのに対し，自由エネルギー減少則は一定温度に保たれた部分系について成り立つ．ここでは，両者の間の関係を，前項とは少し異った視点から再考する．以下，ギブズエネルギーについて議論する[*1]．

図 7.1 のように恒温槽（以下，外界と呼ぶ）に浸された部分系を考える．外界は十分に大きく，温度変化は無視できるとする．部分系の圧力も一定に保たれるとする．部分系と外界を合わせた全系は断熱系であり，その内部において部分系と外界の間で熱を交換できるが，物質は交換しないとする．式(7.7)のように，定圧で授受される熱はエンタルピー変化に等しい．全系は断熱系なので，熱は部分系と外界の間で完全に交換され

$$dH_{部分} = -dH_{外界} \tag{8.20}$$

が成り立つ．すなわち，一方が得たのと等しい量だけ他方が失う．熱力学第二法則によれば，全系のエントロピーは減少しない．

$$dS_{全系} = dS_{部分} + dS_{外界} \geq 0 \tag{8.21}$$

[*1] ヘルムホルツエネルギーに適宜読み替えるのは容易である．

しかし，この式が述べているのは全系のエントロピーが減少しないということであって，肝心の部分系については何もわからない．着目している$S_{部分}$が減少しようと増加しようと，$S_{外界}$の変化で補えば熱力学第二法則は満たされ得るからである．

そこで，上の式から部分系に関する情報だけを抽出することが望ましい．ギブズエネルギーは，この目的のために導入される．定義式(8.18)により，部分系のギブズエネルギーは

$$G_{部分} = H_{部分} - TS_{部分} \tag{8.22}$$

と書ける．定温下での変化は

$$dG_{部分} = dH_{部分} - TdS_{部分} \tag{8.23}$$

となる．式(8.20)によって第一項を書き換える．

$$dG_{部分} = -dH_{外界} - TdS_{部分} \tag{8.24}$$

式(7.7)で見たように，定圧では$dH_{外界} = \delta Q_{外界}$である．外界は十分に大きくて，熱平衡を保つとすれば

$$dS_{外界} = \frac{\delta Q_{外界}}{T} \tag{8.25}$$

よって，$dH_{外界} = \delta Q_{外界} = TdS_{外界}$となって，式(8.24)は

$$dG_{部分} = -T(dS_{外界} + dS_{部分}) = -TdS_{全系} \tag{8.26}$$

となる．絶対温度Tは正なので，上式は

$$dS_{全系} \geq 0 \quad \longleftrightarrow \quad dG_{部分} \leq 0$$

を示している．すなわち，断熱系のエントロピー増大則と，定温・定圧下にある部分系のギブズエネルギー減少則は等価である．

　上の議論の要所は，外界が熱平衡にあるために，そのエントロピー変化が受ける熱量と結びつき，さらに熱量の保存から部分系のエンタルピー変化と結びつくという点である．このようにして，外界のエントロピー変化が部分系のエンタルピー変化として繰り込まれるために，全系のエントロピー増大則と部分系のギブズエネルギー減少則が等価となる．

例題 8.9 定温・定積下にある部分系のヘルムホルツエネルギー減少則 $dF_{部分} \leq 0$ を導け．

【ヒント】式 (7.8)

解答 定温・定積条件下では，式(7.8)のために，上でHをUに，G

を F に置き換えた議論が成り立つ.

以上を要約すると，一定温度の外界に浸された部分系における自発的変化は，自由エネルギーによって次のように記述されることになる.

- 部分系が熱平衡状態にあるとき，自由エネルギーは最小であり，$dG_{部分} = 0$（定温・定圧）または $dF_{部分} = 0$（定温・定積）である.
- 熱平衡状態から外れた部分系は，熱平衡状態に向かって自由エネルギーを減少させる.

例題 8.10 1.00 atm, 273 K（0 °C, 氷の融点）における氷のモル融解エンタルピーは 6.01 kJ mol^{-1} である．この条件でのモル融解エントロピーを求めよ．また，温度が 273 K よりも高いときと低いときのモル融解ギブズエネルギー ΔG の正負を示し，融解が自発的に起こるか否かを述べよ．273 K 付近で融解エンタルピーと融解エントロピーは一定としてよい．

解答 $\Delta S = \dfrac{(6.01 \text{ kJ mol}^{-1})}{(273 \text{ K})} = 22.0 \text{ J K}^{-1}$ である．$\Delta G = \Delta H - T\Delta S$ において

$T = 273$ K のとき，$\Delta G = 0$
$T < 273$ K のとき，$\Delta G > 0$
$T > 273$ K のとき，$\Delta G < 0$

これらは，$T = 273$ K よりも低温では氷の融解が自発的に進まず，高温では進むことを示す.

8.5.4 標準反応ギブズエネルギー

高校化学で扱ったように，**ヘスの法則**（Hess's law）によって，反応熱[*2] は反応に関与する物質の生成熱[*3] を差し引きすることで得られる．生成熱のデータは標準状態[*4]（圧力 1 bar = 10^5 Pa）で与えられている．熱量はエンタルピー変化に等しい[*5] ので，標準状態の生成熱は**標準生成エンタルピー**（standard enthalpy of formation）と呼ばれ，記号 $\Delta H°$ で表される．このように，右上に○を付けることで標準状態における値であることを示すことが多い.

ヘスの法則によって生成エンタルピーから反応エンタルピーを計算できることは，エンタルピーが状態量であることを示している．標準生成エン

[*2] 化学反応に伴って出入りする熱量.
[*3] 成分元素の単体から生成するとき出入りする熱量.
[*4] 1 atm = 1.013 × 10^5 Pa での測定値が与えられている場合もある.
[*5] 式 (7.7) のように，定圧では $\delta Q = dH$ である.

タルピーの数値は，種々のデータ集から入手できる．同様にエントロピーについても，標準状態における値がデータ集になっており，反応に伴うエントロピー変化を標準エントロピーの差し引き計算から求めることができる[*6]．

> **例題 8.11** 反応 $(1/2)\mathrm{H}_2(\mathrm{g}) + (1/2)\mathrm{I}_2(\mathrm{s}) \longrightarrow \mathrm{HI}(\mathrm{g})$ の 298 K における標準反応エンタルピーは，$\Delta H° = 25.9\,\mathrm{kJ\,mol^{-1}}$，標準反応エントロピーは，$\Delta S° = 82.4\,\mathrm{J\,K^{-1}\,mol^{-1}}$ である．この反応が 298 K の標準状態において自発的に進むか否かを判定し，熱（エンタルピー）的寄与とエントロピーの寄与について考察せよ．
>
> **解答** 標準ギブズエネルギーは，
> $$\Delta G° = \Delta H° - T\Delta S°$$
> $$= (25.9\,\mathrm{kJ\,mol^{-1}}) - (298\,\mathrm{K})(82.4 \times 10^{-3}\,\mathrm{kJ\,K^{-1}\,mol^{-1}})$$
> $$= 1.34\,\mathrm{kJ\,mol^{-1}} > 0$$
> なので，反応は自発的に進まない．$\Delta S° > 0$ なのでエントロピー的には有利な反応だが，$\Delta H° > 0$ が支配的となって，298 K では $\Delta G° > 0$ となり，反応は進まない．

[*6] 物質のエントロピーは，熱力学第三法則（コラム「熱力学第零法則と第三法則」参照）に基づいて絶対値が定義されるので，単に「標準エントロピー」と呼ぶ．

以上，8.5.3 ～ 8.5.4 項が示すように，定温・定圧において反応が自発的に進むか否かは，ギブズエネルギー変化 $\Delta G = \Delta H - T\Delta S$ におけるエンタルピー（熱）の寄与 ΔH とエントロピーの寄与 ΔS のバランスで決まる．

8.5.5 四つのエネルギー変数のまとめ

これまでに，エネルギーの次元をもつ熱力学変数として，次の四つを導入した．

U：内部エネルギー　　　　H：エンタルピー
F：ヘルムホルツエネルギー　G：ギブズエネルギー

U と H は第 7 章で導入され，定積および定圧過程において授受される熱量が，それぞれ $\mathrm{d}U$ および $\mathrm{d}H$ であることを見た．本章で導入した自由エネルギー F と G は，それぞれ定積および定圧過程において部分系の自発的過程の方向を決めるものとして有用であることを見た．すなわち，主な用途は次のようになる．

　　　U, F：定積過程　　H, G：定圧過程

式としては

$$H = U + PV, \quad F = U - TS, \quad G = H - TS = F + PV \tag{8.27}$$

であったから

$$\begin{array}{ccc} U & \xrightarrow{+PV} & H \\ {\scriptstyle -TS}\downarrow & & \downarrow{\scriptstyle -TS} \\ F & \xrightarrow[+PV]{} & G \end{array}$$

のように並べると，左から右は $+PV$ によって，上から下は $-TS$ によって得られるという関係にある．このような U と F および H と G の対応関係は，発展問題 8.2，8.3 で見ることができる．

章末問題

練習問題 8.1 1.00 atm，273 K（0 ℃）における氷のモル融解熱は 6.01 kJ mol^{-1} である．273 K において 18.0 g の氷が融解するときのエントロピー変化を求めよ．

コラム　自由エネルギー

ヘルムホルツエネルギーとギブズエネルギーは，かつてはヘルムホルツ自由エネルギー，ギブズ自由エネルギーと呼ばれていた．しかし近年，IUPAC は，「自由」の語を入れないように推奨している．自由エネルギーという呼称が提案されたのは，1882 年のヘルムホルツの論文においてであった．該当部分を引用する〔渡辺，妹尾 訳，日本化学会 編，『化学の原典［第 II 期］3．化学熱力学』，学会出版センター（1984）〕．

たとえば，ガルバニ電池の動作のように，化学力が熱だけでなく他の形のエネルギーをも生み出すことができ，しかもこのとき協同作業物体に仕事量に比例した温度変化が起らない場合があることを考えれば，化学過程に関して，その親和力のうちで熱以外の仕事形態に自由に変換可能な部分と，熱としてのみ出現可能な部分とを区別しなければならないことが明らかである．以下では，この二種類のエネルギー部分のことを，簡単に『自由エネルギー』(freie Energie) および『束縛エネルギー』(gebundene Energie) と呼ぶことにする．

（中略）

$dT = 0$，すなわち等温変化では，仕事は自由エネルギーの消費によってのみ行いうる．このとき，束縛エネルギーは出入りする熱量分だけ変化する．

（引用終わり）

式 (8.16) より $U = F + TS$ であり，F が自由エネルギー，TS が束縛エネルギーに相当する．「仕事は自由エネルギーの消費によってのみ行いうる」の部分は，例題 8.7 で見た通りであり，「束縛エネルギーは出入りする熱量分だけ変化する」の部分は，$\delta Q = TdS$（式 8.2）に相当する．

練習問題 8.2 練習問題 8.1 と例題 8.1, 8.3 を総合し，1.00 atm のもとで 273 K (0 ℃) の水を 373 K (100 ℃) の水蒸気にするときの 1.00 mol あたりのエントロピー変化を求めよ．

練習問題 8.3 1.00 mol の理想気体が 300 K で体積が 10.0 L から 30.0 L まで膨張した．このときのエントロピー変化を計算せよ．

練習問題 8.4 反応：$CO(g) + H_2O(g) \longrightarrow CO_2(g) + H_2(g)$ の 298 K における標準反応エンタルピーは，$\Delta H° = -41.2$ kJ mol^{-1}，標準反応エントロピーは，$\Delta S° = -42.4$ J K^{-1} mol^{-1} である．この反応が 298 K の標準状態において自発的に進むか否かを判定し，熱(エンタルピー)的寄与とエントロピーの寄与について考察せよ．

発展問題 8.1 $dU = TdS - PdV$ (式 8.3) のように，dU が dS と dV で表されるということは，U は S と V の関数 $U(S, V)$ とみなすことができて，係数 T と $-P$ が変化の傾きに相当することを意味する[*7]．

$$T = \left(\frac{\partial U}{\partial S}\right)_V, \quad P = -\left(\frac{\partial U}{\partial V}\right)_S \tag{8.28}$$

ヘルムホルツエネルギー $F = U - TS$ について同様の考察を行い，F は T と V の関数とみなすことができることを示せ．また，式 (8.28) に相当する式を導け．さらに，ギブズエネルギー G についても同様に考察せよ．

[*7] 右辺の括弧の右下添字は，偏微分の際に一定とする変数である．

発展問題 8.2 式 (8.10) を本文とは別の方法で導こう．F の定義式を移項した $U = F + TS$ から $C_V = (\partial U/\partial T)_V$ (式 7.9) を計算し，発展問題 8.1 の結果を用いることで

$$\left(\frac{\partial S}{\partial T}\right)_V = \frac{C_V}{T}$$

を導け．同様にして，ギブズエネルギー $G = H - TS$ から次式を導け．

$$\left(\frac{\partial S}{\partial T}\right)_P = \frac{C_P}{T}$$

発展問題 8.3 発展問題 8.1 の結果と F の定義式 $F = U - TS$ を用いて，次式を導け．

$$F = U + T\left(\frac{\partial F}{\partial T}\right)_V$$

さらに，これを変形して次式を導け．

$$\frac{\partial}{\partial T}\left(\frac{F}{T}\right)_V = -\frac{U}{T^2} \tag{8.29}$$

また，同様にして次式を導け[*8]．

$$\frac{\partial}{\partial T}\left(\frac{G}{T}\right)_P = -\frac{H}{T^2} \tag{8.30}$$

[*8] 通常は式（8.30）のほうを**ギブズ−ヘルムホルツ（Gibbs-Helmholtz）の式**と呼ぶ．発展問題 8.2 からわかるように，式（8.29）も考え方は同様である．これらに見られるような，$F \longleftrightarrow G$ および $U \longleftrightarrow H$ の対応は，8.5.5 項でも見た通りである．

第 9 章
物質変化の釣合い
Balance of Material Change

この章で学ぶこと

第7〜8章までは，相変化や化学反応などによる物質量変化は扱わなかった．本章では，それらも取り扱えるようにするための，化学ポテンシャルと呼ばれる量を導入する．化学ポテンシャルによって，相平衡や化学平衡のような物質量変化の釣合いが記述される．ここでも熱力学第二法則が現象を支配し，自由エネルギー減少則が変化の方向を決める．次に，物質の濃度変化に伴う化学ポテンシャルの変化を調べる．応用例として，希薄溶液の沸点上昇と平衡定数を熱力学的に記述する．

9.1 化学ポテンシャル

9.1.1 化学ポテンシャルの導入

これまでの章で出てきた示強変数は，温度と圧力であった．本章では，新たに**化学ポテンシャル**(chemical potential)を示強変数として導入する．これは，圧力との類似で考えるとよい．圧力 P の釣合いが体積 V の変化を決めるのと同様に，化学ポテンシャル μ の釣合いが物質量 n の変化を決める[*1]． $P \leftrightarrow \mu$ および $V \leftrightarrow n$ という対応を考えると，熱力学第一法則(式8.1)は次のように拡張される．

$$dU = \delta Q - PdV + \mu dn \tag{9.1}$$

$-PdV$ と μdn の符号の違いは定義の問題で，上式のように定義することで，化学ポテンシャル μ の高いほうから低いほうへ物質が移動することになる．これは次節の式(9.5)で見る．複数種の物質が関与する場合には，たとえば物質 A の化学ポテンシャルを μ_A，物質量を n_A というように添字

この節のキーワード

示強変数の釣合いと物質量変化，熱力学第二法則と化学ポテンシャル，自由エネルギーと化学ポテンシャル

[*1] ここでは巨視的な物質量 n を用いるが，微視的な粒子数 N を用いてもよい．その場合は化学ポテンシャルの単位が変わる．

で区別し，次のように書く．

$$dU = \delta Q - PdV + \sum_i \mu_i dn_i \tag{9.2}$$

9.1.2 化学ポテンシャルと物質の移動

式(9.2)において，式(8.2)のように $\delta Q = TdS$ とする．

$$dU = TdS - PdV + \sum_i \mu_i dn_i \tag{9.3}$$

移項して

$$dS = \frac{1}{T}dU + \frac{P}{T}dV - \frac{1}{T}\sum_i \mu_i dn_i \tag{9.4}$$

簡単のため，系は外界から断熱されており，体積は一定($dV = 0$)とする．このとき $dU = 0$ である．系の内部の物質は A と B の 2 種類とし，相互変換 A $\rightleftharpoons$ B を考える．A の増加分は B の減少分なので，$dn_A = -dn_B$ であるから

$$dS = \frac{1}{T}(\mu_B - \mu_A)dn_A \tag{9.5}$$

となる．断熱系の熱力学第二法則 $dS \geq 0$ により，式 (9.5) ≥ 0 である．絶対温度 T は正なので，$\mu_B - \mu_A$ と dn_A の符号が等しいことになる．たとえば $\mu_B > \mu_A$ なら $dn_A > 0$ となり，A が増えることになる．逆に A の化学ポテンシャルが高ければ($\mu_A > \mu_B$)，B が増える($dn_A < 0$)．

このように，物質は化学ポテンシャルの高いほうから低いほうへ移動または変換することが，熱力学第二法則 $dS \geq 0$ から示される．$\mu_B = \mu_A$ のときには，A と B は平衡にある．

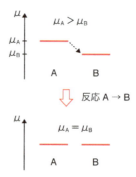

図 9.1 化学ポテンシャルと物質の変換

9.1.3 化学ポテンシャルと自由エネルギー

9.1.1項で内部エネルギーを考えたのと同様に，ヘルムホルツエネルギー F に物質量変化からの寄与 $\sum_i \mu_i \mathrm{d}n_i$ を追加する．$F = U - TS$ の微分

$$\mathrm{d}F = \mathrm{d}(U - TS) = \mathrm{d}U - T\mathrm{d}S - S\mathrm{d}T$$

に式(9.3)を代入すると $T\mathrm{d}S$ が消えて

$$\mathrm{d}F = -S\mathrm{d}T - P\mathrm{d}V + \sum_i \mu_i \mathrm{d}n_i \tag{9.6}$$

となる．さらに，定温・定積($\mathrm{d}T = 0$，$\mathrm{d}V = 0$)では

$$\mathrm{d}F = \sum_i \mu_i \mathrm{d}n_i \tag{9.7}$$

となる．前項のように，AとBの間の相互変換 $A \rightleftharpoons B$ を考えると，$\mathrm{d}n_A = -\mathrm{d}n_B$ を用いて

$$\mathrm{d}F = (\mu_A - \mu_B)\mathrm{d}n_A$$

よって，式(9.5)≥ 0 は $\mathrm{d}F \leq 0$ と等価となる．このようにして自由エネルギー減少則は，系内部で物質量変化がある場合に一般化される．

例題 9.1 定温・定圧において系内部で物質量変化がある場合のギブズエネルギー減少則を導け．

解答 $G = F + PV$（式 8.27）より

$$\mathrm{d}G = \mathrm{d}(F + PV) = \mathrm{d}F + P\mathrm{d}V + V\mathrm{d}P$$

右辺の $\mathrm{d}F$ に式(9.6)を代入して

$$\mathrm{d}G = -S\mathrm{d}T + V\mathrm{d}P + \sum_i \mu_i \mathrm{d}n_i \tag{9.8}$$

よって，定温・定圧($\mathrm{d}T = 0, \mathrm{d}P = 0$)で $\mathrm{d}G = \sum_i \mu_i \mathrm{d}n_i$ となり，式(9.7)と同様に，自発的反応の方向は $\mathrm{d}G \leq 0$ で記述される．

以上をまとめると，次のようになる．化学ポテンシャルの概念を導入する(9.1.1項)ことによって，物質量変化の釣合いが記述される(9.1.2項)．これは，温度や圧力の釣合いと同様に，熱力学第二法則による．同じことは，自由エネルギー減少則によっても記述される(9.1.3項)．平衡から外れた系では，化学ポテンシャルの高いほうから低いほうへ物質が移動または変換する．

この節のキーワード

ギブズ–デュエムの関係式，化学ポテンシャルと圧力，化学ポテンシャルと物質濃度，モル分率，分圧，活量

9.2 化学ポテンシャルを決めるもの

9.1節で，化学ポテンシャルが物質量変化の釣合いを記述することを見た．では，化学ポテンシャルの値は何によって決まるのだろうか．化学ポテンシャルの高いほうから低いほうへ物質が移動することを考えると，濃度が高いときに化学ポテンシャルも高いことが予想される．本節では，これを定式化する．その準備として，**ギブズ–デュエム（Gibbs-Duhem）の式**と呼ばれる関係式について記述する．

9.2.1 ギブズ–デュエムの関係式

式(9.3)を再掲する．ただし，簡単のため1成分（μdn の項は一つ）とする．

$$dU = TdS - PdV + \mu dn \tag{9.9}$$

章末のコラム「エントロピーの示量性」で示すように，式(9.9)とは独立な関係式として

$$U = TS - PV + \mu n \tag{9.10}$$

も成り立つ．すると，ギブズエネルギーの定義 $G = H - TS = U + PV - TS$（式8.18）に式(9.10)を代入することにより

$$G = \mu n \tag{9.11}$$

が得られる．よって，化学ポテンシャル $\mu = G/n$ は物質量あたりのギブズエネルギーである．ただし，これは単成分の場合であって，多成分の場合は例題9.2のようになる．この場合も，μ_i は成分 i の物質量あたりのギブズエネルギーと解釈できる．式(9.10)の微分

$$\begin{aligned} dU &= d(TS - PV + \mu n) \\ &= TdS + SdT - PdV - VdP + \mu dn + nd\mu \end{aligned}$$

と式(9.9)の両辺の差をとると，次式を得る．

$$0 = SdT - VdP + nd\mu \tag{9.12}$$

これはギブズ–デュエムの式と呼ばれる．1 mol あたりの量として，モルエントロピー $S_m = S/n$ とモル体積 $V_m = V/n$ を定義すると，式(9.12)は

$$d\mu = -S_m dT + V_m dP \tag{9.13}$$

となる．これより，化学ポテンシャルは温度と圧力の関数 $\mu(T, P)$ として

表されることがわかる[*2].

*2 μ の変化 $d\mu$ が T, P の変化 dT, dP で表されるので, μ は T, P の関数である.

例題 9.2 式 (9.2) で示したような多成分の場合には, 式 (9.10) は $U = TS - PV + \sum_i \mu_i n_i$ となる. このとき, 式 (9.11) と (9.12) に対応する式を導け.

解答 式 (9.9) の μdn が和 $\sum_i \mu_i dn_i$ となるので

$$G = \sum_i \mu_i n_i \quad \text{および} \quad SdT - VdP + \sum_i \mu_i dn_i = 0$$

9.2.2 純物質の化学ポテンシャル（理想気体）

温度 T 一定のもとで圧力を P_1 から P_2 へ変化させたときの化学ポテンシャルの変化は

$$\mu(T, P_2) - \mu(T, P_1) = \int_{P_1}^{P_2} d\mu \tag{9.14}$$

と表せる. 温度一定 ($dT = 0$) で式 (9.13) は $d\mu = V_m dP$ であり, これに 1 mol の理想気体の状態方程式 $PV_m = RT$ を用いると, 式 (9.14) は次のように書ける.

$$= \int_{P_1}^{P_2} V_m dP = RT \int_{P_1}^{P_2} \frac{1}{P} dP = RT \ln(P_2/P_1) \tag{9.15}$$

P_1 を標準圧力 $P° = 1\,\text{bar} = 10^5\,\text{Pa}$ とし, $\mu(T, P°)$ を $\mu°(T)$ と書く. P_2 は任意として単に P と書くと

$$\mu(T, P) = \mu°(T) + RT \ln(P/P°) \tag{9.16}$$

このように, 理想気体の化学ポテンシャルの標準状態 (1 bar) からの変化は, 圧力 P の対数に比例する. よって, P の関数として単調に増大し, 圧力が高いほど化学ポテンシャルも高くなる.

9.2.3 多成分系の化学ポテンシャル
(1) モル分率

次に, 複数の成分が混合した系を扱う. 混合系の成分 i の物質量を n_i とすると, その成分の**モル分率**(mole fraction) x_i は

$$x_i = \frac{n_i}{\sum_j n_j} \tag{9.17}$$

で定義される. たとえば, 窒素分子 4 mol と酸素分子 1 mol の混合気体では, 窒素のモル分率は 0.8, 酸素のモル分率は 0.2 である. モル分率の総

和は 1 になる ($\sum_i x_i = 1$).

(2) 分圧のドルトン則

複数の成分からなる混合気体を考えるとき，成分 i の分圧 p_i は，「その成分が単独で全体積を占めたときの圧力」と定義する．実験によれば，混合気体の全圧 P は，各成分の分圧の和にほぼ等しい．

$$P \simeq \sum_i p_i \tag{9.18}$$

これは**ドルトンの法則 (Dalton's law)** と呼ばれる．理想気体の場合には分圧 p_i は全圧 P をモル分率 x_i に従って分配した．

$$p_i = x_i P \tag{9.19}$$

となり，式(9.18)においては等号が成り立つ (練習問題 9.1).

例題 9.3 窒素 2.5 mol，酸素 1.5 mol，アルゴン 1.0 mol からなる混合気体の全圧が 2.0 atm のとき，各成分の分圧を求めよ．

解答 $x_{N_2} = \dfrac{(2.5 \,\text{mol})}{((2.5+1.5+1.0) \,\text{mol})} = 0.50$. 同様にして $x_{O_2} = 0.30$, $x_{Ar} = 0.20$, よって $p_{N_2} = (2.0 \,\text{atm})(0.50) = 1.0 \,\text{atm}$. 同様にして $p_{O_2} = 0.60 \,\text{atm}$, $p_{Ar} = 0.40 \,\text{atm}$.

---

(3) 理想混合気体

混合気体の各成分を理想気体として扱える場合を**理想混合気体 (ideal gas mixture)** と呼ぶ．各成分が理想気体として独立に振る舞うので，前項と同様の議論を各成分に適用することにより，各成分 i の化学ポテンシャルについて式(9.16)と同様の次式が得られる．

$$\mu_i(T, p_i) = \mu_i^\circ(T) + RT \ln(p_i/P^\circ) \tag{9.20}$$

右辺の p_i に式(9.19)を代入すると

$$\mu_i(T, p_i) = \mu_i^\circ(T) + RT \ln(P/P^\circ) + RT \ln x_i \tag{9.21}$$

となる[*3]．右辺の最初の二項を $\mu_i^*(T, P)$ とおく．

$$\mu_i^*(T, P) = \mu_i^\circ(T) + RT \ln(P/P^\circ) \tag{9.22}$$

これは，式(9.16)と同形であり，成分 i が単独で温度 T, 圧力 P にあるときの化学ポテンシャルである．これにより，式(9.21)は次のようになる．

[*3] $\ln(ab) = \ln a + \ln b$

$$\mu_i(T, P, x_i) = \mu_i^*(T, P) + RT \ln x_i \tag{9.23}$$

左辺は分圧 p_i の代わりに全圧 P とモル分率 x_i の関数とした．

(4) 活量の導入

式 (9.20) や (9.23) において，化学ポテンシャルは分圧やモル分率の対数関数を含むことを見た．一般には，各成分 i の**活量** (activity) a_i という量を導入し

$$\mu_i = \mu_i^\circ + RT \ln a_i \tag{9.24}$$

とする．気体の場合は，$a_i = p_i/P^\circ$ とすることによって，式 (9.24) は式 (9.20) と一致する．すなわち，活量 a_i は分圧 p_i を bar $= 10^5$ Pa 単位で測ったときの数値とする．溶液中の溶質については，モル濃度を mol L^{-1} $=$ mol dm^{-3} で測ったときの数値（無次元）を溶質 i の活量 a_i とする．すなわち，溶質 i のモル濃度を $[i]$，$c^\circ = 1$ mol/L として，$a_i = [i]/c^\circ$ とする[*4]．一方，固体状態にある成分や，溶媒の活量は 1 とする．これにより，9.3 節で見るように，固体や溶媒は平衡定数には含まれないことになる．

[*4] 電気化学などでイオンを扱うときには，溶質間の相互作用を無視できないために，モル濃度の数値に活量係数という補正係数をかけたものを活量とする．

9.3 平衡定数

9.3.1 化学ポテンシャルと平衡定数

9.2 節の考え方を化学反応に応用する．例題 9.1 で示した式

$$dG = \sum_i \mu_i\, dn_i \quad (定温・定圧) \tag{9.25}$$

を用いて，反応に伴うギブズエネルギー変化を求めることができる．例として，次のように反応物 A と B が n mol と m mol 反応して，l mol の生成物 C が生じる反応を考える．

$$n\text{A} + m\text{B} \longrightarrow l\text{C} \tag{9.26}$$

この反応に伴うギブズエネルギー変化は，式 (9.25) より

$$\Delta G = l\mu_\text{C} - n\mu_\text{A} - m\mu_\text{B} \tag{9.27}$$

となる[*5]．式 (9.24) によれば，たとえば A の項は

$$n\mu_\text{A} = n\mu_\text{A}^\circ + RT \ln (a_\text{A})^n$$

となる．B と C の項も，式 (9.27) に代入し整理すれば

$$\Delta G = \Delta G^\circ + RT \ln\left(\frac{(a_\text{C})^l}{(a_\text{A})^n (a_\text{B})^m}\right) \tag{9.28}$$

> **この節のキーワード**
> 化学ポテンシャルとギブズエネルギー，標準反応ギブズエネルギー，反応商，平衡定数

[*5] 詳しくは次のようになる．反応 (9.26) の**進行度** $d\zeta$ を

$$d\zeta = -\frac{1}{n}dn_\text{A} = -\frac{1}{m}dn_\text{B}$$

$$= \frac{1}{l}dn_\text{C}$$

で定義する．これは，係数の比を反映した共通の指標となっている．式 (9.25) は $dG = \mu_\text{C} dn_\text{C} - \mu_\text{A} dn_\text{A} - \mu_\text{B} dn_\text{B} = (l\mu_\text{C} - n\mu_\text{A} - m\mu_\text{B})d\zeta$ となり，ζ を 0 から 1 まで積分したものが式 (9.27) となる．ただし，μ_A, μ_B, μ_C は ζ によらないと仮定する．

[*6] $\ln A - \ln B = \ln(A/B)$

を得る[*6]. ただし, μ_i° からくる部分を

$$\Delta G^\circ = l\mu_\text{C}^\circ - n\mu_\text{A}^\circ - m\mu_\text{B}^\circ$$

とした. これを**標準反応ギブズエネルギー**(standard Gibbs energy of reaction)と呼ぶ. 式(9.28)の対数項の中身を

$$q = \frac{(a_\text{C})^l}{(a_\text{A})^n (a_\text{B})^m} \tag{9.29}$$

とおく. これは, **反応商**(reaction quotient)と呼ばれる. 反応が平衡にあるときの q の値を**平衡定数**(equilibrium constant)と呼び, これを K と書く.

$$K = \left(\frac{(a_\text{C})^l}{(a_\text{A})^n (a_\text{B})^m}\right)_\text{eq} \tag{9.30}$$

添字 eq は平衡における値であることを示す. 以上のように, 平衡定数の式は, 化学ポテンシャルの式(9.24)とギブズエネルギーの概念から自然に導かれる.

平衡状態では, $\Delta G = 0$ が成り立つ. このとき式(9.28)は

$$\Delta G^\circ = -RT \ln K \quad \Leftrightarrow \quad K = \exp\left(-\frac{\Delta G^\circ}{RT}\right) \tag{9.31}$$

となる. よって, 平衡定数 K を測定すれば, ΔG° の値を決定できる. 濃度や分圧が平衡から外れると, q は K とは異なる値となり, ΔG はゼロではなくなる. 式(9.27)より, $\Delta G > 0$ は生成物側の化学ポテンシャルが高いということなので, 逆反応が起きて平衡を回復しようとする. $\Delta G < 0$ のときは, 正反応が起こる. このようにして, **ル・シャトリエの原理**(Le Chatelier's principle)が, ギブズエネルギーによって定量的に記述される.

注意：9.2.3項(4)で述べたように, 活量の値には, 気相の場合には分圧, 溶液の場合にはモル濃度を用いる. そこで, 平衡定数の表式も, 分圧やモル濃度をそのまま用いて(添字 eq も省略して),

$$K = \frac{(p_\text{C})^l}{(p_\text{A})^n (p_\text{B})^m} \quad \text{または} \quad K = \frac{[\text{C}]^l}{[\text{A}]^n [\text{B}]^m}$$

のように表記することも多い(本書の第 10 〜 12 章でも, 簡単のためにこちらを用いている). しかし, その場合でも分圧は bar, モル濃度は mol/L 単位で測った無次元の数値とする. 正確には

$$K = \frac{(p_C/P^\circ)^l}{(p_A/P^\circ)^n(p_B/P^\circ)^m} \quad \text{または} \quad K = \frac{([C]/c^\circ)^l}{([A]/c^\circ)^n([B]/c^\circ)^m}$$

であり，よって平衡定数も無次元である．高校の化学では（おそらく混乱を避けるために）平衡定数に単位を付けているが，本来は無次元とするべきである．さもないと，式(9.28)〜(9.31)に矛盾が生じてしまう．

例題 9.4 フェノール水溶液の酸電離は，次式で表される．

$$C_6H_5OH\,(aq) \longrightarrow C_6H_5O^-\,(aq) + H^+\,(aq)$$

この平衡定数は，298 K で $K = 1.3 \times 10^{-10}$ である．
(1) 標準反応ギブズエネルギー ΔG° を計算せよ．
(2) $[C_6H_5OH] = 0.10\,\mathrm{mol\,dm^{-3}}$ および $[C_6H_5O^-] = [H^+] = 1.0 \times 10^{-5}\,\mathrm{mol\,dm^{-3}}$

となるような溶液を用意したとする．自発的に起こるのは正反応・逆反応のどちらか．

解答 (1) $\Delta G^\circ = -RT \ln K = -(8.31\,\mathrm{J\,K^{-1}\,mol^{-1}})(298\,\mathrm{K})(\ln(1.3 \times 10^{-10})) = 56\,\mathrm{kJ\,mol^{-1}}$

(2) $\Delta G = \Delta G^\circ + RT \ln q = RT \ln(q/K) = (8.31\,\mathrm{J\,K^{-1}\,mol^{-1}})(298\,\mathrm{K})$

$$\left(\ln\left(\frac{(1.0 \times 10^{-5})^2}{(0.10)(1.3 \times 10^{-10})}\right)\right) = 5.1\,\mathrm{kJ\,mol^{-1}} > 0$$

コラム　電池の化学

8.5節では，自由エネルギーが定温過程の自発的方向を決めることを示した．自由エネルギーは電池の起電力とも結びついている．電池の全反応式が n 電子反応のとき，ギブズエネルギー変化 ΔG と起電力（または電極電位）E の間には

$$\Delta G = -nFE$$

の関係が成り立つ．これは，**ネルンストの式**(Nernst equation)と呼ばれる．$F = eN_A = 9.649 \times 10^4\,\mathrm{C\,mol^{-1}}$ は**ファラデー定数**(Faraday constant)である．これより，式(9.28)に対応して，起電力と反応物質の活量の間には

$$E = E^\circ - \frac{RT}{nF} \ln\left(\frac{(a_C)^l}{(a_A)^n(a_B)^m}\right)$$

という形の関係が成り立つ．E° は**標準起電力**(standard electromotive force)と呼ばれる．本書では電気化学は扱わないが，自由エネルギーや化学ポテンシャルの基礎を学んでおけば，電気化学の熱力学もスムーズに理解できるはずである．

> よって，逆反応が自発的に起こる．このように，反応式の右側の濃度が左側の濃度の 1/10000 であっても逆反応が起こる．これは，K が 10^{-10} と小さく，フェノールが弱い酸であることによる．

9.3.2 化学ポテンシャルの中身

ここで，化学ポテンシャルの内容について考察してみよう．9.2 節から本節まで見てきたように，化学ポテンシャルは物質量あたりのギブズエネルギーとして，反応ギブズエネルギー ΔG の計算に用いられる．一方，8.5 節で見たように，ΔG は反応エンタルピー ΔH と反応エントロピー ΔS からなる（$\Delta G = \Delta H - T\Delta S$）．さらに，式 (8.4)〔$\Delta S = nR \ln(P_1/P_2)$〕と式 (9.20) を対応づけるとわかるように，化学ポテンシャルの式 (9.20) や (9.24) の対数項は，エントロピーの寄与に相当する．ということは，反応エンタルピーのほうは主に $\mu°$ に由来することになる．その内容は，ヘスの法則で反応熱を生成熱から計算したことからわかるように，化学結合のエネルギーに相当する．つまり，物質 A の化学ポテンシャル μ_A においては，項 $\mu_A°$ に物質 A の化学結合エネルギーが含まれており，濃度変化などの量的変化に伴うエントロピー変化が活量の対数項 $RT \ln a_i$ で表されると解釈できる[*7]．

*7 分子間相互作用の効果も活量の対数項に含まれる．

この節のキーワード
蒸気圧降下，ラウールの法則，沸点上昇，束一的性質

9.4 希薄溶液の沸点上昇

9.4.1 蒸気圧降下，ラウールの法則

沸点(boiling point) とは，液体の蒸気圧が大気圧と等しくなる温度であり，本書では T_b と記す．たとえば，純水に食塩を溶かすと沸点が上昇する．沸騰している水に食塩を加えると一時的に沸騰が収まることは経験的によく知っているだろう．これは，溶質の存在により溶媒の蒸気圧が低下するからであると解釈できる．溶媒物質を添字 s (solvent) で表す．純溶媒[*8] の蒸気圧を p_s^*，溶質が希薄なときの溶媒の蒸気圧を p_s，溶媒のモル分率を x_s とすると

*8 以下，純物質に関する量には * をつけ，p_s^*，T_b^*，ΔH^* などと表記する．

$$p_s = p_s^* x_s \quad (x_s \simeq 1) \tag{9.32}$$

と表されることが経験的に知られている．これは，**ラウールの法則** (Raoult's law) と呼ばれる．$x_s < 1$ なので $p_s < p_s^*$ であり，希薄溶液の蒸気圧は純溶媒の蒸気圧よりも下がる．蒸気圧の低下分は $p_s^* - p_s$ であり，上式のラウールの法則によると

$$p_s^* - p_s = p_s^*(1 - x_s) \tag{9.33}$$

となる．$1-x_s$ は溶質のモル分率であるから，式 (9.33) は蒸気圧降下が溶質のモル分率に比例することを示す．ここで，溶質の種類は複数あってもよい．たとえば n 種類の溶質がモル分率 $x_1, \cdots, x_n$ で溶媒に溶けているとすれば，モル分率の総和は 1 なので，次式が成り立つ．

$$x_s + \sum_{i=1}^{n} x_i = 1 \;\;\Rightarrow\;\; 1-x_s = \sum_{i=1}^{n} x_i$$

よって，$1-x_s$ は溶質のモル分率の和である．溶媒の蒸気圧降下を表す式 (9.33) は溶質分子数の和のみに依存し，溶質の化学的性質にはよらない．これを**束一的性質**(colligative property) と呼ぶ．

9.4.2 沸点上昇

希薄溶液の沸点上昇も溶質のモル分率 $1-x_s$ に比例する．純溶媒の沸点を T_b^*，沸点上昇を $\Delta T_b = T_b - T_b^*$ とすると

$$\Delta T_b = \frac{R(T_b^*)^2}{\Delta H_{s,m}^{*(vp)}}(1-x_s) \tag{9.34}$$

と表される．$\Delta H_{s,m}^{*(vp)}$ は純溶媒の**モル蒸発エンタルピー**(molar vaporization enthalpy) である[*9]．このように，希薄溶液の沸点上昇は溶質のモル分率 $1-x_s$ に比例する．溶媒の蒸気圧降下と同様，沸点上昇も束一的性質である．

[*9] 添字の意味は，s：溶媒，m：1 mol あたり，vp：蒸発 (vaporization) である．

コラム 沸点上昇の関係式の導出

溶質は不揮発性とする．溶媒に関する気相 (gas) と液相 (liquid) の平衡条件は

$$\mu_s^{*(g)}(T,p_s) = \mu_s^{(l)}(T,P,x_s)$$

である．左辺は式 (9.20) に相当する．溶質を不揮発性としたので，気相には溶媒の蒸気のみが存在するから，左辺には純物質を表す * 印をつけた．大気圧を $P = P_a$ と書く．沸点 T_b では，蒸気圧 p_s は大気圧と等しくなるので，上式は

$$\mu_s^{*(g)}(T_b,P_a) = \mu_s^{(l)}(T_b,P_a,x_s)$$

となる．右辺は溶液だが，希薄溶液 ($x_s \simeq 1$) の場合には，理想混合気体の式 (9.23) を用いることができて

$$\mu_s^{*(g)}(T_b,P_a) = \mu_s^{*(l)}(T_b,P_a) + RT_b \ln x_s$$

となる．移項して

$$\ln x_s = \frac{\mu_s^{*(g)}(T_b,P_a) - \mu_s^{*(l)}(T_b,P_a)}{RT_b} \tag{9.35}$$

となるが，右辺の分子は 1 mol の溶媒の蒸発に伴うギブズエネルギー変化であるから，これを $\mu_s^{*(g)} - \mu_s^{*(l)} = \Delta G_{s,m}^{*(vp)}$ とおき，さらに $G = H - TS$ によって

$$\Delta G_{s,m}^{*(vp)} = \Delta H_{s,m}^{*(vp)} - T_b \Delta S_{s,m}^{*(vp)} \tag{9.36}$$

と表す．考え方の要点は以上であり，後の計算は発展問題 9.2 で扱う．

例題 9.5 $0.100\,\mathrm{mol\,L^{-1}}$ の不揮発性溶質を含む水溶液の沸点上昇 ΔT_b を計算せよ．水の沸点 $T_\mathrm{b}^* = 100\,°\mathrm{C} = 373\,\mathrm{K}$，水のモル蒸発エンタルピー $\Delta H_\mathrm{s,m}^{*\,(\mathrm{vp})} = 40.6\,\mathrm{kJ\,mol^{-1}}$，水の密度 $1.00\,\mathrm{g\,cm^{-3}}$ とする．

解答 水 $1.00\,\mathrm{L}$ の物質量は，密度と分子量から次のように計算される．

$$n_\mathrm{H_2O} = \frac{(1.00\,\mathrm{g\,cm^{-3}})(1.00\times 10^3\,\mathrm{cm^3})}{(18.0\,\mathrm{g\,mol^{-1}})} = 55.55\,\mathrm{mol}$$

不揮発性溶質のモル分率は，次のように計算される．

$$1 - x_\mathrm{s} = \frac{(0.100\,\mathrm{mol})}{((55.55 + 0.100)\,\mathrm{mol})} = 1.796\times 10^{-3}$$

よって，沸点上昇は式(9.34)より次のように求められる．

$$\Delta T_\mathrm{b} = \frac{(8.314\,\mathrm{J\,K^{-1}\,mol^{-1}})(373\,\mathrm{K})^2(1.796\times 10^{-3})}{(40.6\times 10^3\,\mathrm{J\,mol^{-1}})}$$
$$= 5.12\times 10^{-2}\,\mathrm{K}$$

コラム　エントロピーの示量性

8.1 節において，エントロピーは示量的状態量として導入されたが，実際にエントロピーが示量的であるかどうかを調べてはいなかった．ここで検証してみよう．式(9.4)の1成分の場合は

$$\mathrm{d}S = \frac{1}{T}\mathrm{d}U + \frac{P}{T}\mathrm{d}V - \frac{\mu}{T}\mathrm{d}n \qquad (9.37)$$

であり，右辺の係数より

$$\frac{1}{T} = \left(\frac{\partial S}{\partial U}\right)_{V,n},\ \frac{P}{T} = \left(\frac{\partial S}{\partial V}\right)_{U,n},\ \frac{\mu}{T} = -\left(\frac{\partial S}{\partial n}\right)_{U,V} \qquad (9.38)$$

を得る．系の示強変数（温度 T と圧力 P）を保ったまま，示量変数（体積 V と物質量 n）を a 倍にする．すなわち，$V \to aV$ かつ $n \to an$ とする．このとき，密度 n/V は一定である．内部エネルギーは示量的なので，$U \to aU$ となる．エントロピーも示量的であるためには $S \to aS$ でなければならない．式 (9.37) より，S は U，V，n の関数だから，この条件は

$$S(aU, aV, an) = aS(U, V, n)$$

と表現される．この式の両辺を a で微分する．左辺の微分は

$$\frac{\mathrm{d}S}{\mathrm{d}a} = U\frac{\partial S}{\partial(aU)} + V\frac{\partial S}{\partial(aV)} + n\frac{\partial S}{\partial(an)}$$

であり，右辺の微分は S となる．$a = 1$ とおくと

$$U\left(\frac{\partial S}{\partial U}\right)_{V,n} + V\left(\frac{\partial S}{\partial V}\right)_{U,n} + n\left(\frac{\partial S}{\partial n}\right)_{U,V} = S$$

が得られる．これに式(9.38)を代入し，両辺に T を掛けて

$$U = TS - PV + \mu n$$

を得る．これが式(9.10)である．

章末問題

練習問題 9.1 理想気体の状態方程式が各成分について成り立つ（$p_i V = n_i RT$）とすると、式 (9.19) $p_i = x_i P$ が成り立つことを示せ。このときドルトンの法則（式 9.18）において等号が成り立つことを確かめよ。

練習問題 9.2 標準状態で発熱的（$\Delta H° < 0$）である反応において、平衡状態から温度を上げたとき、正反応と逆反応のどちら方向に進むか。$\Delta G° = \Delta H° - T\Delta S°$ または $\ln K$ を用いて説明せよ。温度変化による $\Delta H°$ と $\Delta S°$ の変化は無視できるとする。

練習問題 9.3 希薄溶液の凝固点降下についても、式 (9.34) と同様の関係式が成り立つ。その場合、純溶媒の沸点温度の代わりに凝固点温度を、モル蒸発エンタルピーの代わりにモル融解エンタルピーを用いる。0.100 mol L^{-1} の溶質を含む水溶液の凝固点降下 ΔT_f を計算せよ。水の凝固点 $T_\mathrm{f}^* = 273$ K における氷の融解エンタルピーは、3.34×10^2 J g^{-1} である。273 K における水の密度は 1.00 g cm^{-1} としてよい。

練習問題 9.4 沸点上昇または凝固点降下を利用して未知物質の分子量を決定するにはどのようにすればよいか説明せよ。

発展問題 9.1 式 (9.8) の単成分の場合、$dG = -SdT + VdP + \mu dn$ より、G は T, P, n の関数 $G(T, P, n)$ と書ける。T と P を一定にして n を a 倍すると、G は示量変数なので $G(T, P, an) = aG(T, P, n)$ となる。この関係式をもとに、式 (9.11) $G = \mu n$ を導け。また、議論を多成分の場合に拡張せよ。

発展問題 9.2 (1) 希薄溶液 $x_\mathrm{s} \simeq 1$ では、式 (9.35) の左辺は $\ln x_\mathrm{s} \simeq x_\mathrm{s} - 1$ と近似できる。これを用いて、x_s と $\Delta H_\mathrm{s,m}^{*(vp)}$、$\Delta S_\mathrm{s,m}^{*(vp)}$ の関係式を示せ。
(2) (1) で得た関係式と、その式に純溶媒の条件（$x_\mathrm{s} = 1$, $T_\mathrm{b} = T_\mathrm{b}^*$）を用いた式から $\Delta S_\mathrm{s,m}^{*(vp)}$ を消去し、沸点上昇を与える式 (9.34) を導け。ただし、希薄溶液では $T_\mathrm{b} \simeq T_\mathrm{b}^*$ なので、$\Delta H_\mathrm{s,m}^{*(vp)}$ と $\Delta S_\mathrm{s,m}^{*(vp)}$ の温度への依存性は無視してよい。また、同じ理由から、T_b と T_b^* の積は、$(T_\mathrm{b}^*)^2$ で近似してよい。

【ヒント】コラム「エントロピーの示量性」参照。

第10章 分子運動と熱現象
Molecular Motions and Thermal Phenomena

この章で学ぶこと

本章では，内部エネルギーやエントロピーなどの熱力学変数と分子運動を結びつける．熱現象と分子運動の関係については第6章でも扱ったが，本章では量子力学的なエネルギー準位に立脚して考える．与えられた温度において，分子集団はさまざまなエネルギーをとり得る．その分布は正準分布と呼ばれる．付随して導入される分配関数と呼ばれる量が仲立ちとなって，微視的なエネルギー準位と巨視的な熱力学が結びつく．並進，回転，振動といった分子運動について，モデルを設定して分配関数を計算する．

10.1 分子エネルギーの分布

この節のキーワード
正準分布，分配関数，平衡定数

10.1.1 正準分布

温度 T，体積 V，全分子数 N は一定とする．考察する系のエネルギー準位の組を $\{E_n\}\,(n = 1, 2, 3, \cdots)$ とする．分子の並進や振動のエネルギー準位を扱うが，具体的な形は10.2節で考察する．式 (6.10) の分子数分布関数

$$f(v) \propto \exp\left(-\frac{E(v)}{k_\mathrm{B} T}\right)$$

に相当する量として，系がエネルギー E_n の状態にある確率 p_n を考える．そのエネルギー準位にある分子の数は Np_n となる．p_n は上式右辺と同様の，エネルギーと温度の比に従って減衰する指数関数に比例する[*1]．

[*1] 導出は省略する．式 (6.10) と似ていることに注目してほしい．

$$p_n \propto \exp\left(-\frac{E_n}{k_\mathrm{B}T}\right)$$

p_n は確率なので，総和が 1，すなわち規格化されている必要がある．このため

$$Q = \sum_{n=1}^{\infty} \exp\left(-\frac{E_n}{k_\mathrm{B}T}\right) \tag{10.1}$$

とおいて[*2]

$$p_n = \frac{1}{Q} \exp\left(-\frac{E_n}{k_\mathrm{B}T}\right) \tag{10.2}$$

とする．これを**正準分布**（canonical distribution）または**カノニカル分布**と呼ぶ．Q は**分配関数**（partition function）と呼ばれる．上式では単なる規格化因子だが，重要な役割を演じる量であることを以下で説明する．

[*2] 式 (10.1) の右辺の和は $n=\infty$ までとしたが，エネルギー準位の個数が有限の場合には，和もそれに従う．

例題 10.1 （1）離散的なエネルギー準位をもつ系の分配関数の値は，高温になると大きくなるか小さくなるか．
（2）離散的なエネルギー準位をもつ系が二つあって，一方のエネルギー間隔が他方のそれよりも総じて大きいとする．ある温度における分配関数の値はどちらが大きいか．

解答 （1）高温では図 10.1 の減衰が緩やかになる（高エネルギーまで尾を引く）ので，分配関数は大きくなる．
（2）エネルギー間隔が小さい系では，図 10.1 の縦線が密に並ぶので，分配関数は大きくなる．

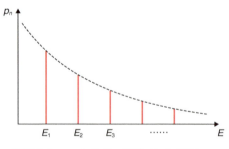

図 10.1 エネルギー準位 E_n と確率 p_n

10.1.2　熱力学との関係

エネルギー値が E_n となる確率が p_n であるときのエネルギー期待値は，$E_n p_n$ の総和である．巨視的な熱力学では，内部エネルギー U に相当する．

$$U = \sum_n E_n p_n \tag{10.3}$$

これは，分配関数 Q によって

$$U = \frac{k_B T^2}{Q} \frac{\partial Q}{\partial T} \tag{10.4}$$

と表せる（発展問題 10.1）．またエントロピー S も，分配関数で表せる．

$$S = \frac{U}{T} + k_B \ln Q \tag{10.5}$$

これは，式 (10.4) から出発し，熱力学の関係式を経て導くことができる（発展問題 10.3）．

10.1.3　分配関数と平衡定数

分配関数の化学への応用例として，平衡定数との関係を見よう（図 10.2）．A と B の間の化学平衡

$$A \rightleftharpoons B$$

を考える．平衡定数 K は，濃度を [A], [B] として，$K = [B]/[A]$ である．A と B のエネルギー準位をまとめて E_i ($i = 1, 2, \cdots$) と書く．全分子数を N とすると，エネルギー E_i をもつ分子の数 n_i は

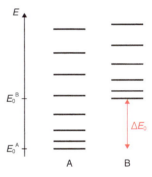

図 10.2　分子 A, B のエネルギー準位

コラム　微視的エネルギー準位から分配関数を経て熱力学へ

発展問題 10.2 で見るように，ヘルムホルツエネルギー F と分配関数 Q の関係は

$$F = -k_B T \ln Q \tag{10.6}$$

となる．これは，U と Q の関係式 (10.4) よりも単純であるため，こちらを分配関数と熱力学を結びつける基本式とみなすこともある．

ある微視的モデルから出発して，エネルギー準位を体積の関数 $E_n(V)$ として求めると，式 (10.1) と (10.6) から F が (T, V) の関数として得られる．すると，熱力学の関係式（発展問題 8.1 参照）

$$S = -\left(\frac{\partial F}{\partial T}\right)_V \quad P = -\left(\frac{\partial F}{\partial V}\right)_T \tag{10.7}$$

から S, P が求まるので，

$$U = F + TS, \quad H = U + PV, \quad G = F + PV$$

がすべて求まる．具体例を 10.2.7 項で見る．

$$n_i = Np_i = \frac{N}{Q}\exp\left(-\frac{E_i}{k_B T}\right)$$

これをもとに，分子 A の数を

$$n_A = \frac{N}{Q}\sum_{i\in A}\exp\left(-\frac{E_i}{k_B T}\right) = \frac{N}{Q}Q_A \tag{10.8}$$

と表す．$i \in A$ は，E_i が分子 A に属することを示す．二つ目の等号で A の分配関数 Q_A を定義した．分子 B についても同様とする．よって，平衡定数 $K = n_B/n_A$ は

$$K = \frac{Q_B}{Q_A} \tag{10.9}$$

となる．このように，分配関数の比は分子数の比に等しい．

次に，分子 A の最低エネルギー準位を E_0^A として，これから測ったエネルギー $E_i - E_0^A$ によって分配関数 q_A を定義する．

$$q_A = \sum_{i\in A}\exp\left(-\frac{E_i - E_0^A}{k_B T}\right) \tag{10.10}$$

コラム　近代的原子論と統計力学の生みの苦しみ

　物質が原子や分子などの微視的な構成要素からなるとする原子論は，現代では広く受け入れられているが，科学的に認知されたのは意外に最近のことで，20 世紀初頭である．原子論自体は紀元前のギリシャ文明など古代からあったが，それらは実証を伴わない抽象的な思想であった．

　一方，熱力学は巨視的な量の関係を与えるものとして，原子論とは独立に発展した．当初は熱と流体とを類比させ，水車などと対応させて考察されたこともあった．後にそのようなモデルから切り離した理論体系として，19 世紀にほぼ完成した．

　これに対し，原子分子論は化学における有用な概念として 19 世紀中頃には認知されていた．原子や分子の運動から熱力学を基礎づける努力は，マクスウェルやボルツマンらにより進められた（第 6 章参照）が，その完成は容易ではなかった．理論自体の難しさに加え，当時の哲学で主流だった経験主義 (empiricism) や実証主義 (positivism) に立脚する**エネルギー論** (energetics) との鋭い対立があった．これは，原子・分子のように（当時の技術では）実験的に確認できないものを科学の基礎におくのは邪道であり，熱力学のような実証的なマクロ法則があれば十分であるとする立場で，オストワルド (Wilhelm Ostwald) やマッハ (Ernst Mach) などの有力な科学者が提唱した（結局，エネルギー論は衰退したが，実証主義的思考が相対性理論や量子力学の成立に寄与した点は無視できない）．20 世紀初頭に原子・分子論が認知されたことには，第 6 章のコラムで紹介した，ブラウン運動の理論と実験が主要な役割を果たした．

これを**分子分配関数** (molecular partition function) と呼ぶ．このとき式 (10.8)は

$$n_A = \frac{N}{Q} q_A \exp\left(-\frac{E_0^A}{k_B T}\right) \tag{10.11}$$

となる．Bについても同様とする．平衡定数は，最低分子エネルギーの差を $\Delta E_0 = E_0^B - E_0^A$ として

$$K = \frac{q_B}{q_A} \exp\left(-\frac{\Delta E_0}{k_B T}\right) \tag{10.12}$$

となる．次節で見るように，分子エネルギーは並進，振動，回転からなり，各分子についてそれぞれの最低エネルギーから測った相対値のほうが考えやすい[*3]．

*3 異分子間のエネルギー差 ΔE_0 には，電子状態の違いの寄与が大きい．

> **例題 10.2** 2分子反応 $A + B \rightleftharpoons C + D$ の平衡定数を，各分子の分配関数 q_A, q_B, q_C, q_D, および最低エネルギー差 $\Delta E_0 = E_0^C + E_0^D - E_0^A - E_0^B$ を用いて表せ．
>
> **解答** $K = \dfrac{[C][D]}{[A][B]} = \dfrac{q_C q_D}{q_A q_B} \exp\left(-\dfrac{\Delta E_0}{k_B T}\right)$

この節のキーワード
分子の自由度，並進，回転，振動のエネルギー準位と分配関数

10.2 分子分配関数

前節で見たように，エネルギー準位の組から分配関数 Q を構成すれば，すべての熱力学量が計算される．分配関数は，微視的エネルギー準位と巨視的熱現象を結びつける橋渡しの役割を演じる．本節では，分子エネルギーを並進，回転，振動の寄与に分類し，それぞれの分配関数を求める．分子の自由度とエネルギーについては，第5章で学んだ知識を活用するので，よく復習してほしい．

10.2.1 自由度ごとの分配関数

たとえば，二つの自由度 x, y をもつ運動について，エネルギー準位が

$$E_{i,j} = E_i^x + E_j^y$$

のように，x による項と y による項との単純な和の形で表されるとする．このとき分配関数は

$$Q = \sum_i \sum_j \exp\left(-\frac{E_{i,j}}{k_B T}\right) = \sum_i \sum_j \exp\left(-\frac{E_i^x + E_j^y}{k_B T}\right)$$
$$= \left(\sum_i \exp\left(-\frac{E_i^x}{k_B T}\right)\right)\left(\sum_j \exp\left(-\frac{E_j^y}{k_B T}\right)\right) = Q_x Q_y$$

のように，各自由度についての分配関数 Q_x, Q_y の積で表される[*4]．式 (10.10) のように，エネルギーの基準をシフトさせた分子分配関数についても，同様の結果となる．

[*4] 分配則 $(x_1+x_2)(y_1+y_2) = x_1 y_1 + x_1 y_2 + x_2 y_1 + x_2 y_2$ は一般に
$$\sum_i \sum_j x_i y_j = \left(\sum_i x_i\right)\left(\sum_j y_j\right)$$
と書ける．同様に，
$(\exp x_1)(\exp x_2) = \exp(x_1 + x_2)$
であるから
$$\sum_i \sum_j \exp(x_i + y_j) = \left(\sum_i \exp x_i\right)\left(\sum_j \exp y_j\right)$$

> **例題 10.3** 分子のエネルギーが並進，回転，振動および電子エネルギーの和
> $$E^{\mathrm{mol}} = E^{\mathrm{tr}} + E^{\mathrm{rot}} + E^{\mathrm{vib}} + E^{\mathrm{el}}$$
> で表されるとすると，分子分配関数 q^{mol} はそれぞれに関する分配関数 q^{tr}, q^{rot}, q^{vib}, q^{el} によってどのように表されるか．ここで，mol = molecule (分子), tr = translation (並進), rot = rotation (回転), vib = vibration (振動), el = electron (電子) である.
>
> **解答** 各自由度の分配関数の積
> $$q^{\mathrm{mol}} = q^{\mathrm{tr}} q^{\mathrm{rot}} q^{\mathrm{vib}} q^{\mathrm{el}} \tag{10.13}$$
> となる．ただし，分子エネルギーを各成分の単純な和とするのは近似である．特に，振動と回転のエネルギーは一般には分離できない．振動と回転の相互作用は，**コリオリ結合** (Coriolis coupling) と呼ばれる．

10.2.2 分子集団の分配関数

N 個の分子からなる分子集団を考える．理想気体のように全エネルギー E^{tot} [*5] を分子エネルギー E^{mol} の和で表せるなら，全分配関数は分子分配関数の積になるが，同種分子の集団の場合には，分子の区別が不可能なので[*6]

$$Q^{\mathrm{tot}} = \frac{(q^{\mathrm{mol}})^N}{N!} \tag{10.14}$$

とする．分母の $N!$ は，たとえば理想気体のエントロピーが示量的となるために必要となる（発展問題 10.4）．

[*5] tot = total (総和).

[*6] N 個の粒子が区別可能であった場合の $N!$ 通りの配置が，区別不可能な場合には 1 通りと数えられることによる．同様の考え方は，回転の分配関数に対称数を導入するとき（式 10.21）にも見られる．

10.2.3 並進運動の分配関数

並進運動を考えるために,箱型ポテンシャル中の粒子のモデルを考える.式(5.9)のように,長さ L の一次元箱型ポテンシャル中の質量 m の粒子のエネルギー準位は

$$E_n = \frac{h^2}{8mL^2} n^2 \quad (n = 1, 2, \cdots)$$

であった.$E_1 = h^2/(8mL^2)$ より $E_n = E_1 n^2$ と表せる.分子分配関数は

$$q_x = \sum_{n=1}^{\infty} \exp\left(-\frac{E_n - E_1}{k_B T}\right) = \sum_{n=1}^{\infty} \exp\left(-\frac{E_1(n^2-1)}{k_B T}\right) \tag{10.15}$$

となる.q_x の添字の x は,x 軸方向の並進運動を表す.エネルギー準位の間隔は $1/L^2$ に比例するので,L を巨視的な容器の辺の長さとすれば,エネルギー間隔は小さくなり,和を積分[*7]で近似できる.

[*7] $\int_0^{\infty} \exp(-ax^2) dx = \frac{1}{2}\sqrt{\frac{\pi}{a}}$

$$q_x \simeq \int_0^{\infty} \exp\left(-\frac{E_1}{k_B T} n^2\right) dn = \sqrt{\frac{2\pi m k_B T}{h^2}} L \tag{10.16}$$

三次元では,エネルギーは x, y, z 各方向の和になるので,分配関数は各自由度からの寄与の積になる.

$$q^{\text{tr}} = q_x q_y q_z = \left(\frac{2\pi m k_B T}{h^2}\right)^{3/2} V \tag{10.17}$$

ここで,$V = L^3$ は体積である.簡単のため立方体としたが,直方体としても結果は同じである.このように,並進運動の分配関数は体積 V に比例する.このことから,理想気体の状態方程式 $PV = nRT$ が導かれる(10.2.7項参照).

例題 10.4 式(10.4),(10.14),(10.17)から,理想気体の内部エネルギーが式(6.6) $(3/2)k_B T$ の N 倍となることを示せ.

解答 温度依存性で決まるので,式(10.17)を $q^{\text{tr}} = aT^{3/2}$ とおく.式(10.14)は $Q^{\text{tot}} = (q^{\text{tr}})^N/N! = a^N T^{3N/2}/N!$ から

$$U = \frac{k_B T^2}{Q^{\text{tot}}} \frac{\partial Q^{\text{tot}}}{\partial T} = \frac{3}{2} N k_B T$$

10.2.4 回転運動の分配関数

式(5.24)のように,剛体回転子のエネルギー準位は

$$E_J = BJ(J+1) \quad (J = 0, 1, 2, \cdots) \tag{10.18}$$

と表される．回転エネルギーは式（10.18）のように量子数 J で決まるが，ある J の値に対して，量子数 $M = -J, -J+1, \cdots, J-1, J$ の $2J+1$ 個の準位が同じエネルギーをもつ[*8]．分配関数の計算では，この縮退を考慮して

[*8] このように同じエネルギーをもつ量子状態を **縮退**（degenerate）しているという．剛体回転子の量子数 J の状態が $2J+1$ 重に縮退しているのは，水素類似原子の p 軌道（$l=1$）が，$m = -1, 0, +1$ の $2l+1=3$ 重に，d 軌道（$l=2$）が，$m = -2, -1, 0, +1, +2$ の $2l+1=5$ 重に縮退していることと同様である．

$$q^{\rm rot} = \sum_{J=0}^{\infty} (2J+1)\exp\left(-\frac{E_J - E_0}{k_{\rm B}T}\right) \tag{10.19}$$

とする．たとえば水素分子 H_2 のように，軽原子を含むために回転定数 B が大きく（慣性モーメント I が小さく）エネルギー間隔が $k_{\rm B}T$ よりも十分に大きい場合には，右辺の和は有限項で十分な場合もある．そうでない場合には，並進のときのように和を積分で近似すると

$$\begin{aligned} q^{\rm rot} &\simeq \int_0^{\infty} (2J+1)\exp\left(-\frac{BJ(J+1)}{k_{\rm B}T}\right) {\rm d}J \\ &= -\frac{k_{\rm B}T}{B}\left[\exp\left(-\frac{BJ(J+1)}{k_{\rm B}T}\right)\right]_0^{\infty} = \frac{k_{\rm B}T}{B} \end{aligned} \tag{10.20}$$

となる．より詳細に考察すると，等核二原子分子のように対称中心をもつ場合には，その対称性を考慮する必要があり

$$\sigma = \begin{cases} 2 & \text{（対称中心をもつとき）} \\ 1 & \text{（対称中心をもたないとき）} \end{cases}$$

で定義される **対称数**（symmetry number）σ によって

$$q^{\rm rot} = \frac{k_{\rm B}T}{\sigma B} \tag{10.21}$$

と修正される[*9]．

[*9] この式は直線形分子に対するものである．非直線形分子の場合には，三つの軸周りの回転定数を A, B, C として，次式になる．
$$q^{\rm rot} = \frac{1}{\sigma}(k_{\rm B}T)^{3/2}\left(\frac{\pi}{ABC}\right)^{1/2}$$

> **例題 10.5** 塩化水素分子 HCl の回転定数 $\tilde{B} = 10.6\ {\rm cm}^{-1}$ を用いて，300 K における回転分配関数を計算せよ．
>
> **解答** 回転定数 $\tilde{B}$ が ${\rm cm}^{-1}$ 単位で与えられているので，hc を掛けて J 単位に変換する．
>
> $$q^{\rm rot} = \frac{k_{\rm B}T}{\sigma B}$$

$$= \frac{(1.381 \times 10^{-23}\,\mathrm{J\,K^{-1}})(300\,\mathrm{K})}{(1)(10.6\,\mathrm{cm^{-1}})(6.626 \times 10^{-34}\,\mathrm{J\,s})(2.998 \times 10^{10}\,\mathrm{cm\,s^{-1}})}$$

$$= 19.7$$

10.2.5 振動運動の分配関数

分子振動の分配関数を求めるために，調和振動子で近似する．振動数を ν とすると，式(5.42)のように，エネルギー準位は

$$E_v = h\nu\left(v + \frac{1}{2}\right) \quad (v = 0, 1, 2, \cdots) \tag{10.22}$$

となる．エネルギー準位が等間隔であることが，調和振動子の特徴である．振動の分配関数は

$$q^{\mathrm{vib}} = \sum_{v=0}^{\infty} \exp\left(-\frac{E_v - E_0}{k_\mathrm{B} T}\right) = \sum_{v=0}^{\infty} \left(\exp\left(-\frac{h\nu}{k_\mathrm{B} T}\right)\right)^v$$

となる．これは，初項 1，公比 $\exp(-h\nu/k_\mathrm{B}T)$ の等比級数の和であるから，次式を得る．

$$q^{\mathrm{vib}} = \frac{1}{1 - \exp(-h\nu/k_\mathrm{B}T)} \tag{10.23}$$

例題 10.6 塩素分子 $\mathrm{Cl_2}$ の伸縮振動の振動数 $\tilde{\nu} = 560\,\mathrm{cm^{-1}}$ を用いて，300 K における振動分配関数を計算せよ．

解答 振動数 $\tilde{\nu}$ が $\mathrm{cm^{-1}}$ 単位で与えられているので，光速 $c = 2.998 \times 10^{10}\,\mathrm{cm\,s^{-1}}$ を掛けて $\mathrm{s^{-1}}$ 単位に変換する．

$$q^{\mathrm{vib}} = \left[1 - \exp\left(-\frac{(6.626 \times 10^{-34}\,\mathrm{J\,s})(560\,\mathrm{cm^{-1}})(2.998 \times 10^{10}\,\mathrm{cm\,s^{-1}})}{(1.380 \times 10^{-23}\,\mathrm{J\,K^{-1}})(300\,\mathrm{K})}\right)\right]^{-1}$$

$$= 1.07$$

例題 10.7 調和振動子の内部エネルギーを表す式を分配関数の式 (10.23) から導け．

解答 式(10.4)を使ってもよいが，発展問題 10.1 の $U = -\dfrac{\partial}{\partial \beta} \ln Q$ を使うほうが簡単で

$$U = \frac{\partial}{\partial \beta} \ln(1 - \exp(-\beta h\nu)) = \frac{h\nu \exp(-\beta h\nu)}{1 - \exp(-\beta h\nu)} = \frac{h\nu}{\exp(\beta h\nu) - 1}$$

プランクの輻射式(2.4)と似ていることを覚えておこう.

10.2.6 電子状態の分配関数

電子状態に由来するエネルギー準位を E_n^{el} ($n = 0, 1, 2, \cdots$) とする. 多くの場合に, 最低電子励起エネルギー $E_1^{\text{el}} - E_0^{\text{el}}$ は $k_B T$ よりも十分に大きく

$$\exp\left(-\frac{E_1^{\text{el}} - E_0^{\text{el}}}{k_B T}\right) \simeq 0$$

としてよい. このとき電子分配関数は, 電子基底状態の縮退度を g_0^{el} として次式になる.

$$q^{\text{el}} = g_0^{\text{el}} \tag{10.24}$$

例えば, 酸素分子のように三重項状態が基底状態の場合には, $q^{\text{el}} = 3$ となる.

10.2.7 理想気体の状態方程式

理想気体の並進運動について, 10.2.3項の分配関数を利用する. N 個の粒子からなる理想気体において, 全エネルギーは各粒子エネルギーの和となるので, 全分配関数 Q は式 (10.17) の q^{tr} を N 乗すればよい[*10]. q^{tr} は V に比例するので, Q は V^N に比例する. 式(10.7)の第2式と式(10.6)を用いて圧力 P を Q で表すと

$$P = \frac{k_B T}{Q}\left(\frac{\partial Q}{\partial V}\right)_T \tag{10.25}$$

よって, $Q \propto V^N$ より

$$P = Nk_B T/V \tag{10.26}$$

を得る. これは, 理想気体の状態方程式 $PV = nRT$ に他ならない[*10].

[*10] 正確には, 式 (10.14) のように微視的粒子の区別不可能性を反映させるために $N!$ で割って, $q^N/N!$ とする. しかしここでの議論では, V^N に比例するということで十分である.

[*10] $n = N/N_A$, $k_B = R/N_A$ なので $Nk_B = nR$.

章末問題

練習問題 10.1 式 (10.14) $Q^{\text{tot}} = (q^{\text{mol}})^N/N!$ が成り立つとき，N 分子系の内部エネルギーは，式 (10.4) $U = (k_\text{B}T^2/Q)(\partial Q/\partial T)$ の Q に q^{mol} を代入した式の N 倍となることを示せ．

練習問題 10.2 水素分子 H_2 の回転定数は $\tilde{B} = 60.7\,\text{cm}^{-1}$ である．300 K における回転分配関数を，式 (10.19) の和を直接計算した場合と，式 (10.20) を用いて計算した場合で比較せよ．

練習問題 10.3 次の場合について，エネルギー準位の間隔と分配関数がどのように変化するか述べよ(温度などの他の条件は一定とする)．
(1) 温度一定に保った密閉容器中の気体の圧力が大きくなったときの並進分配関数．
(2) 分子の慣性モーメントが大きくなったときの回転分配関数．
(3) 分子の換算質量が大きくなったときの振動分配関数．

発展問題 10.1 式 (10.1) 〜 (10.3) から

$$U = -\frac{\partial}{\partial \beta}\ln Q = k_\text{B}T^2\frac{\partial}{\partial T}\ln Q = \frac{k_\text{B}T^2}{Q}\frac{\partial Q}{\partial T} \tag{10.27}$$

を示せ．ただし，$\beta = 1/k_\text{B}T$ である．

発展問題 10.2 式 (8.29)

$$\frac{\partial}{\partial T}\left(\frac{F}{T}\right) = -\frac{U}{T^2}$$

と式 (10.27) から，式 (10.6) $F = -k_\text{B}T\ln Q$ が得られることを確かめよ．

発展問題 10.3 発展問題 8.1 で見たように，エントロピー S とヘルムホルツエネルギー F の間には $S = -(\partial F/\partial T)_V$ の関係がある．これと式 (10.6) $F = -k_\text{B}T\ln Q$ から，式 (10.5) $S = U/T + k_\text{B}\ln Q$ を導け．

発展問題 10.4 式 (10.5)，(10.14)，(10.17) およびスターリングの式 $\ln N! \simeq N\ln N - N$ (補遺 G 参照) を用いて，理想気体のエントロピーが

$$S = Nk_\text{B}\left[\frac{3}{2}\ln\left(\frac{2\pi m k_\text{B}T}{h^2}\right) + \ln\frac{V}{N} + \frac{5}{2}\right]$$

となることを示せ．また，式 (10.14) $Q^\text{tot} = (q^\text{mol})^N/N!$ の分母の $N!$ がなかった場合には，上式の $\ln(V/N)$ は $\ln V$ になり，S は示量的でなくなることを説明せよ．

発展問題 10.5 前問のエントロピーの式を用いて，1 mol の理想気体が定温で体積 V_1 から V_2 へ変化するときのエントロピー変化を求めよ〔式 (8.4) $\Delta S = nR\ln(V_2/V_1)$ と比較せよ〕．

第 11 章
物質変化の速さ
Speed of Material Change

この章で学ぶこと

本章と次章では，化学反応の速度について議論する．反応速度が物質濃度や温度にどのように依存するかを調べることによって，化学反応の仕組みを理解できる．反応速度と温度との関係は，多くの場合はアレニウス則と呼ばれる式で記述される．これによって，反応速度とエネルギー概念が結びつく．反応が平衡へ向けて緩和する様子を解析すると，平衡定数と速度定数が結びつく．反応に中間体が関与する場合には，反応速度が影響を受ける．その典型例として，前駆平衡反応について調べる．

11.1 反応速度の定義

この節のキーワード
反応速度，生成物の生成速度，反応物の消費速度，反応の進行度

化学反応に伴う反応物や生成物の濃度の時間変化をグラフで表すと，多くの場合，図 11.1 のようになる．**反応物 (reactant)** の濃度を $[R]$，**生成物 (product)** の濃度を $[P]$ と書くと

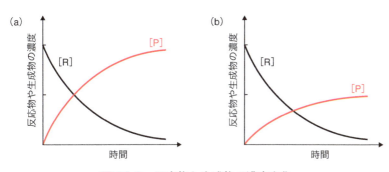

図 11.1 反応物と生成物の濃度変化

$$\text{反応物の消費速度} = -\frac{d[R]}{dt} \tag{11.1}$$

$$\text{生成物の生成速度} = +\frac{d[P]}{dt} \tag{11.2}$$

*1 右辺の符号に注意.

と書ける*1. たとえば，1 mol の反応物 A から 1 mol の生成物 B が生成する反応では，反応物の消費速度と生成物の生成速度の間の関係は

$$A \longrightarrow B \quad \Rightarrow \quad -\frac{d[A]}{dt} = \frac{d[B]}{dt} \tag{11.3}$$

である．これに対し，1 mol の A が 2 mol の B を生成する場合には，B の生成速度が A の消費速度の倍なので

$$A \longrightarrow 2B \quad \Rightarrow \quad -2\frac{d[A]}{dt} = \frac{d[B]}{dt} \tag{11.4}$$

となる．2 mol の A から 1 mol の B が生成する場合には，次式になる．

$$2A \longrightarrow B \quad \Rightarrow \quad -\frac{d[A]}{dt} = 2\frac{d[B]}{dt} \tag{11.5}$$

図 11.1 の二つのグラフは，式 (11.3) 〜 (11.5) のどれに相当するか考えよ．

例題 11.1 反応 $2N_2O_5(g) \rightarrow 4NO_2(g) + O_2(g)$ について，次式の括弧（ ）内に入る係数を答えよ．

$$-\frac{d[N_2O_5]}{dt} = (\quad)\frac{d[NO_2]}{dt} = (\quad)\frac{d[O_2]}{dt}$$

解答 1/2 と 2

一般に，反応式を

$$n_1 R_1 + n_2 R_2 + \cdots \longrightarrow m_1 P_1 + m_2 P_2 + \cdots \tag{11.6}$$

と書くとき，次の関係が成り立つ．

$$-\frac{1}{n_1}\frac{d[R_1]}{dt} = -\frac{1}{n_2}\frac{d[R_2]}{dt} = \cdots = +\frac{1}{m_1}\frac{d[P_1]}{dt} = +\frac{1}{m_2}\frac{d[P_2]}{dt} = \cdots \tag{11.7}$$

規則は単純で，係数の逆数を濃度の時間微分の前に書き，反応物側であれ

ばマイナスをつければよい．式(11.7)が(11.6)の反応の速度であると定義しておけば，どの化学種の濃度変化を用いてもよいことになる．多くの場合，主要な生成物の生成速度が選ばれる．

> **例題 11.2** 式(11.7)を用いて，例題 11.1 を確かめよ．
>
> **解答** $2\,\mathrm{N_2O_5(g)} \rightarrow 4\,\mathrm{NO_2(g)} + \mathrm{O_2(g)}$ の係数を分母におき，$2\,\mathrm{N_2O_5}$ の係数にマイナスをつけると
>
> $$-\frac{1}{2}\frac{d[\mathrm{N_2O_5}]}{dt} = \frac{1}{4}\frac{d[\mathrm{NO_2}]}{dt} = \frac{d[\mathrm{O_2}]}{dt}$$
>
> 各辺を 2 倍すれば，例題 11.1 の解答となる．

11.2 速度則，反応次数，速度定数

11.2.1 速度則と速度定数

前節のように，**反応速度**（reaction rate）は濃度の時間変化のグラフの接線の傾きに相当する．図 11.1 のように，通常は時間が経つにつれて反応速度は小さくなる．これは，反応が進むにつれて反応する分子が消費されて濃度が下がり，反応の頻度が減るからである．このように，反応速度は反応物の濃度に依存する．たとえば

$$A + B \longrightarrow C \tag{11.8}$$

という反応を考える．ある一つの分子 A が分子 B のいずれかと衝突する頻度は，B の濃度 $[\mathrm{B}]$ に比例する．逆に，ある一つの分子 B が分子 A のいずれかに衝突する頻度は，濃度 $[\mathrm{A}]$ に比例する．よって，分子 A と B の衝突頻度は積 $[\mathrm{A}][\mathrm{B}]$ に比例する．このことから，反応が単純に分子衝突によって起こる場合の反応速度 v は，比例係数を k として

$$v = k[\mathrm{A}][\mathrm{B}] \tag{11.9}$$

と書ける．式(11.9)のように，反応速度の濃度への依存性を表したものを**速度則**（rate law），係数 k を**速度定数**（rate constant）と呼ぶ．

速度則の一般的な形は

$$v = k[\mathrm{A}]^n[\mathrm{B}]^m \cdots \tag{11.10}$$

であり，n, m をそれぞれ A, B に関する**次数**（order）という．次数は 1 と 2 の場合が多い．また，1/2, 3/2 などの分数のときもある（練習問題 12.2 を参照）．各成分の次数の総和 $n + m + \cdots$ を**全反応次数**（overall

> **この節のキーワード**
> 速度則，速度定数，反応次数，反応機構

order of reaction）といい，これが速度定数 k の単位を決める．

> **例題 11.3** 濃度の単位を $\text{mol L}^{-1} = \text{mol dm}^{-3}$ とするとき（dm $= 10^{-1}$ m），一次反応と二次反応のそれぞれについて，速度定数の単位を示せ．時間の単位は秒(s)とする．
>
> **解答** 一次反応は $-d[A]/dt = k[A]$ と表される．左辺は(濃度)/(時間)なので，k の単位は $1/$(時間)，すなわち s^{-1} となる．
>
> 同様に考えて，二次反応，たとえば $-d[A]/dt = k[A][B]$ における k の単位は $1/$(濃度)(時間)，すなわち $\text{L mol}^{-1}\text{s}^{-1} = \text{dm}^3\text{mol}^{-1}\text{s}^{-1}$ となる．

11.2.2 速度則と反応式

速度則(式 11.10)の次数 $n, m, \cdots$ は実験によって決定されるものであって，反応式を見ただけでは判定できない．式(11.9)を導いたときのように，式(11.8)の反応が単純な 2 分子衝突で起きる場合には式(11.9)の速度則が成り立つといえるが，一般の反応は単純衝突で起きるとは限らない．たとえば，次の二つの反応

$$2\text{NO (g)} + \text{O}_2\text{ (g)} \longrightarrow 2\text{NO}_2\text{ (g)} \tag{11.11}$$
$$2\text{SO}_2\text{ (g)} + \text{O}_2\text{ (g)} \longrightarrow 2\text{SO}_3\text{ (g)} \tag{11.12}$$

は，同じ形($2\text{A} + \text{O}_2 \to 2\text{AO}$)をしているが，前者の速度則は

$$v = k[\text{NO}]^2[\text{O}_2]$$

である一方で，後者の速度則は

$$v = k[\text{SO}_2][\text{SO}_3]^{-1/2}$$

であることが実験からわかっている．この違いは**反応機構**（reaction mechanism）が異なるために生じる[*2]．逆にいえば，速度則は背後にある反応機構を反映しており，それを探るための鍵となる．

11.3 温度と反応速度（アレニウス則）

多くの化学反応は温度を上げると速くなる．これは，高温では分子の運動が活発になり，分子衝突の頻度が上がるためである．また，以下に説明する**反応のエネルギー障壁**（energy barrier of reaction）を越えるために必要なエネルギーを得る機会が高まるためでもある．多くの場合，反応速度定数の温度への依存は

---

*2 反応機構とは，中間体の関与などを考慮して，全反応を複数の**素反応**（elementary reaction）に分解したもの．

この節のキーワード
反応速度と温度，アレニウス則，平衡定数

$$k = A\exp\left(-\frac{E_\mathrm{a}}{RT}\right) \tag{11.13}$$

と記述できることが経験的にわかっている．これを**アレニウス則**（**Arrhenius law**）という．E_a は反応の**活性化エネルギー**（**activation energy**），A は**頻度因子**（**frequency factor**）である（図11.2）．

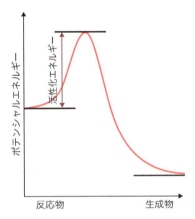

図11.2　反応の活性化エネルギーの概念図

例題11.4　アレニウス則に従う反応の活性化エネルギーが 55 kJ mol^{-1} であるとする（これは典型的な値である）．温度が 300 K から 10 K 上昇すると，反応速度は何倍になるか．

解答　$T_1 = 300\,\mathrm{K}$，$T_2 = 310\,\mathrm{K}$ とする．反応速度の比は

$$\frac{\exp(-E_\mathrm{a}/RT_2)}{\exp(-E_\mathrm{a}/RT_1)} = \exp\left(-\frac{E_\mathrm{a}}{R}\left(\frac{1}{T_2}-\frac{1}{T_1}\right)\right) = \exp\left(\frac{E_\mathrm{a}}{R}\frac{(T_2-T_1)}{T_1 T_2}\right)$$

$$= \exp\left(\frac{(55\times 10^3\,\mathrm{J\,mol^{-1}})(10\,\mathrm{K})}{(8.31\,\mathrm{J\,K^{-1}\,mol^{-1}})(300\,\mathrm{K})(310\,\mathrm{K})}\right) = 2.0\,\text{倍}$$

式(11.13)の両辺の自然対数をとれば

$$\ln k = \ln A - \frac{E_\mathrm{a}}{RT} \tag{11.14}$$

となるので，$\ln k$ を温度の逆数 $1/T$ の関数としてグラフにすれば，直線が得られるはずである（図11.3）．この直線の傾きから E_a，グラフの切片から A が決定される[*3]．

[*3] 実験で得られるグラフは，必ずしも直線に近くなるとは限らない．たとえば，水素原子のような軽原子の移動が反応速度を決定している場合のように，量子力学的なトンネル効果が重要な反応では，低温でアレニウス式からのずれが見られる．

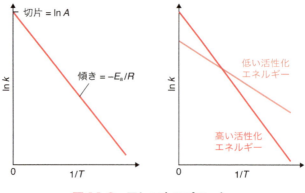

図11.3　アレニウスプロット

11.4　反応と平衡

> **この節のキーワード**
> 対向反応，平衡への緩和，平衡定数，前駆平衡反応，反応中間体，速度則と反応機構

本節では，いくつかの単純な反応機構を仮定し，それらがどのような速度則を導くかを見る．

11.4.1　対向反応と平衡への緩和

化学種 A と B の間の可逆反応

$$\mathrm{A} \underset{k_\mathrm{b}}{\overset{k_\mathrm{f}}{\rightleftharpoons}} \mathrm{B} \tag{11.15}$$

を考えよう．k_f と k_b は，**正反応**（forward reaction）と**逆反応**（backward reaction）の速度定数である．両者とも一次反応であるとする．平衡にお

> **コラム　アレニウス則とボルツマン則**
>
> アレニウス則は，6.3節のボルツマン則（式6.10）あるいは10.1.1項の正準分布（式10.2）と密接に関連している．化学反応が起こるには，図11.2に示すような活性化エネルギーの山を越える必要がある．この図によれば，反応の速度は活性化エネルギー E_a よりも高いエネルギーをもつ分子の数に比例するであろう．その割合は，式（6.10）の $\exp(-E/RT)$ における $E \geqq E_\mathrm{a}$ の領域の面積に比例して
>
> $$v \propto \int_{E_\mathrm{a}}^{\infty} \exp\left(-\frac{E}{RT}\right) dE \propto \exp\left(-\frac{E_\mathrm{a}}{RT}\right)$$
>
> となり，アレニウス則（式11.13）の指数関数部分が導かれる．ここで，式（6.10）$\exp(-E/k_\mathrm{B}T)$ のボルツマン定数 k_B の代わりに気体定数 R を用いて $\exp(-E/RT)$ としたが，これはエネルギー E の単位によるもので，両者は等価である．$R = k_\mathrm{B} N_\mathrm{A}$（式6.4）を思いだそう．$E$ の単位が J mol^{-1} のように 1 mol あたりのエネルギーのときには E/RT，1分子あたりのエネルギーのときには $E/k_\mathrm{B}T$ とする．

いては，AとBはある一定の濃度比で共存する．この比が平衡定数

$$K = \left(\frac{[B]}{[A]}\right)_{eq} \tag{11.16}$$

である．添字のeqは平衡を意味する．平衡定数は温度に依存し，その依存性は $K = \exp(-\Delta G^\circ/RT)$（式9.31）のように，標準反応ギブズエネルギー ΔG° と温度エネルギー RT の比で決まる．

時刻 t における濃度を $[A]_t$ のように書くことにする．時刻 $t = 0$ で純粋なAから反応を開始したとすると，初期条件は $[A]_0 \neq 0$ かつ $[B]_0 = 0$ である．平衡定数 K で決まる平衡分布に達するまで，Aの一部がBに変換される反応が進む（図11.4）．十分な時間が経ったときの濃度を $[A]_\infty$ や $[B]_\infty$ と書く．これは平衡状態であるから，平衡定数は

$$K = \frac{[B]_\infty}{[A]_\infty} \tag{11.17}$$

と書ける．この緩和過程を定量的に考察してみよう．上述のように，正逆

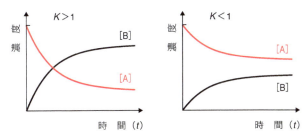

図11.4 対向反応における濃度変化

両過程とも一次反応であるとする．正反応 A → B によってAが消滅しBが生成されるので，正反応の矢印 → は $d[A]/dt$ に対し $-k_f[A]$，$d[B]/dt$ に対し $+k_f[A]$ を寄与する．同様に，逆反応 A ← B によってAが生成しBが消滅するので，逆反応の矢印 ← は $d[A]/dt$ に対し $+k_b[B]$，$d[B]/dt$ に対し $-k_b[B]$ を寄与する．正味の $d[A]/dt$ は，これらの寄与の和をとって

$$\frac{d[A]}{dt} = -k_f[A] + k_b[B] \tag{11.18}$$

である．このように，ある化学種の濃度変化を表す式には，その化学種の関与する過程（すなわち反応の矢印）のそれぞれに対応して，（速度定数）

×（濃度）の形の項が一つずつ寄与する．このような速度方程式の立て方については，12.1.3 項で再び整理して練習する．

> **例題 11.5** d[A]/dt に対する式 (11.18) と同様に，d[B]/dt を表す式を示せ．
>
> **解答**
> $$\frac{d[B]}{dt} = +k_f[A] - k_b[B] \tag{11.19}$$

式 (11.18) と (11.19) の両辺の和をとると

$$\frac{d}{dt}([A]+[B]) = 0 \tag{11.20}$$

となる．これは [A]+[B] が一定，すなわち物質の総量が保存されることを示している．

> **例題 11.6** 2 分子の A から 1 分子の B が生成される反応 $2A \rightleftharpoons B$ の場合に一定になる量を示せ．
>
> **解答** [A]+2[B] が一定となる．なぜなら，[A] が $2x$ 減ると [B] は x 増える（[A]→[A]−$2x$ のとき，[B]→[B]+x）からである．
>
> あるいは，速度方程式を立てるなら，正・逆両方向を一次反応と仮定して
>
> $$\frac{d[A]}{dt} = -2k_f[A] + k_b[B]$$
>
> $$\frac{d[B]}{dt} = +k_f[A] - \frac{1}{2}k_b[B]$$
>
> よって
>
> $$\frac{d}{dt}([A]+2[B]) = 0$$
>
> となる．実は，この式は式 (11.5) からすぐに得られる．また，正反応が二次反応で $k_f[A]^2$ を与えるとしても，同じ結果となる．

十分に長い時間が経つと，平衡状態への緩和が完了しており，濃度はそれ以上変化しない．すなわち $t \to \infty$ では，d[A]/dt → 0 かつ d[B]/dt → 0 である．したがって，式 (11.18) と (11.19) はともに

$$0 = -k_f[A]_\infty + k_b[B]_\infty \Rightarrow \frac{[B]_\infty}{[A]_\infty} = \frac{k_f}{k_b} \tag{11.21}$$

を与える．この最後の式の左辺は，式(11.17)で見たように，平衡定数 K に等しい．したがって

$$K = \frac{k_f}{k_b} \tag{11.22}$$

となる．

式(11.21)は，次のようにも導かれる．$t \to \infty$ における平衡状態では，正反応と逆反応がちょうど釣り合っていて

$$k_f[A]_\infty = k_b[B]_\infty$$

が成り立っている．これより，式(11.21)が導かれる．

11.4.2 前駆平衡反応

前項で考察した対向反応に，Bから最終生成物Pへの反応過程を付け加えた

$$A \underset{k_b}{\overset{k_f}{\rightleftarrows}} B \xrightarrow{k_r} P \tag{11.23}$$

という機構を考える．ここでは，Bが**反応中間体(reaction intermediate)**となっている．ここでは，B→Pの反応は十分に遅く，濃度比 $[B]/[A]$ が近似的に一定に保たれるとする．これを，**前駆平衡 (pre-equilibrium)** 仮定という．前項の結果より，次のように表される．

$$\frac{[B]}{[A]} \simeq K = \frac{k_f}{k_b} \tag{11.24}$$

例題 11.7 前項の対向反応の場合の濃度変化のグラフ(図11.4)を出発点として，それにB→Pの反応過程が加わったときのグラフがどのようになるか予想せよ．
解答 B→Pの反応によってBが減少するのに伴い，Aも減少するので，図11.4のように一定値に漸近するのではなく，$[A]$ も $[B]$ も減少する右下がりのグラフとなる．

さらに，B→Pは一次反応であるとする．すなわち

$$\frac{d[P]}{dt} = k_r[B]$$

これは最終生成物 P の生成速度であるから，これをもって全体の反応速度とする．

$$v = k_r[B]$$

この右辺は，中間体である B の濃度で表されている．しかし，前駆平衡の仮定を表す式(11.24)を用いれば，$[B] \simeq K[A] = (k_f/k_b)[A]$ なので

$$v = k_r K[A] = \frac{k_r k_f}{k_b}[A] \tag{11.25}$$

が得られる．したがって，全体の速度則は反応物 A に関して一次反応ということになる．

ここで次のような疑問が生じる．この前駆平衡が含まれる一次反応（式 11.25）と，中間体を経ない単純な一次反応 A → P とは，実験的に区別できるのだろうか．速度則の次数からは区別できないから，何か別の視点が必要である．

まず考えられるのは，中間体(いまの例では B)の検出を試みることだろう．しかし，これが実験上難しい場合はどうか．その場合でも，反応速度の温度依存性を調べることによって，中間体の存在が強く示唆されることがある．ポイントは，式 (11.25) の正味の速度定数に平衡定数 $K = k_f/k_b$ が含まれていることにある．平衡定数は，温度上昇によって大きくなる場合もあれば，小さくなる場合もある．これは，平衡定数 K と標準反応自由エネルギー $\Delta G°$ の関係 $K = \exp(-\Delta G°/RT)$ (式 9.31) によって記述される．あるいは，$K = k_f/k_b$ から考えることもできる．温度上昇によって k_f と k_b の両者とも増大するが，分母にある k_b の増大の影響が大きければ K は減少し，逆であれば K は増大する．

例題 11.8 NO の酸化反応

$$2\,\mathrm{NO\,(g)} + \mathrm{O_2\,(g)} \longrightarrow 2\,\mathrm{NO_2\,(g)}$$

において，次の事実が実験的に見出されている．

① 速度則は，$v = k[\mathrm{NO}]^2[\mathrm{O_2}]$ で与えられる．すなわち，全次数は 3 である．
② 温度上昇に伴って反応速度は減少する．

この反応について

$$\text{NO} + \text{NO} \underset{k_b}{\overset{k_f}{\rightleftharpoons}} \text{N}_2\text{O}_2 \tag{11.26}$$

$$\text{N}_2\text{O}_2 + \text{O}_2 \overset{k_r}{\longrightarrow} 2\,\text{NO}_2 \tag{11.27}$$

のような前駆平衡を伴う反応機構を仮定することによって，上記の実験結果の説明を試みよ(図 11.5)．

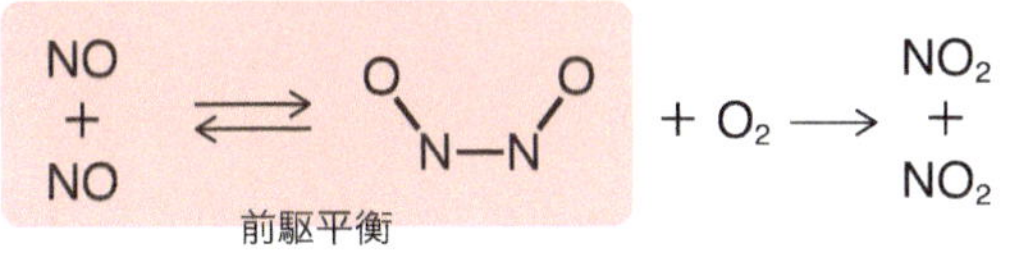

図 11.5　前駆平衡

解答　全体の反応速度は，生成物 NO_2 の生成速度で表すことができる．これは式(11.27)より

$$v = \frac{d[\text{NO}_2]}{dt} = 2\,k_r[\text{N}_2\text{O}_2][\text{O}_2] \tag{11.28}$$

で表される．一方，式(11.26)の前駆平衡仮定より

$$\frac{[\text{N}_2\text{O}_2]}{[\text{NO}]^2} \simeq K = \frac{k_f}{k_b} \;\Rightarrow\; [\text{N}_2\text{O}_2] \simeq K[\text{NO}]^2$$

これを式(11.28)に代入すれば

$$v = 2\,k_r K[\text{NO}]^2[\text{O}_2] \tag{11.29}$$

が得られる．これは一番目の実験事実を説明している．式(11.29)のように正味の速度定数は，$k = k_r K$ である．k_r は通常のように温度上昇によって増大すると考えてよいであろうが，K については反応式(11.26)において $\Delta G° < 0$ であれば，温度上昇に伴って減少する．実験事実は，これが実際に起こっており，それが k_r の増大の効果よりも勝っていることを示唆している．

章末問題

練習問題 11.1 反応式が $2A + 3B \rightarrow 5C$ のとき,$d[A]/dt$, $d[B]/dt$, $d[C]/dt$ の間の関係を書け.

練習問題 11.2 ある素反応の速度定数が,292 K (19 ℃) で 1.78×10^{-4} dm^3 mol^{-1} s^{-1},310 K (37 ℃) で 1.38×10^{-3} dm^3 mol^{-1} s^{-1} であったとする.この反応がアレニウス則に従うとき,活性化エネルギーと頻度因子を計算せよ.

練習問題 11.3 1分子のAから2分子のBが生成される反応における保存則を,式(11.20) $d([A]+[B])/dt = 0$ にならって書け.

練習問題 11.4 2分子反応

$$A + B \underset{k_b}{\overset{k_f}{\rightleftharpoons}} C + D$$

の場合に,平衡定数 K と速度定数 k_f, k_b の関係を求めよ.正・逆反応ともに二次反応で,正反応速度 $= k_f[A][B]$,逆反応速度 $= k_b[C][D]$ であるとする.

発展問題 11.1 単分子一次反応の速度方程式 $d[A]/dt = -k[A]$ の解 $[A]_t$ を求め,$[A]_t$ が初期濃度 $[A]_0$ の半分となる時刻,すなわち $[A]_\tau = [A]_0/2$ となる時刻 τ を求めよ.なお,この τ は **半減期(half-life)** と呼ばれる(補遺 C.5 参照).

発展問題 11.2 発展問題 11.1 と同様に,二次反応の速度方程式 $d[A]/dt = -k[A]^2$ の解 $[A]_t$ と半減期 τ を求めよ.

発展問題 11.3 (1) 反応 $A \underset{k_b}{\overset{k_f}{\rightleftharpoons}} B$ (11.16)の初期条件を $[A]_0 \neq 0$, $[B]_0 = 0$ とすると,保存則 $d([A]+[B])/dt = 0$ (式 11.20) より,すべての時刻において $[A] + [B] = [A]_0$ が成り立つ.これを用いて $d[A]/dt = -k_f[A] + k_b[B]$ (式 11.18)から $[B]$ を消去すれば,$[A]$ のみの微分方程式となる.その解が

$$[A]_t = ([A]_0 - [A]_\infty) \exp(-(k_f + k_b)t) + [A]_\infty$$

と書けることを示し，$[A]_\infty$ を k_f, k_b, $[A]_0$ で表せ（補遺 C.5 を参照）．

(2) $[A]_\infty$ まで緩和したとみなせるような十分に長い時間まで $[A]_t$ の実験データが得られたとする．これから k_f, k_b, K を決定する方法を考察せよ．

第12章
物質変化の仕組み
Mechanism of Material Change

この章で学ぶこと

11.2.2 項で見たように，反応式の係数比が同じでも，実験的に決定される速度則が同じとは限らない．これは，反応中間体の反応への関与の仕方，すなわち反応機構の違いを反映している．よって，速度則を調べることは，反応機構を解明するための鍵となる．反応を素過程に分解して反応機構を仮定すると，濃度の時間変化に関する連立微分方程式が立てられる．これを簡便に解く手法に，定常状態近似がある．これを，前駆平衡反応，求核置換反応，酵素触媒反応に適用する．反応速度定数を分子分配関数を用いて記述する遷移状態理論を紹介する．

12.1 反応中間体と素反応

この節のキーワード

逐次反応，律速段階，反応中間体，素反応，反応機構，速度方程式

12.1.1 逐次反応

次のような反応機構を考えよう．

$$A \xrightarrow{k_a} B \xrightarrow{k_b} C \tag{12.1}$$

このように，複数の素反応が連続する反応を **逐次反応**（consecutive reaction）という．初期条件 ($t=0$) は，$[A]_0 \neq 0$ および $[B]_0 = [C]_0 = 0$ とする．すなわち，最初はAのみがある．ここでは，各ステップの速度定数 k_a と k_b の相対的な大きさによって，全体の振る舞いがどのように影響を受けるかを見る．

例題 12.1 図 12.1 において，(a)(b) どちらのグラフが $k_a \gg k_b$ である場合に相当するか，定性的な考察により判断せよ（ヒント：特に [B]

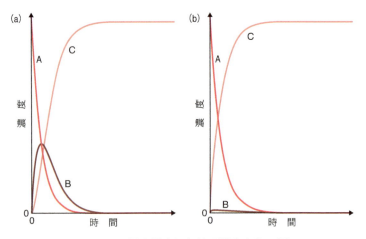

図 12.1 逐次反応における濃度変化の例

の振る舞いに着目せよ).

解答 AとCの振る舞いは,左右のグラフでおおむね同じである.Bについては,(a) のグラフでは濃度がいったん上昇してから減衰していくのに対し,(b) のグラフでは濃度は終始低く抑えられている.この後者が $k_a \ll k_b$ の場合である.BからCへの反応が速いため,AからBが生成されるとBはCへとただちに反応してしまうので,Bの濃度は低いままに保たれる.一方,左側のグラフは $k_a \gg k_b$ の場合であり,BからCへの反応が遅いために,Bがある程度蓄積されてから減衰し始める.

例題 12.2 A → B, B → C の両ステップが一次反応であると仮定する.式 (11.18) を参考にして,$d[A]/dt$, $d[B]/dt$, $d[C]/dt$ を表す式を書け.

解答

$$\frac{d[A]}{dt} = -k_a[A], \quad \frac{d[B]}{dt} = k_a[A] - k_b[B], \quad \frac{d[C]}{dt} = k_b[B] \quad (12.2)$$

例題 12.3 式(12.2)から,物質の総量の保存を示せ.

解答 式(12.2)の3式の両辺の和をとると,右辺は消えて

$$\frac{d}{dt}([A] + [B] + [C]) = 0$$

これは，[A] + [B] + [C] は時間によって変化しないこと，すなわち総物質量が保存されることを表す．

発展問題 12.1 で見るように，連立微分方程式 (12.2) は標準的な方法で解くことができる．

$$[A]_t = [A]_0 \exp(-k_a t)$$
$$[B]_t = \frac{k_a}{k_a - k_b}(-\exp(-k_a t) + \exp(-k_b t))[A]_0 \quad (12.3)$$
$$[C]_t = \left(1 + \frac{1}{k_a - k_b}(k_b \exp(-k_a t) - k_a \exp(-k_b t))\right)[A]_0$$

12.1.2 律速過程

$k_a \gg k_b$ の場合を考える．このとき $\exp(-k_a t) \ll \exp(-k_b t)$ なので，$k_b \exp(-k_a t) - k_a \exp(-k_b t) \simeq -k_a \exp(-k_b t)$，$1/(k_a - k_b) \simeq 1/k_a$ と近似できるので

$$[C]_t \simeq (1 - \exp(-k_b t))[A]_0$$

となる．これは，$[C]_t$ の振る舞いが k_b，すなわち遅いほうの過程の速度定数で決まることを示している．

> **例題 12.4** $k_a \ll k_b$ のときには，$[C]_t \simeq (1 - \exp(-k_a t))[A]_0$ となることを示せ．
> **解答** $\exp(-k_a t) \gg \exp(-k_b t)$ なので，$k_b \exp(-k_a t) - k_a \exp(-k_b t) \simeq k_b \exp(-k_a t)$ である．また，$1/(k_a - k_b) \simeq -1/k_b$ である．このため上式が成り立つ．

上の例が示すように，逐次反応における生成物の生成速度は，遅いほうの反応段階の速度定数によって決まる．よって，遅いほうの反応段階を**律速段階** (rate-determining step) と呼ぶ．同様の概念は，より一般の多段階反応にもあてはまる[*1]．

12.1.3 素反応と速度方程式

式 (12.1) では，反応物 A と生成物 C の間に中間体 B が関与している．11.4.2 項で見た前駆平衡反応 (式 11.23) も同様である．このように中間体が関与すると仮定して，全反応を一連の反応段階に分解したものを**反応機構** (reaction mechanism) と呼び，各反応段階を**素反応** (elementary

[*1] これは化学反応に限らず，複数の段階で流れ作業をする場合に，遅い段階が済むまで次に進めない（遅い段階が全体の速さを決める）という日常的なイメージと同様である．

reaction）または**素過程**（elementary step）と呼ぶ．すなわち，反応機構は一連の素反応からなる．

　反応中間体は，実験的に検出される場合もあれば，検出が難しいので化学的な考察によって存在を仮定する場合もある．仮定された反応機構から導かれた速度則が実験と一致すれば，その機構は確からしいと推察できる．

　式(12.2)のような，濃度の時間変化についての微分方程式を**速度方程式**（rate equation）と呼ぶ．その右辺には，$k[A][B]$のように，速度定数と濃度の積からなる項を含む．各項は各素反応に対応しており，以下に示す規則に従って一意的に書き下される[*2]．素反応が与えられたときに，その速度方程式を書き下すための規則は単純である．次の三例を見れば十分であろう．

[*2] 速度則は一般には反応式からは一意的に決まらない（11.2.2項参照）のに対し，反応機構から速度方程式は一意的に定まるとして議論を進める．

---

① 素反応

$$A \xrightarrow{k} B \quad (12.4)$$

は$k[A]$を与える．Aは消滅しBが生成されるので，$d[A]/dt$に$-k[A]$，$d[B]/dt$に$+k[A]$の項を与える．

② 素反応

$$A + A \xrightarrow{k} B \quad (12.5)$$

は$k[A]^2$を与える．2分子のAが消滅し1分子のBが生成されるので，$d[A]/dt$には$-2k[A]^2$，$d[B]/dt$には$+k[A]^2$を与える．

③ 素反応

$$A + B \xrightarrow{k} C \quad (12.6)$$

は$k[A][B]$を与える．$d[A]/dt$と$d[B]/dt$には$-k[A][B]$，$d[C]/dt$には$+k[A][B]$を与える．

　要点は，「矢印の始まり側にある化学式中の分子数と，対応する項の次数が一致する」ということである．素反応の次数は一次または二次の場合が大半である[*3]．

[*3] 三次の素反応は，3分子の同時衝突による反応を意味する．これは，起こり得ないわけではないが，稀なので省略する．

例題 12.5 ①〜③の議論から，式(11.18)と(12.2)を再確認せよ．
解答 式(11.18)については，その前の議論と照らし合わせればよい．式(12.2)については，A→BとB→Cの各矢印に，式(12.4)の考え方をあてはめればよい．

> **例題 12.6** 次の反応機構について，d[A]/dt，d[B]/dt，d[C]/dt に関する速度方程式を書け．
>
> (1) $A \xrightarrow{k} B + C$　　(2) $A + A \xrightarrow{k} B$
>
> (3) $A + B \xrightarrow{k} C$　　(4) $A \underset{k_b}{\overset{k_f}{\rightleftarrows}} B \xrightarrow{k_r} C$
>
> **解答**　(1) $\dfrac{d[A]}{dt} = -k[A]$, $\dfrac{d[B]}{dt} = k[A]$, $\dfrac{d[C]}{dt} = k[A]$
>
> (2) $\dfrac{d[A]}{dt} = -2k[A]^2$, $\dfrac{d[B]}{dt} = k[A]^2$
>
> (3) $\dfrac{d[A]}{dt} = -k[A][B]$, $\dfrac{d[B]}{dt} = -k[A][B]$, $\dfrac{d[C]}{dt} = k[A][B]$
>
> (4) $\dfrac{d[A]}{dt} = -k_f[A] + k_b[B]$, $\dfrac{d[B]}{dt} = k_f[A] - k_b[B] - k_r[B]$,
>
> $\dfrac{d[C]}{dt} = k_r[B]$

12.2　定常状態近似

この節のキーワード
定常状態近似，求核置換反応，酵素触媒反応のミカエリス–メンテン式

逐次反応の $k_a \ll k_b$ の場合には，反応中間体 B の濃度は低いままほぼ一定に保たれることを見た（図 12.1 b）．すなわち，中間体 B の反応性が高く，B が補給されるとただちに反応するので，B の濃度は低いままに保たれる．したがって，$d[B]/dt \simeq 0$ と近似することができる．

そこで，12.1.3 項の規則により $d[B]/dt$ の式を立て，それをゼロとおいてみる．これを上手く用いると，複雑な反応の速度則の導出がたいへん簡単になる．これが**定常状態近似**（**steady-state approximation**）である．微分方程式をまともに解くことを避け，代数的な関係式を得るのがポイントである．

ここではまず，11.4.2 項の前駆平衡反応に定常状態近似を適用して，前駆平衡の仮定による式 (11.25) よりも一般的な速度則を導く．続いて，求核置換反応や酵素触媒反応に定常状態近似を適用する．

12.2.1　定常状態近似の手続き

定常状態近似の手続きは次のように要約される．

① 仮定した反応機構の中で，反応性の高い中間体 M_1, M_2, … を選ぶ．
② それらに関する速度方程式 $d[M_i]/dt = \cdots$ を反応機構から書き下

す(方法は 12.1.3 項参照).
③ ②で書き下した式において，$d[M_i]/dt$ をゼロとおいて得られた方程式を $[M_i]$ について解く.
④ 得られた $[M_i]$ を他の式に代入して速度則を導く.

12.2.2 前駆平衡反応の定常状態近似

11.4.2 項で扱った前駆平衡反応

$$A \underset{k_b}{\overset{k_f}{\rightleftarrows}} B \overset{k_r}{\rightarrow} P \tag{12.7}$$

に定常状態近似を適用してみよう．11.4.2 項では，B → P の反応が十分遅いため，A と B の間の平衡が大きくは乱れず，濃度比 $K = [B]/[A]$ が近似的に一定となると仮定した．ここでは，この仮定の代わりに定常状態近似を適用する．

まず，式 (12.7) において，B は反応性の高い中間体であるとする (①)．B は $k_f[A]$ で生成され，$k_b[B]$ と $k_r[B]$ で消滅するので，速度方程式は

$$\frac{d[B]}{dt} = k_f[A] - k_b[B] - k_r[B]$$

となる (②)．上式をゼロとおき，[B] について解く (③).

$$0 = k_f[A] - k_b[B] - k_r[B] \quad \Rightarrow \quad [B] = \frac{k_f}{k_b + k_r}[A] \tag{12.8}$$

全体の反応速度 v は，生成物 P の生成速度

$$v = \frac{d[P]}{dt} = k_r[B]$$

で与えられる．この [B] を，式 (12.8) で求めた [B] で置き換えると

$$v = \frac{k_r k_f}{k_b + k_r}[A] \tag{12.9}$$

となる (④)．よって，A に関して一次の速度則が得られた．

式 (12.9) は，正味の速度定数が $k_r k_f/(k_b + k_r)$ で与えられることを示す．定常状態近似から得られた式 (12.9) は，前駆平衡仮定から導かれた式 (11.25) を一般化したものとみなすことができる．

例題 12.7 式(12.9)を前駆平衡仮定から導いた式(11.25)

$$v = \frac{k_r k_f}{k_b}[A]$$

と比較し，後者が前者の近似として得られることを示せ．

解答 前駆平衡仮定は，B→Pの反応が，A⇌Bの熱平衡を乱さない程度に遅いということだから，$k_r \ll k_b$ である．よって，式(12.9)の右辺の分母を $k_b + k_r \simeq k_b$ と近似できて，式(11.25)が得られる．

12.2.3 求核置換(S_N2)反応

次の反応を考えよう．

$$CH_3CH_2Cl + Br^- \longrightarrow CH_3CH_2Br + Cl^- \quad (12.10)$$

これは典型的な**求核置換**(nucleophilic substitution)反応で，以下に示すように律速段階が2分子反応であることから，S_N2 反応と呼ばれる．次の反応機構を仮定してみよう．

$$CH_3CH_2Cl + Br^- \underset{k_b}{\overset{k_f}{\rightleftharpoons}} [Cl\cdots CH_3CH_2 \cdots Br]^- \xrightarrow{k_r} CH_3CH_2Br + Cl^- \quad (12.11)$$

Br^- は CH_3CH_2Cl の中心炭素部位を攻撃し，CH_3CH_2 部分の「傘」が開いたような構造の中間体を経て，Cl^- を放出する(図 12.2)．

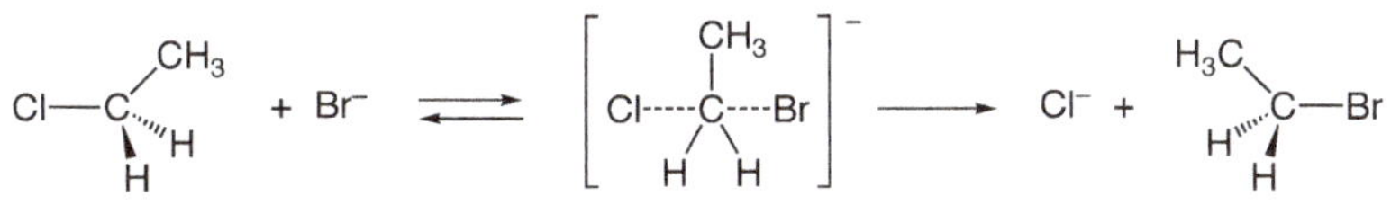

図 12.2 S_N2 反応機構

例題 12.8 式(12.11)の反応機構の中間体に定常状態近似を適用し，二次の速度則を導け．

解答 式(12.9)の導出とほぼ同様にして

$$v = \frac{k_f k_r}{k_b + k_r}[CH_3CH_2Cl][Br^-] \quad (12.12)$$

12.2.4 求核置換(S_N1)反応

次の反応も求核置換反応である．

$$(CH_3)_3CBr + H_2O \longrightarrow (CH_3)_3COH + HBr \tag{12.13}$$

水は求核性が低いうえに，$(CH_3)_3C$ 部分の「傘」の内側へ前節と同様の攻撃をするには立体障害が大きいので反応性は低そうに見えるが，実際には反応性が高いことが知られている．これを説明するものとして，次の S_N1 反応機構が考えられている（図 12.3）．

$$(CH_3)_3CBr \underset{k_2}{\overset{k_1}{\rightleftarrows}} (CH_3)_3C^+ + Br^-$$

$$(CH_3)_3C^+ + H_2O \overset{k_3}{\longrightarrow} (CH_3)_3COH_2^+ \tag{12.14}$$

$$(CH_3)_3COH_2^+ + H_2O \underset{k_5}{\overset{k_4}{\rightleftarrows}} (CH_3)_3COH + H_3O^+$$

最初に $(CH_3)_3CBr$ がイオン解離してできたカルボカチオンに水が求核剤として結合し，プロトン化アルコールが生成するという機構である．最後の平衡は pH 条件による．

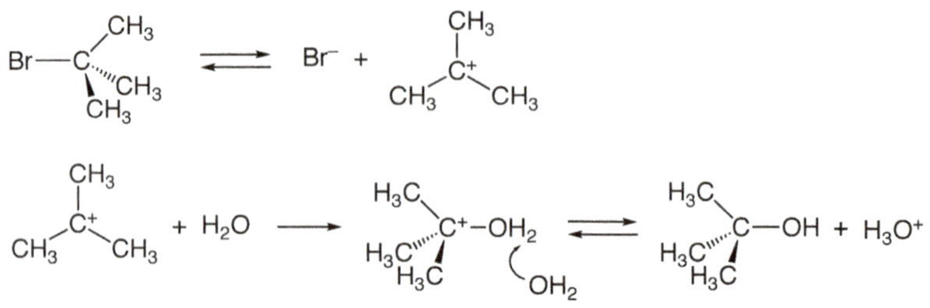

図 12.3 S_N1 反応機構

例題 12.9 中間体 $(CH_3)_3C^+$ と $(CH_3)_3COH_2^+$ の濃度変化に対して定常状態近似を適用し，速度則を導け．

解答 CH_3 を R と書く．中間体 R_3C^+ については

$$\frac{d[R_3C^+]}{dt} = k_1[R_3CBr] - k_2[R_3C^+][Br^-] - k_3[R_3C^+][H_2O]$$

中間体 $R_3COH_2^+$ については

$$\frac{d[R_3COH_2^+]}{dt} = k_3[R_3C^+][H_2O]$$

$$-k_4[\text{R}_3\text{COH}_2^+][\text{H}_2\text{O}] + k_5[\text{R}_3\text{COH}][\text{H}_3\text{O}^+]$$

上の二つの式を 0 とおいて $[\text{R}_3\text{C}^+]$ と $[\text{R}_3\text{COH}_2^+]$ について解き，生成物 $[\text{R}_3\text{COH}]$ の生成速度

$$\frac{\text{d}[\text{R}_3\text{COH}]}{\text{d}t} = k_4[\text{R}_3\text{COH}_2^+][\text{H}_2\text{O}] - k_5[\text{R}_3\text{COH}][\text{H}_3\text{O}^+]$$

に代入すると

$$v = \frac{\text{d}[\text{R}_3\text{COH}]}{\text{d}t} = \frac{k_1 k_3 [(\text{CH}_3)_3\text{CBr}][\text{H}_2\text{O}]}{k_2[\text{Br}^-] + k_3[\text{H}_2\text{O}]} \tag{12.15}$$

例題 12.10 例題 12.9 の結果から一次の速度則が得られるための条件について考察せよ．

解答 $k_2[\text{Br}^-] \ll k_3[\text{H}_2\text{O}]$ のとき，式 (12.15) の分母 $\simeq k_3[\text{H}_2\text{O}]$ となるので，約分すると

$$v \simeq k_1[(\text{CH}_3)_3\text{CBr}]$$

のように一次の速度則が得られる．

12.2.5 ミカエリス–メンテン式

応用例として，酵素触媒反応の**ミカエリス–メンテン式**（Michaelis-Menten equation）を導出してみよう．酵素触媒反応では，反応物は**基質**（substrate）と呼ばれるので，ここでもそれに従う．

はじめに実験事実について簡単に述べる．多くの酵素触媒反応では，基質濃度の低いときには反応速度が基質濃度に比例する一次反応が観測される．基質濃度が大きくなると反応速度の増大は次第に緩やかになり，ある最大速度へ漸近する．これを示すのが図 12.4 であり，ミカエリス–メン

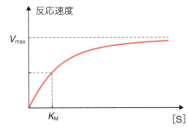

図 12.4 酵素触媒反応における基質濃度と反応速度

テン式と呼ばれる次式でよく記述される．

$$v = \frac{V_{\max}[\text{S}]}{[\text{S}] + K_{\text{M}}} \tag{12.16}$$

[S] は基質の濃度，$V_{\max}$ は反応速度の漸近値，K_{M} はミカエリス定数と呼ばれる定数である．[S] $\ll K_{\text{M}}$ のときは，式 (12.16) の分母は K_{M} と近似され，v は [S] に比例する．逆に [S] $\gg K_{\text{M}}$ のときは，分母は [S] と近似され，v は $V_{\max}$ となる．

酵素触媒反応では，酵素は基質を活性部位に取り込み，反応を触媒して生成物を放出する．これが次式の反応機構で表されるとしよう．

$$\text{E} + \text{S} \underset{k_{-1}}{\overset{k_1}{\rightleftharpoons}} \text{ES} \overset{k_2}{\longrightarrow} \text{E} + \text{P} \tag{12.17}$$

E は **酵素**（enzyme），S は基質，ES は酵素が活性部位に基質を取り込んだ錯合体を表す．P は反応生成物である．

式 (12.17) は，前駆平衡の式 (12.7) とよく似ている．そこで，12.2.2 項と同様に定常状態近似を適用すれば

$$v = \frac{k_1 k_2}{k_2 + k_{-1}}[\text{E}][\text{S}]$$

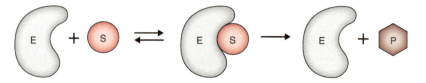

図 12.5 酵素反応のスキーム

が得られるだろう．これはこれで間違いではないのだが，ミカエリス–メンテン式 (12.16) とは異なる．重要な違いは，式 (12.16) には酵素濃度 [E] が含まれていない点である．酵素反応 (12.17) は式 (12.7) とは異なり，触媒である酵素は反応によって消費されず，錯合体 ES を含めた全濃度は一定に保たれる．式で表すと

$$[\text{E}] + [\text{ES}] = [\text{E}]_0 \ (\text{一定}) \tag{12.18}$$

ここで，$[\text{E}]_0$ は酵素の初期濃度を表す．この条件式を定常状態近似の計算に取り入れることにより，[E] を消去できる．

> **例題 12.11** 式 (12.17) から，[ES] の速度方程式を書け．これに式 (12.18) を用いて [E] を消去してから定常状態近似を適用し，[ES] について解いた式を示せ．
>
> **解答** [ES] の時間変化は
>
> $$\frac{d[\text{ES}]}{dt} = k_1[\text{E}][\text{S}] - k_{-1}[\text{ES}] - k_2[\text{ES}]$$
>
> 式(12.18)を用いて[E]を消去し，ゼロとおくと
>
> $$k_1([\text{E}]_0 - [\text{ES}])[\text{S}] - k_{-1}[\text{ES}] - k_2[\text{ES}] = 0$$
>
> [ES]について解くと
>
> $$[\text{ES}] = \frac{k_1[\text{E}]_0[\text{S}]}{k_1[\text{S}] + k_{-1} + k_2} \tag{12.19}$$

反応速度は，生成物 P の生成速度として

$$v = \frac{d[\text{P}]}{dt} = k_2[\text{ES}]$$

と書けるので，式(12.19)を代入して

$$v = \frac{k_2 k_1[\text{E}]_0[\text{S}]}{k_1[\text{S}] + k_{-1} + k_2} = \frac{k_2[\text{E}]_0[\text{S}]}{[\text{S}] + \dfrac{k_{-1} + k_2}{k_1}}$$

上式で

$$K_\text{M} = \frac{k_{-1} + k_2}{k_1}, \quad V_\text{max} = k_2[\text{E}]_0$$

とおけば，ミカエリス–メンテン式(12.16)が得られる．

> **例題 12.12** K_M と V_max の次元を示せ．
>
> **解答** k_{-1} と k_2 は ES からの一次反応の速度定数なので，次元は [時間]$^{-1}$． k_1 は二次反応の速度定数なので，次元は [濃度]$^{-1}$[時間]$^{-1}$． よって，K_M の次元は [濃度]，V_max の次元は [濃度][時間]$^{-1}$ となる．

12.3 遷移状態理論

11.3節で議論したアレニウス則(式11.13)は現象論的に導入された.そこに含まれる活性化エネルギー E_a と頻度因子 A を分子の振る舞いから考察すれば,反応の機構についてより深く理解できるであろう.**遷移状態理論(transition state theory)**[*4] は,この目的において最も成功を収めた理論の一つである.本節では,遷移状態理論の初歩を解説する.

図12.6のような反応物 R と生成物 P をつなぐエネルギー図を考える.エネルギー障壁の頂上を**遷移状態(transition state, TS)**と呼ぶことにする.そのうえで,次の機構を仮定する.

$$R \xrightleftharpoons{K^{\ddagger}} TS \xrightarrow{\nu} P$$

> **この節のキーワード**
> 遷移状態,活性錯合体,活性化エネルギー,アレニウス則

*4 古くは活性錯合体理論とも呼ばれた.

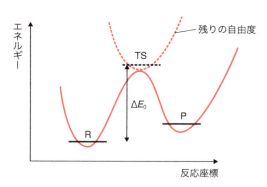

図 12.6 反応のエネルギー障壁と遷移状態

これは,11.4.2項で見た前駆平衡に他ならない.ν は TS から P への一次の速度定数である[*5].ここで,R と TS の間の仮想的な平衡定数

$$K^{\ddagger} = \frac{[\mathrm{TS}]}{[\mathrm{R}]} \tag{12.20}$$

を導入する[*6].

「仮想的な」という断り書きをつけたのは,遷移状態はエネルギー障壁の頂上にある不安定な中間状態なので,そのような状態との間の熱平衡を仮定することは必ずしも妥当とは限らないからである(章末のコラム「活性錯合体と超高速分光」参照).考え方は11.4.2項の前駆平衡と同様で

$$v = \frac{\mathrm{d}}{\mathrm{d}t}[\mathrm{P}] = \nu[\mathrm{TS}] = \nu K^{\ddagger}[\mathrm{R}] \tag{12.21}$$

となる.よって,正味の速度定数を k とすると

*5 遷移状態理論では,TS→Pの過程を分子振動と結びつけるので,速度定数に文字 ν を用いた.発展問題12.2参照.

*6 遷移状態を表すのに,記号‡がしばしば用いられる.

$$k = \nu K^{\ddagger} \tag{12.22}$$

となる．平衡定数 $K^{\ddagger}$ を分配関数で表し（10.1.3 項参照），反応座標方向の運動の分配関数を近似的に計算すると（発展問題 12.2）

$$k = \frac{k_B T}{h} \frac{q^{\ddagger}}{q_R} \exp\left(-\frac{\Delta E_0}{k_B T}\right) \tag{12.23}$$

が得られる．q_R は反応物の，$q^{\ddagger}$ は遷移状態の分子分配関数，ΔE_0 は両者の最低エネルギー準位の差である．この式（12.23）によれば，R と TS の 2 点におけるエネルギー準位分布の情報から速度定数を計算できる．

例題 12.13 $T = 298\,\mathrm{K}$ のときの $k_B T/h$ を計算せよ．

解答
$$\frac{k_B T}{h} = \frac{(1.380 \times 10^{-23}\,\mathrm{J\,K^{-1}})(298\,\mathrm{K})}{(6.626 \times 10^{-34}\,\mathrm{J\,s})} = 6.21 \times 10^{12}\,\mathrm{s^{-1}}$$

コラム　活性錯合体と超高速分光

　遷移状態は活性錯合体とも呼ばれる．これはエネルギーの山頂にあるため，短寿命であり実験的に同定することは 20 世紀前半には不可能であった．Eyring による遷移状態理論の論文は 1935 年に提出されたが，当初は強く反発された．遷移状態あるいは活性錯合体のような，当時の実験技術では観測不能だった中間状態の存在を仮定し，さらには反応物との間に熱平衡が成り立つと仮定することに抵抗があったのは想像に難くない．

　しかし，1970 年代頃には，より現代的な視点から理論が再構成され，活性錯合体との平衡仮定によらなくても同じ結果が導かれることが明らかになっている．さらに，20 世紀の終盤になると，フェムト（10^{-15}）秒の時間分解能をもつレーザー分光法が発展し，反応の遷移状態を実験的に研究する道が拓かれた．この分野で先導的な研究を行ったズウェイル（Ahmed Zewail）は，1999 年のノーベル化学賞を受賞，その技術的基盤となった超短パルスレーザーを開発したストリックランド（Donna Strickland）とムル（Gérard Mourou）は，2018 年のノーベル物理学賞を受賞した．特に，Strickland は物理学賞史上 3 人目の女性受賞者として話題となった．

章末問題

練習問題 12.1 次の反応機構について，$d[A]/dt$, $d[B]/dt$, $d[C]/dt$ に関する速度方程式を書け．

(1) $A + B \xrightarrow{k} 2C$ (2) $A \underset{k_b}{\overset{k_a}{\rightleftarrows}} B$ かつ $A \underset{k_d}{\overset{k_c}{\rightleftarrows}} C$

練習問題 12.2 アセトアルデヒドの熱分解反応 $CH_3CHO \to CH_4 + CO$ は，3/2次反応 $d[CH_4]/dt = k[CH_3CHO]^{3/2}$ であることが実験からわかっている．これについて，連鎖反応機構

開始： $CH_3CHO \xrightarrow{k_1} CH_3 + CHO$

生長： $CH_3 + CH_3CHO \xrightarrow{k_2} CH_4 + CH_3CO$

生長： $CH_3CO \xrightarrow{k_3} CH_3 + CO$

停止： $CH_3 + CH_3 \xrightarrow{k_4} C_2H_6$

を仮定し，ラジカル中間体 CH_3 と CH_3CO について定常状態近似を適用することにより，上記の(3/2)次の速度則を導け．

練習問題 12.3 ミカエリス–メンテン機構において，反応速度が V_{max} の半分となるときの基質濃度 $[S]$ を求めよ．

練習問題 12.4 酵素触媒反応において，阻害剤が基質と同じ活性部位に結合する場合を **競合阻害**（competitive inhibition）という．**阻害剤**（inhibitor）を I と書くと，式(12.17)に加えて，$E + I \rightleftarrows EI$ の過程が共存し競合する．この平衡は常に成り立つとして，$K_I = [E][I]/[EI]$ とおく．中間体 ES に対して定常状態近似を適用して，次式を示せ．

$$v = \frac{V_{max}[S]}{[S] + K_M(1 + [I]/K_I)}$$

発展問題 12.1 12.1.1 項で扱った逐次反応の速度方程式 (12.2) の第1式は単分子一次反応と同じであり，解は $[A]_t = [A]_0 \exp(-k_a t)$ となる．これを第2式に代入すれば，$[B]_t$ の式は

$$\frac{d[B]}{dt} = k_a[A]_0 \exp(-k_a t) - k_b[B]$$

になる．補遺 C.5 に示した微分方程式の解法を用いて $[B]_t$ を求めよ．

さらに，物質の総量が保存されること（$[A]_t + [B]_t + [C]_t = [A]_0$）を用いて，$[C]_t$ を求めよ〔結果は式(12.3)で示した〕．

発展問題 12.2　10.1.3 項で見たように，平衡定数は分配関数の比で表せる．遷移状態から生成物に向かう運動に関する分配関数 q_v と，その自由度を除いた残りの自由度に関する分配関数 $q^{\ddagger}$ によって，式(12.20)は

$$K^{\ddagger} = \frac{q_v q^{\ddagger}}{q_R} \exp\left(-\frac{\Delta E_0}{k_B T}\right)$$

と表せる．q_v について，振動数 ν の振動分配関数の式 (10.23) の $\nu \to 0$ の極限をとることにより，遷移状態理論の式 (12.23) が得られることを示せ．

補遺 化学数学

A 行列

A.1 行列の演算

行列（matrix）は，下に示すような数字・記号・式などを縦と横に並べて括弧で閉じたものであり，多数のデータを一括で処理できる便利なツールである．

$$\begin{pmatrix} a & b & c \\ d & e & f \end{pmatrix}$$

行列において，横方向の並びを**行**（row），縦方向の並びを**列**（column）という．また，行列を構成する数字一つ一つを**成分**（component）という．たとえば次の行列において，b は 1 行 2 列成分である[*1]．

[*1] $(1, 2)$ 成分ともいう．

行 $\begin{pmatrix} \boxed{a\ \ b\ \ c} \\ \boxed{d\ \ e\ \ f} \end{pmatrix}$ 1行目 2行目　　列 $\begin{pmatrix} a & b & c \\ d & e & f \end{pmatrix}$ 1列目 2列目 3列目

全体で行が m 行，列が n 列ある行列を，m 行 n 列行列[*2] という．

[*2] $m \times n$ 行列ともいう．

$(a\ \ b\ \ c)$　　$\begin{pmatrix} a & b \\ c & d \end{pmatrix}$　　$\begin{pmatrix} a & b & c \\ d & e & f \end{pmatrix}$　　$\begin{pmatrix} a & b \\ c & d \\ e & f \end{pmatrix}$　　$\begin{pmatrix} a & b & c \\ d & e & f \\ g & h & i \end{pmatrix}$

1行3列行列　　2行2列行列　　2行3列行列　　3行2列行列　　3行3列行列

特に，全体の行と列が等しい行列を**正方行列**（square matrix）という．

行列どうしの和・差は，同じ行・同じ列の成分どうしを足し引きして計算すればよい．したがって，行数と列数がそれぞれ同じ行列どうしでないと，和・差は計算できない．

$$\begin{pmatrix} a & b \\ c & d \end{pmatrix} + \begin{pmatrix} e & f \\ g & h \end{pmatrix} = \begin{pmatrix} a+e & b+f \\ c+g & d+h \end{pmatrix} \tag{A.1}$$

行列に一つの数(スカラー)を掛けることができ，これを行列のスカラー倍という．たとえば行列を n 倍すると，行列の各成分すべてが n 倍される．

$$n \times \begin{pmatrix} a & b \\ c & d \end{pmatrix} = \begin{pmatrix} na & nb \\ nc & nd \end{pmatrix} \tag{A.2}$$

行列どうしの積は，左の行列の行と右の行列の列の組の同じ順番の数どうしの積を合計することで求まる．したがって，左の行列の列数と右の行列の行数が同じでないと二つの行列の積は計算できない．

$$\begin{pmatrix} a & b \end{pmatrix} \times \begin{pmatrix} c \\ d \end{pmatrix} = ac + bd \tag{A.3}$$

$$\tag{A.4}$$

このように，行列の積は左と右で計算の仕方が変わるので，$\boldsymbol{A} \times \boldsymbol{B}$ と $\boldsymbol{B} \times \boldsymbol{A}$ は必ずしも一致しない[*3]．

*3 通常，行列の積では × の記号は省略される．

例題 A.1 次の行列 $\boldsymbol{A}$ と $\boldsymbol{B}$ に対して，以下を計算せよ．

$$\boldsymbol{A} = \begin{pmatrix} 2 & -3 \\ 5 & 1 \end{pmatrix}, \quad \boldsymbol{B} = \begin{pmatrix} 4 & 0 \\ -1 & 2 \end{pmatrix}$$

(1) $\boldsymbol{A} + \boldsymbol{B}$ (2) $\boldsymbol{A} - \boldsymbol{B}$ (3) $-3\boldsymbol{A}$ (4) $\boldsymbol{AB}$ (5) $\boldsymbol{BA}$

解答

(1) $\boldsymbol{A} + \boldsymbol{B} = \begin{pmatrix} 2 & -3 \\ 5 & 1 \end{pmatrix} + \begin{pmatrix} 4 & 0 \\ -1 & 2 \end{pmatrix} = \begin{pmatrix} 2+4 & -3+0 \\ 5+(-1) & 1+2 \end{pmatrix} = \begin{pmatrix} 6 & -3 \\ 4 & 3 \end{pmatrix}$

(2) $\boldsymbol{A} - \boldsymbol{B} = \begin{pmatrix} 2 & -3 \\ 5 & 1 \end{pmatrix} - \begin{pmatrix} 4 & 0 \\ -1 & 2 \end{pmatrix} = \begin{pmatrix} 2-4 & -3-0 \\ 5-(-1) & 1-2 \end{pmatrix} = \begin{pmatrix} -2 & -3 \\ 6 & -1 \end{pmatrix}$

(3) $-3\boldsymbol{A} = (-3) \times \begin{pmatrix} 2 & -3 \\ 5 & 1 \end{pmatrix} = \begin{pmatrix} (-3)\times 2 & (-3)\times(-3) \\ (-3)\times 5 & (-3)\times 1 \end{pmatrix} = \begin{pmatrix} -6 & 9 \\ -15 & -3 \end{pmatrix}$

(4) $\boldsymbol{AB} = \begin{pmatrix} 2 & -3 \\ 5 & 1 \end{pmatrix} \times \begin{pmatrix} 4 & 0 \\ -1 & 2 \end{pmatrix} = \begin{pmatrix} 2\times 4+(-3)\times(-1) & 2\times 0+(-3)\times 2 \\ 5\times 4+1\times(-1) & 5\times 0+1\times 2 \end{pmatrix}$

$= \begin{pmatrix} 11 & -6 \\ 19 & 2 \end{pmatrix}$

(5) $\boldsymbol{BA} = \begin{pmatrix} 4 & 0 \\ -1 & 2 \end{pmatrix} \times \begin{pmatrix} 2 & -3 \\ 5 & 1 \end{pmatrix} = \begin{pmatrix} 4\times 2+0\times 5 & 4\times(-3)+0\times 1 \\ (-1)\times 2+2\times 5 & (-3)\times(-1)+2\times 1 \end{pmatrix}$

$= \begin{pmatrix} 8 & -12 \\ 8 & 5 \end{pmatrix}$

任意の正方行列 A との積に対して，次のような関係を満たす行列 E を **単位行列**(identity matrix)という．

$$AE = EA = A \tag{A.5}$$

単位行列の成分は，対角に 1 が並び，他はすべて 0 となる．2 行 2 列の正方行列の場合

$$E = \begin{pmatrix} 1 & 0 \\ 0 & 1 \end{pmatrix} \tag{A.6}$$

3 行 3 列の正方行列の場合

$$E = \begin{pmatrix} 1 & 0 & 0 \\ 0 & 1 & 0 \\ 0 & 0 & 1 \end{pmatrix} \tag{A.7}$$

である．

A.2 逆行列と行列式

ある正方行列 A との積に対して，次のような関係を満たす行列 A^{-1} を **逆行列**(inverse matrix)という．

$$AA^{-1} = A^{-1}A = E \tag{A.8}$$

次の 2 行 2 列の正方行列 A を考える．

$$A = \begin{pmatrix} a & b \\ c & d \end{pmatrix} \tag{A.9}$$

この逆行列は次式で与えられる．

$$A^{-1} = \frac{1}{ad - bc} \begin{pmatrix} d & -b \\ -c & a \end{pmatrix} \tag{A.10}$$

ここで，式 (A.10) 右辺の分数の分母は，行列 A の **行列式** (determinant) と呼ばれ，$|A|$ と表される[*4]．

[*4] $\det(A)$ と表されることもある．

$$|A| = ad - bc \tag{A.11}$$

したがって，行列式 $|A|$ が 0 の場合，行列 A の逆行列は存在しないことがわかる．逆に，行列式 $|A|$ が 0 でない場合は，行列 A の逆行列が存在する[*5]．

3 行 3 列の正方行列の行列式は，次のように計算される．

[*5] 逆行列が存在する行列を **正則行列**(regular matrix)，存在しない行列を **特異行列**(singular matrix)という．

$$|A| = \begin{vmatrix} a & b & c \\ d & e & f \\ g & h & i \end{vmatrix} = aei + bfg + cdh - afh - bdi - ceg \quad (A.12)$$

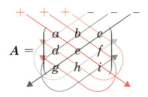

3行3列より大きな正方行列の行列式を計算するためには，**余因子展開** (**cofactor expansion**) と呼ばれる方法を用いる．まず，正方行列 A の (i, j) 成分に対する余因子 A_{ij} を，次の手順で計算する．

＜余因子の計算方法＞

1. 行列 A から i 行と j 列を抜き去る．
2. その行列の行列式を計算し，$(-1)^{i+j}$ 倍する．

$$A_{ij} = (-1)^{i+j} \begin{vmatrix} a_{11} & \cdots & a_{1i} & \cdots & a_{1j} & \cdots \\ \vdots & \ddots & \vdots & & \vdots & \\ a_{i1} & \cdots & a_{ii} & \cdots & a_{ij} & \cdots \\ \vdots & & \vdots & \ddots & \vdots & \\ a_{j1} & \cdots & a_{ji} & \cdots & a_{jj} & \cdots \\ \vdots & & \vdots & & \vdots & \ddots \end{vmatrix} = (-1)^{i+j} \begin{vmatrix} a_{11} & \cdots & a_{1i} & \cdots & & \\ \vdots & \ddots & \vdots & & & \\ & & & & & \\ & & & & & \\ a_{j1} & \cdots & a_{ji} & \cdots & & \\ & & & & & \ddots \end{vmatrix}$$
$$(A.13)$$

式 (A.13) の余因子を用いると，正方行列 A の行列式は次のように展開できる．

$$|A| = \begin{vmatrix} a_{11} & \cdots & a_{1i} & \cdots & a_{1j} & \cdots \\ \vdots & \ddots & \vdots & & \vdots & \\ a_{i1} & \cdots & a_{ii} & \cdots & a_{ij} & \cdots \\ \vdots & & \vdots & \ddots & \vdots & \\ a_{j1} & \cdots & a_{ji} & \cdots & a_{jj} & \cdots \\ \vdots & & \vdots & & \vdots & \ddots \end{vmatrix}$$
$$= a_{i1}A_{i1} + a_{i2}A_{i2} + \cdots \quad (i \text{ 行による展開})$$
$$= a_{1j}A_{1j} + a_{2j}A_{2j} + \cdots \quad (j \text{ 列による展開}) \quad (A.14)$$

式 (A.14) では，i 行による展開と j 列による展開を示している．余因子の計算には元の行列より一つ次元が削減された行列式が用いられるので，こ

の展開を繰り返すことで，最終的には 3 行 3 列の正方行列の行列式の計算（式 A.12）に到達できる．また，余因子展開（A.14）は，ある行またはある列の成分とその余因子との積からなる項から成り立っているので，ゼロの成分が最も多い行または列に着目すると，項数を減らすことができる．

以下に行列式の性質をまとめる．

＜行列式の性質＞

(1) ある行のスカラー倍したときの行列式：スカラー倍

$$\begin{vmatrix} a_{11} & \cdots & a_{1i} & \cdots & a_{1j} & \cdots \\ \vdots & \ddots & \vdots & & \vdots & \\ na_{i1} & \cdots & na_{ii} & \cdots & na_{ij} & \cdots \\ \vdots & & \vdots & \ddots & \vdots & \\ a_{j1} & \cdots & a_{ji} & \cdots & a_{jj} & \cdots \\ \vdots & & \vdots & & \vdots & \ddots \end{vmatrix} = n \begin{vmatrix} a_{11} & \cdots & a_{1i} & \cdots & a_{1j} & \cdots \\ \vdots & \ddots & \vdots & & \vdots & \\ a_{i1} & \cdots & a_{ii} & \cdots & a_{ij} & \cdots \\ \vdots & & \vdots & \ddots & \vdots & \\ a_{j1} & \cdots & a_{ji} & \cdots & a_{jj} & \cdots \\ \vdots & & \vdots & & \vdots & \ddots \end{vmatrix} \tag{A.15}$$

(2) ある 2 行を入れ替えたときの行列式：(-1) 倍

$$\begin{vmatrix} a_{11} & \cdots & a_{1i} & \cdots & a_{1j} & \cdots \\ \vdots & \ddots & \vdots & & \vdots & \\ a_{i1} & \cdots & a_{ii} & \cdots & a_{ij} & \cdots \\ \vdots & & \vdots & \ddots & \vdots & \\ a_{j1} & \cdots & a_{ji} & \cdots & a_{jj} & \cdots \\ \vdots & & \vdots & & \vdots & \ddots \end{vmatrix} = - \begin{vmatrix} a_{11} & \cdots & a_{1i} & \cdots & a_{1j} & \cdots \\ \vdots & \ddots & \vdots & & \vdots & \\ a_{j1} & \cdots & a_{ji} & \cdots & a_{jj} & \cdots \\ \vdots & & \vdots & \ddots & \vdots & \\ a_{i1} & \cdots & a_{ii} & \cdots & a_{ij} & \cdots \\ \vdots & & \vdots & & \vdots & \ddots \end{vmatrix} \tag{A.16}$$

(3) ある 2 行が等しいときの行列式：0

$$\begin{vmatrix} a_{11} & \cdots & a_{1i} & \cdots & a_{1j} & \cdots \\ \vdots & \ddots & \vdots & & \vdots & \\ a_{i1} & \cdots & a_{ii} & \cdots & a_{ij} & \cdots \\ \vdots & & \vdots & \ddots & \vdots & \\ a_{i1} & \cdots & a_{ii} & \cdots & a_{ij} & \cdots \\ \vdots & & \vdots & & \vdots & \ddots \end{vmatrix} = 0 \tag{A.17}$$

(4) ある行のスカラー倍を他の行に加えたときの行列式：等しい

$$\begin{vmatrix} a_{11} & \cdots & a_{1i} & \cdots & a_{1j} & \cdots \\ \vdots & \ddots & \vdots & & \vdots & \\ a_{i1} & \cdots & a_{ii} & \cdots & a_{ij} & \cdots \\ \vdots & & \vdots & \ddots & \vdots & \\ a_{j1}+na_{i1} & \cdots & a_{ji}+na_{ii} & \cdots & a_{jj}+na_{ij} & \cdots \\ \vdots & & \vdots & & \vdots & \ddots \end{vmatrix} = \begin{vmatrix} a_{11} & \cdots & a_{1i} & \cdots & a_{1j} & \cdots \\ \vdots & \ddots & \vdots & & \vdots & \\ a_{i1} & \cdots & a_{ii} & \cdots & a_{ij} & \cdots \\ \vdots & & \vdots & \ddots & \vdots & \\ a_{j1} & \cdots & a_{ji} & \cdots & a_{jj} & \cdots \\ \vdots & & \vdots & & \vdots & \ddots \end{vmatrix} \tag{A.18}$$

*6 転置行列とは元の行列の (i,j) 成分を (j,i) 成分とする行列のことである.

(5) 行列の積の行列式：行列式の積

$$|AB| = |A||B| \tag{A.19}$$

(6) **転置行列** (transposed matrix あるいは transpose) A^T *6 の行列式：等しい

$$|A^T| = |A| \tag{A.20}$$

例題 A.2 次の行列式を計算せよ.

(1) $\begin{vmatrix} 2 & -3 \\ 5 & 1 \end{vmatrix}$ (2) $\begin{vmatrix} 4 & 0 \\ -1 & 2 \end{vmatrix}$ (3) $\begin{vmatrix} 11 & -6 \\ 19 & 2 \end{vmatrix}$

(4) $\begin{vmatrix} 2 & -1 & 3 \\ 1 & 0 & 4 \\ 5 & 2 & 6 \end{vmatrix}$ (5) $\begin{vmatrix} 2 & 6 & 1 \\ -4 & 4 & -2 \\ 2 & -3 & 1 \end{vmatrix}$ (6) $\begin{vmatrix} 0 & 0 & 1 & 1 \\ 1 & 0 & 2 & 4 \\ 2 & -2 & 3 & 3 \\ 3 & 0 & 4 & 2 \end{vmatrix}$

解答

(1) $\begin{vmatrix} 2 & -3 \\ 5 & 1 \end{vmatrix} = 2 \times 1 - (-3) \times 5 = 17$

(2) $\begin{vmatrix} 4 & 0 \\ -1 & 2 \end{vmatrix} = 4 \times 2 - 0 \times (-1) = 8$

(3) $\begin{vmatrix} 11 & -6 \\ 19 & 2 \end{vmatrix} = 11 \times 2 - (-6) \times 19 = 136$

(別解) 例題 A.1(4) より $\begin{pmatrix} 11 & -6 \\ 19 & 2 \end{pmatrix} = \begin{pmatrix} 2 & -3 \\ 5 & 1 \end{pmatrix} \times \begin{pmatrix} 4 & 0 \\ -1 & 2 \end{pmatrix}$ なので，行列式の性質(5)より $\begin{vmatrix} 11 & -6 \\ 19 & 2 \end{vmatrix} = \begin{vmatrix} 2 & -3 \\ 5 & 1 \end{vmatrix} \times \begin{vmatrix} 4 & 0 \\ -1 & 2 \end{vmatrix} = 17 \times 8 = 136$

(4) $\begin{vmatrix} 2 & -1 & 3 \\ 1 & 0 & 4 \\ 5 & 2 & 6 \end{vmatrix} = 2 \times 0 \times 6 + (-1) \times 4 \times 5 + 3 \times 1 \times 2$

$\qquad\qquad\qquad - 2 \times 4 \times 2 - (-1) \times 1 \times 6 - 3 \times 0 \times 5 = -24$

(5) $\begin{vmatrix} 2 & 6 & 1 \\ -4 & 4 & -2 \\ 2 & -3 & 1 \end{vmatrix} = 2 \times 4 \times 1 + 6 \times (-2) \times 2 + 1 \times (-4) \times (-3)$

$\qquad\qquad\qquad - 2 \times (-2) \times (-3) - 6 \times (-4) \times 1 - 1 \times 4 \times 2 = 0$

(別解) 1列の各成分は3列の各成分の2倍に等しいので，行列式の性質(1)と(3)より行列式は0となる．

(6) 2列が0の成分が最も多いので，2列に対する余因子展開を行う．

$$\begin{vmatrix} 0 & 0 & 1 & 1 \\ 1 & 0 & 2 & 4 \\ 2 & -2 & 3 & 3 \\ 3 & 0 & 4 & 2 \end{vmatrix} = (-1)^{3+2}(-2) \begin{vmatrix} 0 & 1 & 1 \\ 1 & 2 & 4 \\ 3 & 4 & 2 \end{vmatrix}$$

$$= 2\{0 \times 2 \times 2 + 1 \times 4 \times 3 + 1 \times 1 \times 4$$
$$\quad - 0 \times 4 \times 4 - 1 \times 1 \times 2 - 1 \times 2 \times 3\}$$
$$= 16$$

逆行列を求める代表的な方法は二つある．一つは，行列式 $|\boldsymbol{A}|$ と余因子 A_{ij} を用いる方法で，以下の式で逆行列が計算される．

$$\boldsymbol{A}^{-1} = \begin{pmatrix} a_{11} & \cdots & a_{1i} & \cdots & a_{1j} & \cdots \\ \vdots & \ddots & \vdots & & \vdots & \\ a_{i1} & \cdots & a_{ii} & \cdots & a_{ij} & \cdots \\ \vdots & & \vdots & \ddots & \vdots & \\ a_{j1} & \cdots & a_{ji} & \cdots & a_{jj} & \cdots \\ \vdots & & \vdots & & \vdots & \ddots \end{pmatrix}^{-1} = \frac{1}{|\boldsymbol{A}|} \begin{pmatrix} A_{11} & \cdots & A_{i1} & \cdots & A_{j1} & \cdots \\ \vdots & \ddots & \vdots & & \vdots & \\ A_{1i} & \cdots & A_{ii} & \cdots & A_{ji} & \cdots \\ \vdots & & \vdots & \ddots & \vdots & \\ A_{1j} & \cdots & A_{ij} & \cdots & A_{jj} & \cdots \\ \vdots & & \vdots & & \vdots & \ddots \end{pmatrix}$$

(A.21)

ここで，式(A.21)の右辺の行列は，余因子を成分にもつが転置行列となっていることに注意してほしい．

もう一つは，**掃き出し法**(row reduction)[*7] と呼ばれる方法である．まず，ある行列 $\boldsymbol{A}$ と単位行列 $\boldsymbol{E}$ を左右につなげた横長の行列 $(\boldsymbol{A}|\boldsymbol{E})$ を考える．次にこの行列に対して，以下に示す行の基本操作を繰り返すことで $(\boldsymbol{E}|\boldsymbol{B})$ を作る．このようにして得られた行列 $\boldsymbol{B}$ が，逆行列 $\boldsymbol{A}^{-1}$ である．

[*7] **ガウスの消去法**(Gaussian elimination)ともいう．

＜行の基本操作＞
操作 1：ある行を何倍かにする
操作 2：ある行を何倍かにしたものを他の行に加える
操作 3：ある二つの行を入れ替える

例題 A.3 次の行列の逆行列を求めよ．

(1) $\begin{pmatrix} 2 & -3 \\ 5 & 1 \end{pmatrix}$ (2) $\begin{pmatrix} 2 & -1 & 3 \\ 1 & 0 & 4 \\ 5 & 2 & 6 \end{pmatrix}$

解答

(1) 例題 A.2 (1) の結果を用いると,行列式は次のように求められる.

$$\begin{pmatrix} 2 & -3 \\ 5 & 1 \end{pmatrix}^{-1} = \frac{1}{17} \begin{pmatrix} 1 & 3 \\ -5 & 2 \end{pmatrix} = \begin{pmatrix} 1/17 & 3/17 \\ -5/17 & 2/17 \end{pmatrix}$$

(2) 余因子を用いる方法により逆行列を求める.行列式の値は例題 A.2 (4) の結果を用いる.

$$\begin{pmatrix} 2 & -1 & 3 \\ 1 & 0 & 4 \\ 5 & 2 & 6 \end{pmatrix}^{-1} = \frac{1}{-24} \begin{pmatrix} \begin{vmatrix} 0 & 4 \\ 2 & 6 \end{vmatrix} & -\begin{vmatrix} 1 & 4 \\ 5 & 6 \end{vmatrix} & \begin{vmatrix} 1 & 0 \\ 5 & 2 \end{vmatrix} \\ -\begin{vmatrix} -1 & 3 \\ 2 & 6 \end{vmatrix} & \begin{vmatrix} 2 & 3 \\ 5 & 6 \end{vmatrix} & -\begin{vmatrix} 2 & -1 \\ 5 & 2 \end{vmatrix} \\ \begin{vmatrix} -1 & 3 \\ 0 & 4 \end{vmatrix} & -\begin{vmatrix} 2 & 3 \\ 1 & 4 \end{vmatrix} & \begin{vmatrix} 2 & -1 \\ 1 & 0 \end{vmatrix} \end{pmatrix}^T = \frac{1}{-24} \begin{pmatrix} -8 & 14 & 2 \\ 12 & -3 & -9 \\ -4 & -5 & 1 \end{pmatrix}^T$$

$$= -\frac{1}{24} \begin{pmatrix} -8 & 12 & -4 \\ 14 & -3 & -5 \\ 2 & -9 & 1 \end{pmatrix} = \begin{pmatrix} 1/3 & -1/2 & 1/6 \\ -7/12 & 1/8 & 5/24 \\ -1/12 & 3/8 & -1/24 \end{pmatrix}$$

(別解) 掃き出し法で求めると以下のようになる.

$$\begin{pmatrix} 2 & -1 & 3 & | & 1 & 0 & 0 \\ 1 & 0 & 4 & | & 0 & 1 & 0 \\ 5 & 2 & 6 & | & 0 & 0 & 1 \end{pmatrix} \Rightarrow \begin{pmatrix} 1 & 0 & 4 & | & 0 & 1 & 0 \\ 2 & -1 & 3 & | & 1 & 2 & 0 \\ 5 & 2 & 6 & | & 0 & 0 & 1 \end{pmatrix}$$ 1 行と 2 行を入れ替える

$$\Rightarrow \begin{pmatrix} 1 & 0 & 4 & | & 0 & 1 & 0 \\ 0 & -1 & -5 & | & 1 & -2 & 0 \\ 5 & 2 & 6 & | & 0 & 0 & 1 \end{pmatrix}$$ 1 行の (-2) 倍を 2 行に加える

$$\Rightarrow \begin{pmatrix} 1 & 0 & 4 & | & 0 & 1 & 0 \\ 0 & -1 & -5 & | & 1 & -2 & 0 \\ 0 & 2 & -14 & | & 0 & -5 & 1 \end{pmatrix}$$ 1 行の (-5) 倍を 3 行に加える

$$\Rightarrow \begin{pmatrix} 1 & 0 & 4 & | & 0 & 1 & 0 \\ 0 & 1 & 5 & | & -1 & 2 & 0 \\ 0 & 2 & -14 & | & 0 & -5 & 1 \end{pmatrix}$$ 2 行を (-1) 倍する

$$\Rightarrow \begin{pmatrix} 1 & 0 & 4 & | & 0 & 1 & 0 \\ 0 & 1 & 5 & | & -1 & 2 & 0 \\ 0 & 0 & -24 & | & 2 & -9 & 1 \end{pmatrix}$$ 2 行の (-2) 倍を 3 行に加える

$$\Rightarrow \begin{pmatrix} 1 & 0 & 4 & | & 0 & 1 & 0 \\ 0 & 1 & 5 & | & -1 & 2 & 0 \\ 0 & 0 & 1 & | & -1/12 & 3/8 & -1/24 \end{pmatrix}$$ 3 行を $(-1/24)$ 倍する(ここまでの作業を **前進消去** という)

$$\Rightarrow \begin{pmatrix} 1 & 0 & 0 & | & 1/3 & -1/2 & 1/6 \\ 0 & 1 & 5 & | & -1 & 2 & 0 \\ 0 & 0 & 1 & | & -1/12 & 3/8 & -1/24 \end{pmatrix}$$ 3 行の (-4) 倍を 1 行に加える

$$\Rightarrow \begin{pmatrix} 1 & 0 & 0 & | & 1/3 & -1/2 & 1/6 \\ 0 & 1 & 0 & | & -7/12 & 1/8 & 5/24 \\ 0 & 0 & 1 & | & -1/12 & 3/8 & -1/24 \end{pmatrix}$$ 3 行の (−5) 倍を 2 行に加える（ここまでの作業を**後退代入**という）

A.3 行列と連立方程式

行列を用いる利点に，多元連立方程式を一つの式で表現することがある．たとえば，以下の連立三元一次方程式

$$\begin{aligned} a_{11}x + a_{12}y + a_{13}z &= b_1 \\ a_{21}x + a_{22}y + a_{23}z &= b_2 \\ a_{31}x + a_{32}y + a_{33}z &= b_3 \end{aligned} \tag{A.22}$$

は，次式のように書くことができる．

$$\begin{pmatrix} a_{11} & a_{12} & a_{13} \\ a_{21} & a_{22} & a_{23} \\ a_{31} & a_{32} & a_{33} \end{pmatrix} \begin{pmatrix} x \\ y \\ z \end{pmatrix} = \begin{pmatrix} b_1 \\ b_2 \\ b_3 \end{pmatrix} \tag{A.23}$$

行列表記すると

$$\boldsymbol{Ax} = \boldsymbol{b} \tag{A.24}$$

となる．この連立方程式の解は係数行列 $\boldsymbol{A}$ の逆行列を両辺に左から掛ければ求められる．

$$\begin{pmatrix} x \\ y \\ z \end{pmatrix} = \begin{pmatrix} a_{11} & a_{12} & a_{13} \\ a_{21} & a_{22} & a_{23} \\ a_{31} & a_{32} & a_{33} \end{pmatrix}^{-1} \begin{pmatrix} b_1 \\ b_2 \\ b_3 \end{pmatrix} \tag{A.25}$$

つまり

$$\boldsymbol{x} = \boldsymbol{A}^{-1}\boldsymbol{b} \tag{A.26}$$

である．

式 (A.25) あるいは (A.26) では，正方行列 $\boldsymbol{A}$ の逆行列が何らかの方法で求められていることが前提であるが，掃き出し法で連立方程式の解を直接求めることもできる．つまり，係数行列 $\boldsymbol{A}$ とベクトル $\boldsymbol{b}$ を左右につなげた横長の行列 $(\boldsymbol{A}|\boldsymbol{b})$ を考える．次にこの行列に対して，行の基本操作を繰り返すことで $(\boldsymbol{E}|\boldsymbol{x})$ を作る．このようにして得られたベクトル $\boldsymbol{x}$ が連立方程式の解である．

> **例題 A.4** 次の連立方程式の解を，行列を用いて求めよ．
>
> $$2x - y + 3z = 12$$
> $$x + 4z = 8$$
> $$5x + 2y + 6z = 24$$
>
> **解答**
> 問題の連立方程式を，行列を用いて表すと次のようになる．
>
> $$\begin{pmatrix} 2 & -1 & 3 \\ 1 & 0 & 4 \\ 5 & 2 & 6 \end{pmatrix} \begin{pmatrix} x \\ y \\ z \end{pmatrix} = \begin{pmatrix} 12 \\ 8 \\ 24 \end{pmatrix}$$
>
> この係数行列の逆行列は，例題 A.3 (2) で得られているので，式(A.25) より，方程式の解は次のように求められる．
>
> $$\begin{pmatrix} x \\ y \\ z \end{pmatrix} = \begin{pmatrix} 2 & -1 & 3 \\ 1 & 0 & 4 \\ 5 & 2 & 6 \end{pmatrix}^{-1} \begin{pmatrix} 12 \\ 8 \\ 24 \end{pmatrix} = \begin{pmatrix} 1/3 & -1/2 & 1/6 \\ -7/12 & 1/8 & 5/24 \\ -1/12 & 3/8 & -1/24 \end{pmatrix} \begin{pmatrix} 12 \\ 8 \\ 24 \end{pmatrix}$$
>
> $$= \begin{pmatrix} 4-4+4 \\ -7+1+5 \\ -1+3-1 \end{pmatrix} = \begin{pmatrix} 4 \\ -1 \\ 1 \end{pmatrix}$$

B 固有値問題

B.1 固有値と固有ベクトル

固有値問題とは，線形な変換（あるいは演算）に対して，**固有値** (eigenvalue) と **固有ベクトル** (eigenvector)（あるいは**固有関数** (eigenfunction)）を求める問題である．線形な変換を表す行列 A に対して，次の関係を満たす λ を固有値，x を固有ベクトルという．

$$Ax = \lambda x \tag{B.1}$$

通常，行列 A の線形変換は異なる向きのベクトルを与えるが，固有ベクトル x に作用させる場合，その向きは変えずに大きさだけ固有値の λ 倍される．

同様に，量子力学で現れる線形演算子 $\hat{f}$ に対して，次の関係を満たす f_i を固有値，ψ_i を固有関数という．

$$\hat{f}\psi_i = f_i\psi_i \tag{B.2}$$

通常,線形演算子 $\hat{f}$ を任意の関数に作用させると,異なる関数が得られる.しかし,固有関数 ψ_i に作用させると,関数形は変わらず固有値倍(f_i 倍)される.式(B.2)は式(3.6)そのものである.また,量子力学の基礎方程式であるシュレーディンガー方程式(3.8)も固有値方程式である.

式(B.1)の固有値問題を解くには,まず式(B.1)の右辺を左辺に移行して,次の連立方程式を得る.

$$(\boldsymbol{A} - \lambda \boldsymbol{E})\boldsymbol{x} = \boldsymbol{0} \tag{B.3}$$

この方程式が自明の解($\boldsymbol{x} = \boldsymbol{0}$)以外の解をもつのは,係数行列が逆行列をもたない場合である.すなわち,係数行列の行列式がゼロでなければならない.

$$|\boldsymbol{A} - \lambda \boldsymbol{E}| = 0 \tag{B.4}$$

この式は λ に対する高次の方程式[*8]である.これを解くことにより,固有値 λ が求められる.さらに,得られた λ の値を式(B.3)に代入することにより,固有ベクトル $\boldsymbol{x}$ が求められる.ただし,この方程式は不定形であるため,固有ベクトル $\boldsymbol{x}$ は任意定数を含む.そこで,通常は次の規格化条件を用いて,固有ベクトルを決定する.

$$|\boldsymbol{x}| = 1 \quad (あるいは |\boldsymbol{x}|^2 = 1) \tag{B.5}$$

[*8] 式(B.4)は 4.6 節で説明したヒュッケル法の式(4.20)に対応し,**永年方程式**(secular equation)と呼ばれる.もともとは天文学において,天体の長期にわたる運動を解くための式であったことに由来する.

例題 B.1 次の行列の固有値と固有ベクトルを求めよ.

$$\boldsymbol{A} = \begin{pmatrix} 1 & 3 \\ 3 & 1 \end{pmatrix}$$

解答

$$|\boldsymbol{A} - \lambda \boldsymbol{E}| = \begin{vmatrix} 1-\lambda & 3 \\ 3 & 1-\lambda \end{vmatrix} = (1-\lambda)^2 - 3^2 = (\lambda + 2)(\lambda - 4) = 0$$

なので,固有値は $\lambda = \{-2, 4\}$ である.$\lambda_1 = -2$ のとき,連立方程式は次式となる.

$$\begin{pmatrix} 1+2 & 3 \\ 3 & 1+2 \end{pmatrix}\begin{pmatrix} x \\ y \end{pmatrix} = \begin{pmatrix} 0 \\ 0 \end{pmatrix}$$

これより,$x = -y = t$ (t は任意定数)と求められる.さらに,規格

化条件より

$$|x|^2 = x^2 + y^2 = t^2 + (-t)^2 = 2t^2 = 1$$

となる．t の値として正の実数($1/\sqrt{2}$)を選ぶと，固有ベクトルは次のようになる．

$$x_1 = \begin{pmatrix} 1/\sqrt{2} \\ -1/\sqrt{2} \end{pmatrix}$$

同様に，$\lambda_2 = 4$ の場合も求めると，固有ベクトルは次のようになる．

$$x_2 = \begin{pmatrix} 1/\sqrt{2} \\ 1/\sqrt{2} \end{pmatrix}$$

B.2 エルミート行列とユニタリー行列

例題 B.1 の行列 A は，次のような特徴をもつ．

$$A^{\mathrm{T}} = A \tag{B.6}$$

つまり，自身の転置行列と一致する実正方行列である．一般に，このような行列は**対称行列**（symmetric matrix）と呼ばれる．複素数の成分をもつ正方行列で自身の**転置共役行列**（transposed conjugate matrix）[*9] と等しいものは，一般に**エルミート行列**（Hermitian matrix）と呼ばれる．

$$A^{\dagger} = A \tag{B.7}$$

次に，例題 B.1 で求めた固有ベクトルを左右につなげた行列 $(x_1\ x_2) = U$ を考えてみよう．この行列 U は，次のような特徴をもつ．

$$U^{\mathrm{T}} = U^{-1} \tag{B.8}$$

つまり，自身の転置行列が逆行列と一致する実正方行列である．一般に，このような行列は**直交行列**（orthogonal matrix）と呼ばれる[*10]．複素数の成分をもつ正方行列で自身の転置共役行列が逆行列と等しいものは，一般に**ユニタリー行列**（unitary matrix）と呼ばれる．

$$U^{\dagger} = U^{-1} \tag{B.9}$$

[*9] 行列の非対角成分の転置をとってから複素共役をとった行列のことで，†（ダガー）をつけて $A^{\dagger}$ のように表す．**随伴行列**（adjoint matrix）ともいう．

[*10] 直交行列の列ベクトルどうしは，互いに直交している．例題 B.1 の固有ベクトル x_1 と x_2 が直交していることは，容易に確かめられるであろう．

> **例題 B.2** 次の行列
>
> $$A = \begin{pmatrix} 1 & 3 \\ 3 & 1 \end{pmatrix}, \quad U = \begin{pmatrix} 1/\sqrt{2} & 1/\sqrt{2} \\ -1/\sqrt{2} & 1/\sqrt{2} \end{pmatrix}$$
>
> に対して，$U^{-1}AU$ を計算せよ．
>
> **解答**
> $U^{\mathrm{T}} = U^{-1}$ であることに注意すると，次のように計算される．
>
> $$\begin{aligned} U^{-1}AU &= \begin{pmatrix} 1/\sqrt{2} & -1/\sqrt{2} \\ 1/\sqrt{2} & 1/\sqrt{2} \end{pmatrix} \begin{pmatrix} 1 & 3 \\ 3 & 1 \end{pmatrix} \begin{pmatrix} 1/\sqrt{2} & 1/\sqrt{2} \\ -1/\sqrt{2} & 1/\sqrt{2} \end{pmatrix} \\ &= \begin{pmatrix} -\sqrt{2} & \sqrt{2} \\ 2\sqrt{2} & 2\sqrt{2} \end{pmatrix} \begin{pmatrix} 1/\sqrt{2} & 1/\sqrt{2} \\ -1/\sqrt{2} & 1/\sqrt{2} \end{pmatrix} \\ &= \begin{pmatrix} -2 & 0 \\ 0 & 4 \end{pmatrix} \end{aligned}$$

例題 B.2 で得られた行列をよく見ると，対角成分に行列 A の固有値 $\{\lambda_1, \lambda_2\}$ が並び，非対角成分はゼロである[*11]．

> [*11] 非対角成分がすべてゼロの行列を**対角行列**（diagonal matrix）という．

$$\Lambda = \begin{pmatrix} \lambda_1 & 0 \\ 0 & \lambda_2 \end{pmatrix} \tag{B.10}$$

結局，対称行列 A は適当な直交行列 U を用いることで，次のように対角行列 Λ を得ることができる．

$$U^{\mathrm{T}}AU = \Lambda \tag{B.11}$$

このような操作を**対角化**（diagonalization）という．同様に，エルミート行列 A は適当なユニタリー行列 U により対角行列 Λ を得ることができる[*12]．

$$U^{\dagger}AU = \Lambda \tag{B.12}$$

2 行 2 列の対称行列 A は，一般に次式で与えられる．

$$A = \begin{pmatrix} a & b \\ b & d \end{pmatrix} \tag{B.13}$$

また，2 行 2 列の直交行列 U は，一般に次式で与えられる[*13]．

> [*12] 式（B.11）の対角化を**直交変換**（orthogonal transformation），式（B.12）の対角化を**ユニタリー変換**（unitary transformation）という．

> [*13] この行列 U を (x, y) 平面上の任意のベクトルに作用させると，角度 θ だけ回転したベクトルが得られる．

$$U = \begin{pmatrix} \cos\theta & -\sin\theta \\ \sin\theta & \cos\theta \end{pmatrix} \qquad (B.14)$$

式(B.13)の対称行列 A を対角化する式(B.14)の直交行列 U の角度は，次式で与えられる．

$$\theta = \frac{1}{2}\tan^{-1}\left(\frac{2b}{a-d}\right) \qquad (B.15)$$

例題 B.2 式(B.15)を導け．

解答

$U^\mathrm{T} = U^{-1}$ であることに注意すると，次のように計算される．

$$U^\mathrm{T} A U = \begin{pmatrix} \cos\theta & \sin\theta \\ -\sin\theta & \cos\theta \end{pmatrix}\begin{pmatrix} a & b \\ b & d \end{pmatrix}\begin{pmatrix} \cos\theta & -\sin\theta \\ \sin\theta & \cos\theta \end{pmatrix}$$

$$= \begin{pmatrix} a\cos^2\theta + 2b\sin\theta\cos\theta + d\sin^2\theta & -(a-d)\sin\theta\cos\theta + b(\cos^2\theta - \sin^2\theta) \\ -(a-d)\sin\theta\cos\theta + b(\cos^2\theta - \sin^2\theta) & a\sin^2\theta - 2b\sin\theta\cos\theta + d\cos^2\theta \end{pmatrix}$$

ここで，非対角成分がゼロになるという条件から

$$(a-d)\sin\theta\cos\theta - b(\cos^2\theta - \sin^2\theta) = 0$$

となる．2倍角の公式を用いると

$$\frac{1}{2}(a-d)\sin 2\theta - b\cos 2\theta = 0$$

となり

$$\tan 2\theta = \frac{2b}{a-d}$$

が得られ，tan の逆関数により式(B.15)が得られる．

C 微分と積分

C.1 部分積分と合成積分

物理化学では，微分や積分がさまざまなところで現れる．運動量，運動エネルギー，そして角運動量を表す演算子は，すべて微分演算子を含んでいる．そのため，これらの演算子を波動関数に作用させるとき，必ず微分という操作が必要となる．内部エネルギーやエンタルピーを微分すると，熱容量が求められる．分配関数を微分すると，エネルギーやエントロピーを計算できる．

シュレーディンガー方程式，熱力学の第1法則，反応速度式はいずれも微分方程式で与えられ，これらを解くためには積分という操作が必要となる．確率分布や波動関数からある物理量の期待値を求めるときも積分が必要となる．本節では，本書に関連した微分と積分に関する事項をまとめる．

二つの関数 $f(x)$ と $g(x)$ の四則演算の微分形は次のようになる．

$$\frac{d}{dx}[f(x)+g(x)] = f'(x)+g'(x) \tag{C.1}$$

$$\frac{d}{dx}[f(x)-g(x)] = f'(x)-g'(x) \tag{C.2}$$

$$\frac{d}{dx}[f(x) \cdot g(x)] = f'(x) \cdot g(x) + f(x) \cdot g'(x) \tag{C.3}$$

$$\frac{d}{dx}\left[\frac{f(x)}{g(x)}\right] = \frac{f'(x) \cdot g(x) - f(x) \cdot g'(x)}{\{g(x)\}^2} \tag{C.4}$$

式(C.1)と(C.2)は，微分という操作（あるいは微分演算子）が線形であることを意味している．式(C.3)の両辺を積分すると，次の**部分積分**(partial integration)の公式が得られる．

$$\int f'(x) \cdot g(x) dx = [f(x) \cdot g(x)] - \int f(x) \cdot g'(x) dx \tag{C.5}$$

合成関数(composite function) $f(g(x))$ に対する微分は次のようになる．

$$\frac{d}{dx}[f(g(x))] = f'(g(x)) \cdot g'(x) \tag{C.6}$$

式(C.6)から**置換積分**(replacement integration)の公式が得られる．

$$\int_\alpha^\beta f(t) dt = \int_a^b f(g(x)) \cdot g'(x) dx \tag{C.7}$$

ただし，x の積分範囲が $a \to b$ のとき，$t = g(x)$ の積分範囲は $\alpha \to \beta$ であることに注意する．

C.2 スレーター関数とガウス関数の積分

水素原子の波動関数には，次の**スレーター関数**（Slater function）$\exp(-ax)$ が含まれる．調和振動子の波動関数には，**ガウス関数**（Gauss function）$\exp(-ax^2)$ が含まれる．また，マクスウェル-ボルツマン分布にもガウス関数は現れる．そして，これらの波動関数や分布式を用いた期待値計算に必要なスレーター関数やガウス関数を含んだ積分には以下の公式がある．

<定積分の公式>

スレーター関数

$$\int_0^\infty x^n \exp(-ax)\,dx = a^{-(n+1)} n! \tag{C.8}$$

ガウス関数

$$\int_0^\infty x^{2n} \exp(-ax^2)\,dx = \frac{(2n-1)!!}{2^{n+1}} \sqrt{\frac{\pi}{a^{2n+1}}} \tag{C.9}$$

$$\int_0^\infty x^{2n+1} \exp(-ax^2)\,dx = \frac{n!}{2 \cdot a^{n+1}} \tag{C.10}$$

ただし $n!$ は n の階乗であり，$(2n-1)!!$ は次のように定義される．

$$(2n-1)!! = (2n-1)\cdot(2n-3)\cdot(2n-5)\cdots 5\cdot 3\cdot 1 \tag{C.11}$$

例題 C.1

(1) $\int_0^\infty \exp(-ax)\,dx = a^{-1}$ を示せ．

(2) 問(1)の関係式の両辺を a で微分することにより，

$$\int_0^\infty x \exp(-ax)\,dx = a^{-2} \text{ を示せ．}$$

(3) 問(2)の結果を利用して公式(C.8)を示せ．

解答

(1) $\int_0^\infty \exp(-ax)\,dx = -\left[\frac{1}{a}\exp(-ax)\right]_0^\infty = -\frac{1}{a}(0-1) = a^{-1}$

(2) $\dfrac{\partial}{\partial a}\exp(-ax) = -x\exp(-ax), \quad \dfrac{\partial}{\partial a}a^{-1} = -a^{-2}$

(3) 数学的帰納法で証明する．$n=1$ のときは問(2)で示した．

$\int_0^\infty x^{n-1}\exp(-ax)\,dx = a^{-n}(n-1)!$ の両辺を a で微分すると

$-\int_0^\infty x^n \exp(-ax)\,dx = -na^{-(n+1)}(n-1)! = -a^{-(n+1)}n!$

例題 C.2

(1) $\int_0^\infty x \exp(-ax^2)\,dx = \dfrac{1}{2}a^{-1}$ を示せ．

(2) 問(1)の関係式の両辺を a で微分することにより，

$$\int_0^\infty x^3 \exp(-ax^2)\,dx = \frac{1}{2}a^{-2} \text{ を示せ.}$$

(3) 問(2)の結果を利用して公式(C.10)を示せ.

解答

(1) $\int_0^\infty x\exp(-ax^2)\,dx = -\left[\frac{1}{2a}\exp(-ax^2)\right]_0^\infty = -\frac{1}{2a}(0-1) = \frac{1}{2}a^{-2}$

(2) $\dfrac{\partial}{\partial a}x\exp(-ax^2) = -x^3\exp(-ax^2)$, $\dfrac{\partial}{\partial a}\dfrac{1}{2}a^{-1} = -\dfrac{1}{2}a^{-2}$

(3) 数学的帰納法で証明する. $n=0$ のときは問(2)で示した.

$\int_0^\infty x^{2n-1}\exp(-ax^2)\,dx = \dfrac{1}{2}a^{-n}(n-1)!$ の両辺を a で微分すると

$-\int_0^\infty x^{2n+1}\exp(-ax^2)\,dx = \dfrac{1}{2}(-n)a^{-(n+1)}(n-1)! = -\dfrac{1}{2}a^{-(n+1)}n!$

例題 C.3

$I = \int_{-\infty}^\infty e^{-x^2}\,dx$ とおくと I^2 は次式のようになる.

$$I^2 = \left(\int_{-\infty}^\infty e^{-x^2}\,dx\right)\left(\int_{-\infty}^\infty e^{-y^2}\,dy\right) = \int_{-\infty}^\infty\int_{-\infty}^\infty e^{-(x^2+y^2)}\,dx\,dy$$

(1) 極座標 r, θ $(x = r\cos\theta, y = r\sin\theta)$ に変換することにより, $I^2 = \pi$ を示せ.

(2) $I = \int_{-\infty}^\infty e^{-x^2}\,dx = \sqrt{\pi}$ において, $x^2 \to ax^2$ と変数変換することにより, 次式が成り立つことを示せ.

$$\int_{-\infty}^\infty \exp(-ax^2)\,dx = \sqrt{\frac{\pi}{a}}$$

(3) 上式の両辺を a で微分することにより, 次式が成り立つことを示せ.

$$\int_{-\infty}^\infty x^2\exp(-ax^2)\,dx = \frac{1}{2}a^{-3/2}\sqrt{\pi}$$

(4) 問(3)の結果を利用して公式(C.9)を示せ.

解答

(1) $x^2+y^2=r^2$ および $dx\,dy = r\,dr\,d\theta$ より

$$I^2 = \int_0^\infty\int_0^{2\pi} r\,e^{-r^2}\,dr\,d\theta = 2\pi\left[-\frac{1}{2}e^{-r^2}\right]_0^\infty = \pi$$

(2) $x^2 \to ax^2$ により, $dx \to \sqrt{a}\,dx$ なので

$$\int_{-\infty}^{\infty} \exp(-ax^2)\sqrt{a}\,dx = \sqrt{\pi}$$

(3) $\dfrac{\partial}{\partial a}\exp(-ax^2) = -x^2\exp(-ax^2)$, $\quad \dfrac{\partial}{\partial a}\sqrt{\pi}\,a^{-1/2} = -\dfrac{1}{2}\sqrt{\pi}\,a^{-3/2}$

(4) 数学的帰納法で証明する．$n=1$ の場合は，(3) の半分である（偶関数の積分なので，$(0, \infty)$ の積分は $(-\infty, \infty)$ の半分になる）．

$$\int_0^{\infty} x^{2(n-1)}\exp(-ax^2)\,dx = \dfrac{(2n-3)!!}{2^n}\sqrt{\dfrac{\pi}{a^{2n-1}}}$$

の両辺を a で微分すると

$$-\int_0^{\infty} x^{2n}\exp(-ax^2)\,dx = \dfrac{(2n-3)!!}{2^n}\dfrac{2n-1}{2}\sqrt{\pi}\,a^{-(2n+1)/2}$$

$$= \dfrac{(2n-1)!!}{2^{n+1}}\sqrt{\dfrac{\pi}{a^{2n+1}}}$$

C.3 偏微分と鎖則

物理化学で取り扱う系は，一次元(直線)だけでなく二次元(平面)や三次元(空間)なので，関数は複数の変数を含む．たとえば

$$f(x, y) = 2x^2 y - y^3 \tag{C.12}$$

のような2変数の関数に対して，x あるいは y で **偏微分 (partial differential)** を行うとそれぞれ次のようになる．

$$\dfrac{\partial}{\partial x} f(x, y) = 4xy, \quad \dfrac{\partial}{\partial y} f(x, y) = 2x^2 - 3y^2 \tag{C.13}$$

また

$$\dfrac{\partial}{\partial y}\left[\dfrac{\partial}{\partial x} f(x, y)\right] = \dfrac{\partial}{\partial y}(4xy) = 4x, \quad \dfrac{\partial}{\partial x}\left[\dfrac{\partial}{\partial y} f(x, y)\right] = \dfrac{\partial}{\partial x}(2x^2 - 3y^2) = 4x \tag{C.14}$$

より，偏微分の順序は交換できる[*14]．

$$\dfrac{\partial^2}{\partial x \partial y} = \dfrac{\partial^2}{\partial y \partial x} \tag{C.15}$$

(x, y, z) がそれぞれ (r, θ, ϕ) の関数のとき，(x, y, z) に対する偏微分は次の **鎖則 (chain rule)** と呼ばれる関係を用いて表される．

[*14] 偏微分の順序が交換できるためには，$(\partial^2 f/\partial x \partial y)$ と $(\partial^2 f/\partial y \partial x)$ が存在して，いずれも連続でなければならない．

$$\frac{\partial}{\partial x} = \frac{\partial}{\partial r}\cdot\frac{\partial r}{\partial x} + \frac{\partial}{\partial \theta}\cdot\frac{\partial \theta}{\partial x} + \frac{\partial}{\partial \phi}\cdot\frac{\partial \phi}{\partial x} \tag{C.16}$$

$$\frac{\partial}{\partial y} = \frac{\partial}{\partial r}\cdot\frac{\partial r}{\partial y} + \frac{\partial}{\partial \theta}\cdot\frac{\partial \theta}{\partial y} + \frac{\partial}{\partial \phi}\cdot\frac{\partial \phi}{\partial y} \tag{C.17}$$

$$\frac{\partial}{\partial z} = \frac{\partial}{\partial r}\cdot\frac{\partial r}{\partial z} + \frac{\partial}{\partial \theta}\cdot\frac{\partial \theta}{\partial z} + \frac{\partial}{\partial \phi}\cdot\frac{\partial \phi}{\partial z} \tag{C.18}$$

あるいは

$$\begin{bmatrix} \frac{\partial}{\partial x} \\ \frac{\partial}{\partial y} \\ \frac{\partial}{\partial z} \end{bmatrix} = \begin{bmatrix} \frac{\partial r}{\partial x} & \frac{\partial \theta}{\partial x} & \frac{\partial \phi}{\partial x} \\ \frac{\partial r}{\partial y} & \frac{\partial \theta}{\partial y} & \frac{\partial \phi}{\partial y} \\ \frac{\partial r}{\partial z} & \frac{\partial \theta}{\partial z} & \frac{\partial \phi}{\partial z} \end{bmatrix} \begin{bmatrix} \frac{\partial}{\partial r} \\ \frac{\partial}{\partial \theta} \\ \frac{\partial}{\partial \phi} \end{bmatrix} \tag{C.19}$$

式(C.19)の右辺の行列を**ヤコビ行列**(Jacobian)という．合成関数の微分の公式(C.6)は，1変数に対する鎖則であることが理解できるであろう．

C.4 全微分と偏微分係数

熱力学では，偏微分の関係式が数多く現れる．本書では，式(8.27)が式(8.3)から得られること（同様に，式(9.38)が式(9.37)から得られること）を理解すれば十分である．

C.4.1 1変数の場合

曲線 $y = f(x)$ 上の点 $P(a, b)$ における接線は

$$y - b = f'(a)(x - a) \tag{C.20}$$

と表される．$b = f(a)$ であり，$f'(a)$ は $x = a$ における微分係数である．直線なので微小部分も同じ式に従う．これを書くと次のようになる．

$$\mathrm{d}y = f'(a)\mathrm{d}x \tag{C.21}$$

C.4.2 2変数の場合

曲面 $z = f(x, y)$ 上の点 $P(a, b, c)$ における接平面は

$$z - c = \left(\frac{\partial f}{\partial x}\right)_P (x - a) + \left(\frac{\partial f}{\partial y}\right)_P (y - b) \tag{C.22}$$

と表される．$c = f(a, b)$ であり，偏微分係数 $(\partial f/\partial x)_P$ と $(\partial f/\partial y)_P$ は，点 P

における値である．1 変数の場合と同様に，この接平面の式から

$$dz = \left(\frac{\partial f}{\partial x}\right)_P dx + \left(\frac{\partial f}{\partial y}\right)_P dy \tag{C.23}$$

を得る．または

$$df = \left(\frac{\partial f}{\partial x}\right)_P dx + \left(\frac{\partial f}{\partial y}\right)_P dy \tag{C.24}$$

と書いてもよい．すなわち，2 変数関数 $f(x,y)$ は，各変数の微小変化 dx, dy によって，式(C.24)の df だけ変化する．その傾きとして現れるのが偏微分係数である．

C.4.3 一般化

n 変数の関数 $f(x_1, \cdots, x_n)$ を考える．ある点 P において変数が dx_1, dx_2, $\cdots$, dx_n だけ微小変化するとき，f の変化 df は

$$df = \left(\frac{\partial f}{\partial x_1}\right)_P dx_1 + \left(\frac{\partial f}{\partial x_2}\right)_P dx_2 + \cdots + \left(\frac{\partial f}{\partial x_n}\right)_P dx_n \tag{C.25}$$

と表される．

C.5 常微分方程式
C.5.1 単分子一次反応の微分方程式

$$\frac{dx}{dt} = -kx \tag{C.26}$$

微分が自身に比例することから，解は指数関数

$$x(t) = x(0) e^{-kt} \tag{C.27}$$

であることがわかるが，二次反応の準備として次のように解く．

$$\int \frac{dx}{x} = -k \int dt \;\Rightarrow\; \ln x(t) = -kt + C \tag{C.28}$$

$t = 0$ とおけば $C = \ln x(0)$ となるので

$$\ln\left(\frac{x(t)}{x(0)}\right) = -kt \;\Rightarrow\; x(t) = x(0) e^{-kt} \tag{C.29}$$

C.5.2　単分子二次反応の微分方程式

$$\frac{dx}{dt} = -kx^2 \tag{C.30}$$

一次反応の場合と同様に

$$\int \frac{dx}{x^2} = -k\int dt \quad \Rightarrow \quad \frac{1}{x(t)} = kt + C \tag{C.31}$$

$t = 0$ とおいて $C = 1/x(0)$ なので

$$\frac{1}{x(t)} = kt + \frac{1}{x(0)} \quad \Rightarrow \quad x(t) = \frac{x(0)}{x(0)kt + 1} \tag{C.32}$$

C.5.3　1階線形微分方程式

t の関数 $f(t)$ と定数 k が与えられたときの，$x(t)$ に関する 1 階線形微分方程式

$$\frac{dx}{dt} + kx = f(t) \tag{C.33}$$

を考える．式(C.33)で右辺をゼロとした微分方程式

$$\frac{dx}{dt} + kx = 0 \tag{C.34}$$

は一次反応の式と同じで，$x(t) = x(0)\mathrm{e}^{-kt}$ が解となる．そこで，最初の微分方程式(C.33)の解を $x(t) = \mathrm{e}^{-kt}y(t)$ とおくと[*15]

[*15] これは「定数変化法」と呼ばれる．

$$\mathrm{e}^{-kt}\frac{dy}{dt} = f(t) \tag{C.35}$$

となる．よって

$$\frac{dy}{dt} = \mathrm{e}^{kt}f(t) \tag{C.36}$$

を積分して

$$y(t) = y(0) + \int_0^t \mathrm{e}^{k\tau}f(\tau)d\tau \tag{C.37}$$

$x(t) = \mathrm{e}^{-kt}y(t)$，$y(0) = x(0)$ なので

$$x(t) = e^{-kt}\left(x(0) + \int_0^t e^{k\tau} f(\tau) d\tau\right) \tag{C.38}$$

これが一般解である．

D デカルト座標と球面座標

分子の回転運動や原子中の電子状態などを取り扱う場合，デカルト座標よりも球面座標のほうが適している．図 D.1 のように，三次元空間上の点 P を考える．

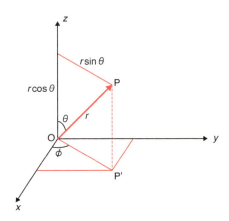

図 D.1 デカルト座標と球面座標

この点はデカルト座標では (x, y, z) と表される．球面座標では，まず原点から点 P までの距離を r と定義する．次に，z 軸からの OP の偏角を θ と定義する．点 P を xy 平面に射影した点 P′ を考え，x 軸からの OP′ の偏角を ϕ と定義する．したがって，それぞれの取り得る範囲は次のようになる．

$$0 \leq r \leq \infty, \ 0 \leq \theta \leq \pi, \ 0 \leq \phi \leq 2\pi \tag{D.1}$$

球面座標 (r, θ, ϕ) とデカルト座標 (x, y, z) の間には次のような関係がある．

$$x = r\sin\theta\cos\phi, \ y = r\sin\theta\sin\phi, \ z = r\cos\theta \tag{D.2}$$

逆に

$$r = \sqrt{x^2 + y^2 + z^2}, \ \theta = \tan^{-1}\frac{\sqrt{x^2 + y^2}}{z}, \ \phi = \tan^{-1}\frac{y}{x} \tag{D.3}$$

式 (C.19) のヤコビ行列の各成分を求めると，次のようになる．

$$\begin{bmatrix} \dfrac{\partial r}{\partial x} & \dfrac{\partial \theta}{\partial x} & \dfrac{\partial \phi}{\partial x} \\ \dfrac{\partial r}{\partial y} & \dfrac{\partial \theta}{\partial y} & \dfrac{\partial \phi}{\partial y} \\ \dfrac{\partial r}{\partial z} & \dfrac{\partial \theta}{\partial z} & \dfrac{\partial \phi}{\partial z} \end{bmatrix} = \begin{bmatrix} \sin\theta\cos\phi & \dfrac{1}{r}\cos\theta\cos\phi & -\dfrac{\sin\phi}{r\sin\theta} \\ \sin\theta\sin\phi & \dfrac{1}{r}\cos\theta\sin\phi & \dfrac{\cos\phi}{r\sin\theta} \\ \cos\theta & -\dfrac{1}{r}\sin\theta & 0 \end{bmatrix} \quad \text{(D.4)}$$

これを式 (C.19) に代入すれば, $\partial/\partial x$ などのデカルト座標の偏微分演算子を球面座標で表すことができる. さらにそれぞれの 2 乗和を求めるとラプラシアンが次のように得られる.

$$\nabla^2 = \frac{\partial^2}{\partial x^2} + \frac{\partial^2}{\partial y^2} + \frac{\partial^2}{\partial z^2}$$
$$= \frac{1}{r^2}\cdot\frac{\partial}{\partial r}\left(r^2\frac{\partial}{\partial r}\right) + \frac{1}{r^2\sin\theta}\cdot\frac{\partial}{\partial \theta}\left(\sin\theta\frac{\partial}{\partial \theta}\right) + \frac{1}{r^2\sin^2\theta}\cdot\frac{\partial^2}{\partial \phi^2} \quad \text{(D.5)}$$

読者には, 一度は式(D.4)と(D.5)を導出してもらいたい.

次に, 体積素片 $d\boldsymbol{r}$ について考える. デカルト座標なら各辺が dx, dy, dz の直方体を考えればよいので, 体積素片は次のように表される.

$$d\boldsymbol{r} = dx\,dy\,dz \quad \text{(D.6)}$$

一方, 球面座標の場合は図 D.2 のような各辺が dr, $r\,d\theta$, $r\sin\theta\,d\phi$ の微小体積となる.

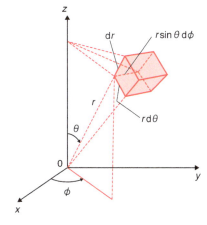

図 D.2 球面座標の体積素片

したがって, 球面座標の体積素片は次のように表される.

$$d\boldsymbol{r} = r^2\sin\theta\,dr\,d\theta\,d\phi \quad \text{(D.7)}$$

球面座標を用いて積分する場合，各変数の取り得る範囲（D.1）に注意し，式（D.7）の体積素片を用いる必要がある[*16]．

E テイラー展開

物理化学ではさまざまな関数が現れる．関数が複雑すぎて，どのような振る舞いをするのかが，容易には想像できない場合もある．たとえば，2.1節で説明したプランクの輻射式（2.4）は振動数 ν の関数であるが，ν^3 の項に加えて分母にも $\exp(h\nu/k_\mathrm{B}T)$ が現れる．しかし，ある近似をすると ν^2 の項だけを含むレイリー–ジーンズの輻射式（2.3）を導くことができる（発展問題2.1）．そのようなときに式を簡単にする便利な方法が，次式で示される**テイラー展開**（Taylor expansion）である．

$$f(x) = f(a) + \frac{f'(a)}{1!}(x-a) + \frac{f''(a)}{2!}(x-a)^2 + \frac{f'''(a)}{3!}(x-a)^3 + \cdots$$
$$= \sum_{k=0}^{\infty} \frac{f^{(k)}(a)}{k!}(x-a)^k \tag{E.1}$$

式（E.1）を「$f(x)$ の a を中心としたテイラー展開」という．ただし，テイラー展開は次の条件を満たす場合にのみ可能である．

＜テイラー展開の条件＞
条件1：関数 $f(x)$ が $x = a$ を含むある区間で無限回微分が可能である
条件2：テイラーの定理における剰余項 R_n が $n \to \infty$ において 0 に収束する[*17]

E.1 マクローリン展開

特に「$f(x)$ の 0 を中心としたテイラー展開」のことを，**マクローリン展開**（Maclaurin expansion）という．

$$f(x) = f(0) + \frac{f'(0)}{1!}x + \frac{f''(0)}{2!}x^2 + \frac{f'''(0)}{3!}x^3 + \cdots = \sum_{k=0}^{\infty}(-1)^k x^k \tag{E.2}$$

結局，テイラー展開やマクローリン展開は，複雑な関数を多項式で近似できる．

[*16] 式（D.7）の体積素片は，ヤコビ行列の行列式からも求めることができる．

$$\begin{vmatrix} \frac{\partial r}{\partial x} & \frac{\partial \theta}{\partial x} & \frac{\partial \phi}{\partial x} \\ \frac{\partial r}{\partial y} & \frac{\partial \theta}{\partial y} & \frac{\partial \phi}{\partial y} \\ \frac{\partial r}{\partial z} & \frac{\partial \theta}{\partial z} & \frac{\partial \phi}{\partial z} \end{vmatrix} = $$

$$\begin{vmatrix} \sin\theta\cos\phi & \frac{1}{r}\cos\theta\cos\phi & -\frac{\sin\phi}{r\sin\theta} \\ \sin\theta\sin\phi & \frac{1}{r}\cos\theta\sin\phi & \frac{\cos\phi}{r\sin\theta} \\ \cos\theta & -\frac{1}{r}\sin\theta & 0 \end{vmatrix}$$

$= r^2 \sin\theta$

[*17] テイラーの定理とは，「関数 $f(x)$ が $a < x < b$ において n 回微分が可能であるとき

$$f(b) = \sum_{k=0}^{n-1} \frac{f^{(k)}(a)}{k!}(b-a)^k + \frac{f^{(n)}(c)}{n!}(b-a)^n$$

を満たす c（$a < c < b$）が存在する」というものである．上式の最後の項を剰余項 R_n という．

<マクローリン展開>

有理関数

$$\frac{1}{1+x} = 1 - x + x^2 - x^3 + \cdots = \sum_{k=0}^{\infty}(-1)^k x^k \tag{E.3}$$

$$\frac{1}{1-x} = 1 + x + x^2 + x^3 + \cdots = \sum_{k=0}^{\infty} x^k \tag{E.4}$$

対数関数

$$\ln(1+x) = x - \frac{1}{2}x^2 + \frac{1}{3}x^3 - \frac{1}{4}x^4 + \cdots = \sum_{k=0}^{\infty}(-1)^k \frac{1}{k}x^k \tag{E.5}$$

$$\ln(1-x) = -\left(x + \frac{1}{2}x^2 + \frac{1}{3}x^3 + \frac{1}{4}x^4 + \cdots\right) = -\sum_{k=0}^{\infty}\frac{1}{k}x^k \tag{E.6}$$

指数関数

$$e^x = 1 + \frac{x}{1!} + \frac{x^2}{2!} + \frac{x^3}{3!} + \cdots = \sum_{k=0}^{\infty}\frac{x^k}{k!} \tag{E.7}$$

$$e^{-x} = 1 - \frac{x}{1!} + \frac{x^2}{2!} - \frac{x^3}{3!} + \cdots = \sum_{k=0}^{\infty}(-1)^k\frac{x^k}{k!} \tag{E.8}$$

三角関数

$$\sin x = \frac{x}{1!} - \frac{x^3}{3!} + \frac{x^5}{5!} - \frac{x^7}{7!} + \cdots = \sum_{k=0}^{\infty}(-1)^k \frac{x^{2k+1}}{(2k+1)!} \tag{E.9}$$

$$\cos x = 1 - \frac{x^2}{2!} + \frac{x^4}{4!} - \frac{x^6}{6!} + \cdots = \sum_{k=0}^{\infty}(-1)^k \frac{x^{2k}}{(2k)!} \tag{E.10}$$

例題 E.1 マクローリン展開の公式 (E.3), (E.5), (E.7), (E.9), (E.10)をそれぞれ導け.

解答

(E.3) $f_1(x) = \dfrac{1}{1+x}$ とおくと, $f_1'(x) = (-1)\dfrac{1!}{(1+x)^2}$,
$f_1''(x) = (-1)^2\dfrac{2!}{(1+x)^3}$, $f_1'''(x) = (-1)^3\dfrac{3!}{(1+x)^4}$, $\cdots$,
$f_1^{(k)}(x) = (-1)^k\dfrac{k!}{(1+x)^{k+1}}$ となる. これらの導関数が $x=0$ のときの値を式(E.2)に代入すると, 式(E.3)が得られる.

(E.5) $f_2(x) = \ln(1+x)$ とおくと，$f_2'(x) = \dfrac{1}{1+x} = f_1(x)$ となる．したがって，これ以降の導関数は，$f_2''(x) = f_1'(x)$, $f_2'''(x) = f_1''(x)$, $\cdots$, $f_2^{(k)}(x) = f_1^{(k-1)}(x)$ となる．これらの導関数が $x=0$ のときの値を式(E.2)に代入すると，式(E.5)が得られる．

(E.7) $f_3(x) = e^x$ とおくと，$f_3'(x) = f_3''(x) = f_3'''(x) = \cdots = f_3^{(k)}(x) = e^x$ となる．これらの導関数が $x=0$ のときの値を式(E.2)に代入すると，式(E.7)が得られる．

(E.9) $f_4(x) = \sin x$ とおくと，$f_4'(x) = \cos x$, $f_4''(x) = (-1)\sin x$, $f_4'''(x) = (-1)\cos x$, $\cdots$, $f_4^{(2k-1)}(x) = (-1)^{k-1}\cos x$, $f_4^{(2k)}(x) = (-1)^k \sin x$ となる．これらの導関数が $x=0$ のときの値を式(E.2)に代入すると，式(E.9)が得られる．

(E.10) $f_5(x) = \cos x$ とおくと，$f_5'(x) = (-1)\sin x$, $f_5''(x) = (-1)\cos x$, $f_5'''(x) = (-1)^2 \sin x$, $\cdots$, $f_5^{(2k-1)}(x) = (-1)^k \sin x$, $f_5^{(2k)}(x) = (-1)^k \cos x$ となる．これらの導関数が $x=0$ のときの値を式(E.2)に代入すると，式(E.10)が得られる[*18]．

[*18] $f_5^{(k)}(x) = (-1)f_4^{(k-1)}(x)$ という関係を用いてもよい．

E.2 オイラーの公式

<オイラーの公式(Euler's formula)>

$$e^{ix} = \cos x + i \sin x \tag{E.11}$$

<三角関数と指数関数の関係式>

$$\cos x = \frac{e^{ix} + e^{-ix}}{2} \tag{E.12}$$

$$\sin x = \frac{e^{ix} - e^{-ix}}{2i} \tag{E.13}$$

例題 E.2 マクローリン展開を用いてオイラーの公式を導け．

解答
式(E.7)において $x \to ix$ とすると

$$e^{ix} = 1 + \frac{(ix)}{1!} + \frac{(ix)^2}{2!} + \frac{(ix)^3}{3!} + \frac{(ix)^4}{4!} + \frac{(ix)^5}{5!} + \frac{(ix)^6}{6!} + \frac{(ix)^7}{7!} + \cdots$$

$$= 1 + i\frac{x}{1!} - \frac{x^2}{2!} - i\frac{x^3}{3!} + \frac{x^4}{4!} + i\frac{x^5}{5!} - \frac{x^6}{6!} - i\frac{x^7}{7!} + \cdots$$

$$= \left(1 - \frac{x^2}{2!} + \frac{x^4}{4!} - \frac{x^6}{6!} + \cdots\right) + i\left(\frac{x}{1!} - \frac{x^3}{3!} + \frac{x^5}{5!} - \frac{x^7}{7!} + \cdots\right)$$

ここで右辺の前と後の括弧内はそれぞれ式 (E.10) と (E.9) と等しい．これより，式(E.11)が成り立つことが確かめられた．

水素原子の波動関数 (3.2 節) には $\exp(im\phi)$ という項が含まれる．ここで m は磁気量子数である．ϕ は，本章の D で説明した x 軸からの OP' の偏角である．つまり，水素原子の波動関数は複素関数で表される．一方，表 3.2 に記載されている波動関数は実関数である．これは $\exp(im\phi)$ と $\exp(-im\phi)$ という項を含む二つの波動関数の線形結合をとり，式 (E.12) と (E.13) により実関数化しているためである．$\{p_x, p_y\}$, $\{d_{xz}, d_{yz}\}$, $\{d_{x^2-y^2}, d_{z^2}\}$ の組がそれである．

F 三角関数の公式

物理化学において，三角関数はさまざまなところで現れる．たとえば，水素原子の波動関数 (3.2 節)，球面調和関数 (5.2 節)，井戸型ポテンシャルに対する波動関数(5.2 節)にも三角関数が含まれている．式 (5.11) や例題 5.3 の解答には，倍角の公式が用いられている．三角関数の諸公式は高

コラム　オイラーの等式

オイラーの公式の x に π を代入し，両辺に 1 を加えると，次の**オイラーの等式**（Euler's identity）が得られる．

$$e^{i\pi} + 1 = 0 \quad (E.14)$$

微分や積分を研究する解析学において，ネイピア数 e が導入された．方程式の解法を研究する代数学において，「虚数単位 (i) $= \sqrt{-1}$」と定義された．図形の性質を研究する幾何学において「円周率 (π) = 円周の長さ÷直径」と定義された．このように別々の目的で定義されたものが，オイラーの等式では簡単な式で関係づけられている．さらに，「1」と「0」はそれぞれ乗法と加法の単位元である．このようなことから，物理学の教科書『ファインマン物理学』でも，「すべての数学のなかで最も素晴らしい公式」と評されている．映画にもなった小川洋子氏の小説『博士の愛した数式』の中では「果ての果てまで循環する数と，決して正体を見せない虚ろな数が，簡潔な軌跡を描き，一点に着地する．どこにも円は登場しないのに，予期せぬ宙から π が e の元に舞い下り，恥ずかしがり屋の i と握手をする．彼らは身を寄せ合い，じっと息をひそめているのだが，一人の人間が 1 つだけ足し算をした途端，何の前触れもなく世界が転換する．すべてが 0 に抱き留められる．」と表現されている．

校数学で習っているが，忘れやすいのも事実である．以下によく用いられるものをまとめる．

> **＜三角関数の公式＞**
>
> **加法定理**
>
> $$\sin(x \pm y) = \sin x \cos y \pm \cos x \sin y \tag{F.1}$$
>
> $$\cos(x \pm y) = \cos x \cos y \mp \sin x \sin y \tag{F.2}$$
>
> $$\tan(x \pm y) = \frac{\tan x \pm \tan y}{1 \mp \tan x \tan y} \tag{F.3}$$
>
> **倍角の公式**
>
> $$\sin 2x = 2 \sin x \cos x \tag{F.4}$$
>
> $$\cos 2x = \cos^2 x - \sin^2 x = 2 \cos^2 x - 1 = 1 - 2 \sin^2 x \tag{F.5}$$
>
> $$\tan 2x = \frac{2 \tan x}{1 - \tan^2 x} \tag{F.6}$$
>
> **三倍角の公式**
>
> $$\sin 3x = 3 \cos^2 x \sin x - \sin^3 x = 3 \sin x - 4 \sin^3 x \tag{F.7}$$
>
> $$\cos 3x = \cos^3 x - 3 \sin^2 x \cos x = 4 \cos^3 x - 3 \cos x \tag{F.8}$$
>
> $$\tan 3x = \frac{3 \tan x - \tan^3 x}{1 - 3 \tan^2 x} \tag{F.9}$$
>
> **半角の公式**
>
> $$\sin \frac{x}{2} = \pm \sqrt{\frac{1 - \cos x}{2}} \quad \left(\text{あるいは,} \quad \sin^2 \frac{x}{2} = 1 + \cos x\right) \tag{F.10}$$
>
> $$\cos \frac{x}{2} = \pm \sqrt{\frac{1 + \cos x}{2}} \quad \left(\text{あるいは,} \quad \cos^2 \frac{x}{2} = 1 - \cos x\right) \tag{F.11}$$
>
> $$\tan \frac{x}{2} = \pm \sqrt{\frac{1 - \cos x}{1 + \cos x}} = \frac{\sin x}{1 + \cos x} = \frac{1 - \cos x}{\sin x} \tag{F.12}$$
>
> **和積公式**
>
> $$\sin x + \sin y = 2 \sin\left(\frac{x+y}{2}\right) \cos\left(\frac{x-y}{2}\right) \tag{F.13}$$
>
> $$\sin x - \sin y = 2 \cos\left(\frac{x+y}{2}\right) \sin\left(\frac{x-y}{2}\right) \tag{F.14}$$

$$\cos x + \cos y = 2\cos\left(\frac{x+y}{2}\right)\cos\left(\frac{x-y}{2}\right) \tag{F.15}$$

$$\cos x - \cos y = -2\sin\left(\frac{x+y}{2}\right)\sin\left(\frac{x-y}{2}\right) \tag{F.16}$$

積和公式

$$\sin x \cos y = \frac{\sin(x+y) + \sin(x-y)}{2} \tag{F.17}$$

$$\cos x \sin y = \frac{\sin(x+y) - \sin(x-y)}{2} \tag{F.18}$$

$$\cos x \cos y = \frac{\cos(x+y) + \cos(x-y)}{2} \tag{F.19}$$

$$\sin x \sin y = \frac{-\cos(x+y) + \cos(x-y)}{2} \tag{F.20}$$

合成公式

$$a\sin x + b\cos x = \sqrt{a^2+b^2}\sin(x+\phi) \tag{F.21}$$

ただし

$$\phi = \begin{cases} \sin^{-1}\left(\dfrac{b}{\sqrt{a^2+b^2}}\right) & (a \geqq 0) \\ \pi - \sin^{-1}\left(\dfrac{b}{\sqrt{a^2+b^2}}\right) & (a < 0) \end{cases}$$

例題 F.1.2 オイラーの公式を用いて，(1)加法定理，(2)倍角の公式，(3)三倍角の公式をそれぞれ導け．

解答

(1) 指数法則 $e^{i(x+y)} = e^{ix}e^{iy}$ はオイラーの公式を用いると

$$\cos(x+y) + i\sin(x+y) = (\cos x + i\sin x)(\cos y + i\sin y)$$
$$= (\cos x \cos y - \sin x \sin y) + i(\sin x \cos y + \cos x \sin y)$$

となる．等号が成り立つためには，実部と虚部がそれぞれ等しくなければならない．したがって

$$\cos(x+y) = \cos x \cos y - \sin x \sin y$$
$$\sin(x+y) = \sin x \cos y + \cos x \sin y$$

が得られる．

(2) 指数法則 $e^{i2x} = (e^{ix})^2$ はオイラーの公式を用いると

$$\begin{aligned}\cos(2x) + i\sin(2x) &= (\cos x + i\sin x)^2 \\ &= (\cos^2 x - \sin^2 x) + i(2\sin x\cos x)\end{aligned}$$

となる．したがって

$$\cos(2x) = \cos^2 x - \sin^2 x$$
$$\sin(2x) = 2\sin x\cos x$$

が得られる．

(2) 指数法則 $e^{i3x} = (e^{ix})^3$ はオイラーの公式を用いると

$$\begin{aligned}\cos(3x) + i\sin(3x) &= (\cos x + i\sin x)^3 \\ &= (\cos^3 x - 3\cos x\sin^2 x) + i(3\cos^2 x\sin x - \sin^3 x) \\ &= (4\cos^3 x - 3\cos x) + i(3\sin x - 4\sin^3 x)\end{aligned}$$

となる．したがって

$$\cos(3x) = \cos^3 x - 3\cos x\sin^2 x = 4\cos^3 x - 3\cos x$$
$$\sin(3x) = 3\cos^2 x\sin x - \sin^3 x = 3\sin x - 4\sin^3 x$$

が得られる．

G　スターリングの式

第6章と第10章の発展問題(6.3)，(10.4)で使用したスターリングの式

$$\ln N! \simeq N\ln N - N \tag{G.1}$$

の初等的な導出は以下の通りである．

$$\begin{aligned}\ln N! &= \ln(N(N-1)\cdots 2\cdot 1) \\ &= \ln N + \ln(N-1) + \cdots + \ln 2 + \ln 1 \\ &= \sum_{n=1}^{N}\ln n \\ &\simeq \int_1^N \ln x\,\mathrm{d}x \quad (n\text{ に対する級数を，}x\text{ に対する積分で近似}) \\ &= [x\ln x - x]_1^N \\ &\simeq N\ln N - N \quad (N \gg 1) \tag{G.2}\end{aligned}$$

索　引

英

I_c 相	3
I_h 相	3
I 型	3
II 相	3
III 相	3
3 中心 2 電子結合	64
3 中心 4 電子結合	64
VI 相	3
VII 相	3
IX 相	3
XV 相	3
A（アンペア）	7
Å（オングストローム）	8
atm	8
bar（バール）	8
bohr（ボーア）	37
BO 近似	54
cd（カンデラ）	7, 10
d 軌道	34
eV	9
F（ファラデー）	10
f 軌道	34
hartree（ハートリー）	37
HLSP 法	55
J（ジュール）	8
K（ケルビン）	7
kg	7
LCAO-MO 法	56
lm（ルーメン）	10
LS 結合	41
lx（ルクス）	10
m（メートル）	7
mmHg	8
mol（モル）	7
MO 法	56
N（ニュートン）	8
nt（ニト）	10
p 軌道	34
P 枝	86
Q 枝	86
R 枝	86
s（秒）	7
s 軌道	34
SI 単位系	7
sp 混成軌道	62
sp^2 混成軌道	62
sp^3 混成軌道	62
sr（ステラジアン）	10
Torr（トル）	8
VB 法	55
X 線	4, 5
——回折	24
——結晶構造解析	24
π 結合	60
π 電子近似	65
σ 結合	60

あ

アインシュタインの関係式	104
亜原子価状態	64
圧力	91
アボガドロ数	9
アボガドロ定数	9
アレニウス則	167, 168
イオン化ポテンシャル	44, 46
イオン結合	52
一重結合	53
一重項状態	42
位置と運動量	25
井戸型ポテンシャル	72, 74
陰極線	21
ウィーンの変位則	14
運動エネルギー	6, 102
運動の自由度	71
運動量保存則	18
永年方程式	66, 203
液体	1, 2
エネルギー	6
——準位	74, 79
——の量子化	15
——論	154
エルミート行列	204
エルミートの多項式	81
エルミートの微分方程式	81
エンタルピー	111, 133
エントロピー	113, 116, 117
	119–122, 125, 148
——増大則	123, 130, 131
——的な利得	125
オイラーの公式	218
オイラーの等式	219
オクテット則	52
温度	93

か

外界	6, 107
回転運動	71, 75, 157
回転定数	78, 79
ガウス関数	207, 208
ガウスの消去法	199
化学エネルギー	6, 7

化学変化		1
化学ポテンシャル	137–141, 143, 146	
角運動量量子数		34
核エネルギー		6, 7
殻構造		34
拡散係数		103
拡散の不可逆性		125
拡散方程式		104
化合物		1
可視光		4, 5
活性化エネルギー		167
活量		143
カノニカル分布		152
カルノーサイクル		113–117
環境		6, 107
換算プランク定数		21
慣性モーメント		76
ガンマ線		4, 5
規格化条件		30
規格直交条件		30
基質		185
基準振動		84
気体		1, 2
基底状態		39
輝度		10
軌道角運動量		38
軌道相関図		59, 60
軌道相互作用		59, 64
ギブズエネルギー	128–131, 133, 143	
ギブズエネルギー減少則		131
ギブズ–デュエムの関係式		140
ギブズ–ヘルムホルツの式		136
基本単位		7
基本的な系列		43
逆行列		195
逆対称伸縮振動		85
逆反応		168
求核置換(S_N1)反応		183
求核置換(S_N2)反応		183
球面座標		33, 214, 215
球面調和関数		77
行		193
凝固		1, 2
競合阻害		190
凝縮		2
共鳴		55
——エネルギー		67
——積分		57, 66
共役二重結合		63
共有電子対		52
行列		193
——式		195, 197
極座標		33, 76
空洞輻射		14
組立単位		8
クロマトグラフィー		1, 2
クーロン積分		57, 66
系		6, 107
結合解離エネルギー		61
結合距離		61, 63
結合次数		60
結合性軌道		58, 64
原子価		52
——結合法		54, 55
——説		51
原子核		21
原子軌道		33
原子説		21
原子単位系		37, 47
光子		17
合成関数		207
光束		10
光速		4
酵素		186
——反応		186
剛体回転子		76, 77, 79
後退代入		201
光電効果		15, 17
光度		10
——エネルギー		10
効率		114
光量子		17
黒体		14
——輻射		13–15
五重項状態		42
固体		1, 2
固有関数		202
固有値		202
固有ベクトル		202
コリオリ結合		156
孤立電子対		52
混合物		1
混成軌道		55, 62, 63
コンプトン効果		18

さ

再結晶		1, 2
鎖則		210
三角関数		219, 220
三重結合		53
三重項状態		42
紫外線		4, 5
紫外破綻		15
示強的		108
示強変数		119, 137
磁気量子数		34
仕事		6
仕事関数		17

シャルルの法則	113	スターリングの式	222	全系	107, 108, 130, 131
自由エネルギー	128, 130, 132–134	ステファン–ボルツマン定数	14	前進消去	200
		ステファン–ボルツマンの法則	14	全スピン角運動量量子数	41
——と化学ポテンシャル	139	スピン角運動量	38	選択則	78
周期表	44, 47	——量子数	38	全反応次数	165
縮退	158	スピン軌道相互作用	41	相	3
主要な系列	43	スピン禁制	42	双極子禁制	42
主量子数	33, 34	スピン磁気量子数	38	素過程	180
ジュール	8	スピン多重度	42	束一的性質	147
——熱	7	スペクトル項	41, 42	速度則	165
——の法則	9	鋭い系列	43	速度定数	165
シュレーディンガー方程式	29, 72	スレーター関数	207, 208	速度方程式	180
準静的可逆過程	110, 115, 117, 124	正規分布	103	素反応	166, 179
純物質	1	正四面体角	62	存在確率	30
昇華	1, 2	正準分布	152		
——曲線	4	精製	1	**た**	
蒸気圧曲線	4	生成熱	132		
蒸気圧降下	146	生成物	163	第1イオン化ポテンシャル	44, 45
状態図	2	——の生成速度	164	第2イオン化ポテンシャル	44
状態方程式	91, 160	正則行列	195	対角化	205
状態量	108	正反応	168	対角行列	205
照度	10	成分	193	対向反応	168, 169
蒸発	2	正方行列	193	対称行列	204
蒸留	1, 2	赤外活性	85	対称伸縮振動	85
示量性	148	赤外線	4, 5	対称数	158
示量変数	119	——吸収分光法	82	第二種永久機関	124
進行度	143	赤外不活性	85	単位	7
伸縮振動	83	節	74	単位行列	195
——数	61	絶対温度	113, 117	単結合	53, 62
振動運動	71, 80, 159	接頭語	7	単体	1
振動回転スペクトル	86	ゼーマン効果	38	力の定数	80, 83
振動数	4	セルシウス温度	116	置換積分	207
水素原子	33	遷移状態	188	逐次反応	177, 178
——スペクトル	19	——理論	187	秩序相	3
水素様原子	21	全角運動量量子数	41	抽出	1, 2
随伴行列	204	全軌道角運動量量子数	41	超原子価状態	64
酔歩	104	前駆平衡	171	超臨界状態	4

調和振動子	80, 82, 159	ドルトンの法則	142	波動関数	30, 35, 72, 74
直交行列	204			波動性	24
直交座標	33			ハミルトニアン	32
直交条件	30	**な**		バルマー系列	19, 20
直交変換	205			半減期	174
定圧熱容量	113, 121	内部エネルギー	108, 133	反結合性軌道	58, 64
定常状態近似	181, 182	二重結合	53	反応機構	166, 179
定積熱容量	113, 121	二重項状態	42	反応次数	165
ディラック定数	21	ニホニウム	47	反応商	144
テイラー展開	27, 216	ニュートン	8	反応速度	163, 165
デカルト座標	33, 76, 214	ニュートンの第二法則	8	――と温度	166
電気陰性度	47, 48	熱	6	反応中間体	171, 180
電気エネルギー	6	熱移動の不可逆性	123	反応熱	132
電気化学的二元説	51	熱エネルギー	6	反応のエネルギー障壁	166
電気素量	9	熱機関	113, 116	反応物	163
電子	21	熱容量	111, 112, 121	――の消費速度	164
――顕微鏡	24	熱力学	108	光	4
――状態	160	熱力学第零法則	127	――エネルギー	6, 7
――親和力	44, 46	熱力学第一法則	6, 108, 109, 120, 137	非共有電子対	52
――スピン	38	熱力学第二法則	124	非結合性軌道	64
――線	21	――と化学ポテンシャル	138	非調和振動子	84
――回折	24	熱力学第三法則	127	非調和性	84
――遷移の選択則	42	熱量	119	ヒュッケル近似	65
――対	39	――測定	129	ヒュッケルの分子軌道法	65
――配置	39, 40	ネルンストの式	145	ヒュッケル法	65, 66, 67
――分配関数	160			標準起電力	145
――ボルト	9	**は**		標準状態	132
電磁波	4, 5			標準生成エンタルピー	132
電池	145	ハイゼンベルグの不確定性原理	25	標準反応ギブズエネルギー	132, 144
転置共役行列	204	配置間相互作用法	58		
転置行列	198	パウリの排他原理	39	頻度因子	167
電波	4	掃き出し法	199	ファラデー定数	10, 145
等温線	95, 96	箱の中の粒子	72	ファンデルワールスの状態方程式	95, 96
特異行列	195	波数	4		
特性吸収振動数	85	波長	4	フォトン	17
特性吸収波数	85	八隅則	52	フックの法則	80
ド・ブロイ波	22, 23	パッシェン系列	19, 20	物質	1

──の三態	1, 2
──波	23
──量変化	137, 139
沸点	2, 3, 146
──上昇	147
物理定数	9
物理変化	1, 2
部分系	107, 130, 131
部分積分	207
ブラウン運動	101
ブラッグの法則	24
プランク定数	11, 15
プランクの輻射式	15
分光学	5
分子間平均距離	94
分子軌道法	56, 64
分子衝突	91
分子の拡散運動	102
分子の自由度	155
分子分配関数	155
フントの規則	39, 42
分配関数	152, 153, 155–157, 159
分離	1
平均核間距離	84
平衡	117, 168, 169
──核間距離	84
──定数	143, 144
並進運動	71, 72, 157
ヘスの法則	7, 132
ヘルムホルツエネルギー	128, 130, 133
変角振動	85
偏微分	210
変分法	54
ボーア磁子	37
ボーアの振動数条件	22
ボーアの量子化条件	21
ボーア半径	21
ボーアモデル	20, 35
方位量子数	33, 34
ポテンシャルエネルギー	6
ぼやけた系列	43
ボルツマン則	168
ボルツマン定数	15, 93
ボルツマンの公式	126
ボルツマン分布	26
ボルン–オッペンハイマー近似	53
ボルンの解釈	30

ま

マイクロ波	4, 5
──吸収分光法	78
マクスウェルの等面積則	96
マクスウェル–ボルツマンの速度分布	96, 97
マクスウェル–ボルツマン分布	98, 99
マクローリン展開	216, 217
ミカエリス–メンテン式	185, 186
密度	74
無秩序相	3
モル蒸発エンタルピー	147
モル熱容量	113
モル分率	141

や

ヤコビ行列	211
融解	1, 2
──曲線	4
有効核電荷	45
融点	2, 3
誘導単位	8

ユニタリー行列	204
ユニタリー変換	205
余因子展開	196
四重項状態	42

ら

ライマン系列	19, 20
ラウールの法則	146
ラグランジュの未定定数法	100
乱雑さ	125
ランジュバン方程式	104
ランダム・ウォーク	104
力学的エネルギー	6
力学的エネルギー保存の法則	6
理想気体	91, 120, 160
理想混合気体	142
律速段階	179
立方晶	3
粒子性	24
リュードベリ定数	20
リュードベリ–リッツの結合原理	20
量子数	21
臨界圧力	4
臨界温度	4
ルイス構造	52, 53
ル・シャトリエの原理	144
ルジャンドルの陪多項式	77
励起状態	41
零点(振動)エネルギー	82
零点振動状態	82
レイリー–ジーンズの輻射式	14
列	193
連立方程式	201
ろ過	1, 2
六方晶	3

◆ 著者略歴 ◆

安藤　耕司（あんどう　こうじ）
東京女子大学 現代教養学部 数理科学科 教授
1964年東京都生まれ．1987年東京大学理学部卒業，1992年東京大学大学院理学系研究科博士課程修了（博士（理学）取得）．日本学術振興会特別研究員(1991年)，米国コロラド大学博士研究員(1992年)，理化学研究所基礎科学特別研究員(1995年)，筑波大学物質工学系専任講師(1996年)，英国バーミンガム大学専任講師(2000年)，京都大学理学部助教授(2005年)，准教授(2007年)を経て2017年より現職．専門は物理化学，理論化学，計算化学．趣味は読書と散歩．

中井　浩巳（なかい　ひろみ）
早稲田大学 先進理工学部 化学・生命化学科 教授
1965年奈良県生まれ．1987年京都大学工学部卒業，1992年京都大学大学院工学研究科博士課程修了（博士（工学）取得）．その後，京都大学助手(1992年)，早稲田大学理工学部専任講師(1996年)，助教授(1998年)，教授(2004年)を経て2006年より現職．2014年より英国王立化学会フェロー（FRSC）．専門は物理化学，理論化学，量子化学，電子状態理論．趣味はテニス．

化学の基本シリーズ③　**物理化学**

2019年2月1日　第1版　第1刷　発行	著　者　安藤耕司
2025年2月10日　　　　　第5刷　発行	中井浩巳
	発行者　曽根良介
検印廃止	発行所　㈱化学同人

JCOPY 〈出版者著作権管理機構委託出版物〉
本書の無断複写は著作権法上での例外を除き禁じられています．複写される場合は，そのつど事前に，出版者著作権管理機構（電話 03-5244-5088, FAX 03-5244-5089, e-mail: info@jcopy.or.jp）の許諾を得てください．

本書のコピー，スキャン，デジタル化などの無断複製は著作権法上での例外を除き禁じられています．本書を代行業者などの第三者に依頼してスキャンやデジタル化することは，たとえ個人や家庭内の利用でも著作権法違反です．

〒600-8074　京都市下京区仏光寺通柳馬場西入ル
編集部　Tel 075-352-3711　Fax 075-352-0371
企画販売部　Tel 075-352-3373　Fax 075-351-8301
　　　　　振替　01010-7-5702
e-mail webmaster@kagakudojin.co.jp
URL https://www.kagakudojin.co.jp
印刷・製本　（株）ウイル・コーポレーション

Printed in Japan © Koji Ando & Hiromi Nakai 2019　　　ISBN978-4-7598-1847-5
乱丁・落丁本は送料小社負担にてお取りかえします．無断転載・複製を禁ず

1. SI基本単位

物理量	量の記号	SI単位の名称	SI単位の記号
質量	m	キログラム	kg
長さ	l	メートル	m
時間	t	秒	s
温度	T	ケルビン	K
物質量	n	モル	mol
電流	I	アンペア	A
光度	I_v	カンデラ	cd

2. SI単位系に使用する接頭語

接頭語	略称	オーダー	接頭語	略称	オーダー
デシ	d	10^{-1}	デカ	da	10^{1}
センチ	c	10^{-2}	ヘクト	h	10^{2}
ミリ	m	10^{-3}	キロ	k	10^{3}
マイクロ	μ	10^{-6}	メガ	M	10^{6}
ナノ	n	10^{-9}	ギガ	G	10^{9}
ピコ	p	10^{-12}	テラ	T	10^{12}
フェムト	f	10^{-15}	ペタ	P	10^{15}
アト	a	10^{-18}	エクサ	E	10^{18}
ゼプト	z	10^{-21}	ゼタ	Y	10^{21}

3. SI誘導単位

物理量	SI単位の名称	SI単位の記号	SI基本単位による表現
周波数	ヘルツ	Hz	s^{-1}
力	ニュートン	N	$m\,kg\,s^{-2}$
圧力,応力	パスカル	Pa	$m^{-1}\,kg\,s^{-2}\ (=N\,m^{-2})$
エネルギー,仕事,熱量	ジュール	J	$m^{2}\,kg\,s^{-2}\ (=N\,m=Pa\,m^{3})$
工率,仕事率	ワット	W	$m^{2}\,kg\,s^{-3}\ (=J\,s^{-1})$
電荷	クーロン	C	$s\,A$
電位	ボルト	V	$m^{2}\,kg\,s^{-3}\,A^{-1}\ (=J\,C^{-1})$
静電容量	ファラド	F	$m^{-2}\,kg^{-1}\,s^{4}\,A^{2}\ (=C\,V^{-1})$
電気抵抗	オーム	Ω	$m^{2}\,kg\,s^{-3}\,A^{-2}\ (=V\,A^{-1})$
コンダクタンス	ジーメンス	S	$m^{-2}\,kg^{-1}\,s^{3}\,A^{2}\ (=\Omega^{-1})$
磁束	ウェーバー	Wb	$m^{2}\,kg\,s^{-2}\,A^{-1}\ (=V\,s)$
磁束密度	テスラ	T	$kg\,s^{-2}\,A^{-1}\ (=V\,s\,m^{-2})$
インダクタンス	ヘンリー	H	$m^{2}\,kg\,s^{-2}\,A^{-2}\ (V\,A^{-1}\,s)$
セルシウス温度	セルシウス度	℃	K
平面角	ラジアン	rad	1
立体角	ステラジアン	sr	1

4. エネルギーの換算表

	eV	J	cm^{-1}	kJ mol^{-1}	kcal mol^{-1}
1 eV	1	1.602177×10^{-19}	8065.541	96.4853	23.0605
1 J	6.241506×10^{18}	1	5.034113×10^{22}	6.022137×10^{20}	1.439325×10^{20}
1 cm^{-1}	1.239842×10^{-4}	1.086447×10^{-23}	1	1.196266×10^{-2}	2.85914×10^{-3}
1 kJ mol^{-1}	1.036427×10^{-2}	1.660540×10^{-21}	83.59346	1	0.239006
1 kcal mol^{-1}	4.336411×10^{-2}	6.947700×10^{-21}	349.7550	4.184	1

5. 圧力の換算表

	Pa	atm	Torr	bar
1 Pa	1	0.98692×10^{-5}	7.5006×10^{-3}	10^{-5}
1 atm	101325	1	760	1.01325
1 Torr	133.322	1.31579×10^{-3}	1	1.33322×10^{-3}
1 bar	10^5	0.98692	750.06	1

6. ギリシャ文字

A	α	アルファ	I	ι	イオタ	P	ρ	ロー
B	β	ベータ	K	κ	カッパ	Σ	σ	シグマ
Γ	γ	ガンマ	Λ	λ	ラムダ	T	τ	タウ
Δ	δ	デルタ	M	μ	ミュー	Y	υ	ウプシロン
E	ε	イプシロン	N	ν	ニュー	Φ	ϕ, φ	ファイ
Z	ζ	ゼータ	Ξ	ξ	グザイ	X	χ	カイ
H	η	イータ	O	o	オミクロン	Ψ	ψ	プサイ
Θ	θ	シータ	Π	π	パイ	Ω	ω	オメガ

7. 基礎物理定数

物理量	記号	数値	単位
真空の透磁率	μ_0	$4\pi \times 10^{-7}$	N A^{-2}
真空中の光速度	c_0	$2.997\,924\,58 \times 10^8$	m s^{-1}
真空の誘電率	ε_0	$8.854\,187\,817 \times 10^{-12}$	F m^{-1}
電気素量	e	$1.602\,176\,620\,8(98) \times 10^{-19}$	C
プランク定数	h	$6.626\,080\,040(81) \times 10^{-34}$	J s
アボガドロ定数	L, N_A	$6.022\,140\,857(74) \times 10^{23}$	mol^{-1}
電子の静止質量	m_e	$9.109\,383\,56(11) \times 10^{-31}$	kg
陽子の静止質量	m_p	$1.672\,621\,898(21) \times 10^{-27}$	kg
ファラデー定数	F	$9.648\,533\,289(57) \times 10^4$	C mol^{-1}
ボーア半径	a_0	$5.291\,772\,106\,7(12) \times 10^{-11}$	m
ボーア磁子	μ_B	$9.274\,009\,994(57) \times 10^{-24}$	J T^{-1}
核磁子	μ_N	$5.050\,783\,699(31) \times 10^{-27}$	J T^{-1}
リュードベリ定数	R_∞	$1.097\,373\,156\,850\,8(65) \times 10^7$	m^{-1}
気体定数	R	$8.314\,459\,8(48)$	J K^{-1} mol^{-1}
ボルツマン定数	k, k_B	$1.380\,648\,52(79) \times 10^{-23}$	J K^{-1}
重力定数	G	$6.674\,08(31) \times 10^{-11}$	m^3 kg^{-1} s^{-2}
自由落下の標準加速度	g_n	$9.806\,65$	m s^{-2}
水の三重点	$T_{tp}(H_2O)$	273.16	K
セルシウス温度目盛のゼロ点	$T(0\,°C)$	273.15	K
理想気体(10^5 Pa, 273.15 K) のモル体積	V_0	$22.710\,981(40)$	L mol^{-1}